中南财经政法大学出版基金资助出版

中南财经政法大学
青 年 学 术 文 库

$\neg (A \wedge \neg A)$

A Study of Paraconsistent
Set Theory Model

弗协调集合论模型研究

$C_n (1 \leq n \leq \omega)$

何建锋　著

C_ω

中国社会科学出版社

图书在版编目（CIP）数据

弗协调集合论模型研究 / 何建锋著. -- 北京 : 中国社会科学出版社, 2024. 9. -- ISBN 978-7-5227-3786-7

Ⅰ. B81

中国国家版本馆 CIP 数据核字第 20247EY052 号

出 版 人　赵剑英
责任编辑　杨晓芳
责任校对　吴焕超
责任印制　张雪娇

出　　版　中国社会科学出版社
社　　址　北京鼓楼西大街甲 158 号
邮　　编　100720
网　　址　http://www.csspw.cn
发 行 部　010-84083685
门 市 部　010-84029450
经　　销　新华书店及其他书店

印　　刷　北京君升印刷有限公司
装　　订　廊坊市广阳区广增装订厂
版　　次　2024 年 9 月第 1 版
印　　次　2024 年 9 月第 1 次印刷

开　　本　710×1000　1/16
印　　张　16
插　　页　2
字　　数　223 千字
定　　价　98.00 元

《中南财经政法大学青年学术文库》编辑委员会

主　任　杨灿明

副主任　吴汉东　邹进文

委　员（按姓氏笔画排序）

丁士军　王雨辰　石智雷　刘　洪　李小平
李志生　李　晖　余明桂　张克中　张　虎
张忠民　张金林　张　琦　张敬东　张敦力
陈池波　陈柏峰　金大卫　胡开忠　胡立君
胡弘弘　胡向阳　胡德才　费显政　钱学锋
徐涤宇　高利红　龚　强　常明明　康均心
韩美群　鲁元平　雷　鸣

主　编　邹进文

目　　录

前　言

20 世纪初，罗素集 $\{x \mid x \notin x\}$ 的出现证明了康托（G. Cantor）的朴素集合论（Naïve Set Theory）是一个平凡的（Trivial）理论。称一个理论是平凡的是指它的语言的所有闭公式都是它的定理。首先在朴素集合论中定义一个罗素集，然后使用抽象原理（也称概括原理）、外延公理和经典逻辑就能推导出矛盾。在经典逻辑中矛盾蕴涵一切，这使得朴素集合论是平凡的理论。

拯救朴素集合论的主流方法是将抽象原理更换为分离公理，这样做的目的是避免罗素集的出现。如果罗素集不出现，那么更换了公理后的集合论就不会是平凡的理论。策梅罗-弗兰克尔集合论（Zermelo-Fraenkel set theory，简称 ZF ）采取的就是这种方法。但是这种方法有不足之处，根据哥德尔不完全性定理，我们不能证明策梅罗-弗兰克尔集合论的绝对一致性（Absolute Consistency），即策梅罗-弗兰克尔集合论不能自证一致性。另一种拯救朴素集合论的方法是换掉经典逻辑，使得矛盾不能蕴涵一切，如此一来，即使罗素集出现，更换了逻辑后的集合论也不会是平凡的理论。在弗协调逻辑（Paraconsistent Logic）中，矛盾不能蕴涵一切。把集合论中的经典逻辑更换为弗协调逻辑所得的理论被称为弗协调集合论（Paraconsistent Set Theory）。在弗协调集合论中，罗素集的出现不能证明弗协调集合论是平凡的理论。因此我们可以期望弗协调集合论既能保留原汁原味的集合公理，又不是一个平凡的理论，在这个意义上，弗协调集合论有望拯救朴素集合论。

ZF 比弗协调集合论发展得成熟得多。一方面，在时间顺序上，策梅罗在1908年就构造了集合论的第一个公理化系统，后经弗兰克尔等人的改进，形成了 ZF，而最早的弗协调集合论是由科斯塔（N. C. A. da Costa）于20世纪60年代构造的。另一方面，ZF 是在经典逻辑的基础上对集合论实现公理化的代表性系统，被广泛接受使用，这也使得后续的研究容易展开，而弗协调逻辑系统不止一个，基于不同弗协调逻辑系统构造的弗协调集合论各有特点，这在某种程度上影响了弗协调集合论的后续研究。

为集合论构造模型是研究集合论的性质的一种重要方法。ZF 有多种模型，根据它们的构造方法可分为：自然模型、置换模型、可构成模型、力迫-布尔值模型。弗兰克尔使用置换模型证明了选择公理（简称 AC）相对于 ZFA（带原子的 ZF）的独立性。哥德尔（K. Gödel）使用可构成模型证明了 AC 相对于 ZF 的一致性、广义连续统假设（简称为 GCH）相对于 ZFC（$ZF+AC$）的一致性。力迫-布尔值模型可用于证明 AC 相对于 ZF 的独立性、GCH 相对于 ZFC 的独立性。在集合论模型的研究方面，从20世纪70年代开始涌现出一些新成果：一方面，拓扑斯（Topos）的引入为我们提供了研究既有模型的新方法，使得我们能够统一地处理置换模型、力迫模型和布尔值模型；另一方面，布尔值模型被推广为海廷值模型、格值模型乃至广义代数值模型，这些推广为非经典集合论的模型构造提供了技术支持。

在为非经典集合论构造模型时，一种自然的想法是利用 ZF 的模型构造技术为非经典集合论构造模型。例如格雷森（R. J. Grayson）在1979年为直觉主义集合论（Intuitionistic Set Theory）构造了海廷值模型①。竹内外史（G. Takeuti）等人使用格为量子集合论（Quantum Set

① Robin J. Grayson, "Heyting-valued Models for Intuitionistic Set Theory", in Michael Fourman, Christopher Mulvey and Dana Scott, eds., *Applications of Sheaves*, Lecture Notes in Mathematics, vol 753. Springer, 1979, pp. 402–414.

Theory）和模糊集合论（Fuzzy Set Theory）构造了格值模型①。

弗协调集合论允许矛盾，但又不能是平凡的理论，如何证明这一点呢？最简便的是为它构造一个非平凡的模型，即至少有一个句子在该模型中不是有效的。在为弗协调集合论构造模型时，现有的 ZF 的模型构造技术就成为了最直接的选项。

1995 年，张清宇先生构造了弗协调命题逻辑系统 Z_n，该系统与科斯塔的 C_n 系统的不同之处在于对否定的处理，在 C_n 中经典否定 ~ 是用弗协调否定¬ 定义的，而 Z_n 则使用定理表达二者之间的关系②。

基于以上背景，本书的内容安排如下：第一章介绍弗协调逻辑、弗协调集合论、弗协调集合论模型的概况；第二章和第三章考察 ZF 的模型构造方法；第四章基于张清宇的弗协调命题逻辑系统 Z_n 构造弗协调一阶谓词逻辑 ZQ，基于 ZQ 构造弗协调集合论 $ZQST$，并在 $ZQST$ 中讨论序数和基数；第五章为 $ZQST$ 构造模型，证明 $ZQST$ 不是平凡的理论。

本书是湖北省社科基金一般项目（后期资助项目“HBSK2022YB247”）成果。

限于作者水平，书中疏漏不当之处难免，敬请读者批评指正。

---

① Gaisi Takeuti, “Qunatum Set Theory”, in Enrico G. Beltrametti and Bas C. van Fraassen, eds., *Current Issues in Quantum Logic*, Springer, 1981, pp. 303–322. Satoko Titani, “A lattice-valued Set Theory”, *Archive for Mathematical Logic*, Vol 38, Issue 6, 1999, pp. 395–421. Satoko Titani and Haruhiko Kozawa, “Quantum Set Theory”, *International Journal of Theoretical Physics*, Vol. 42, November 2003, pp. 2575–2602. Masanao Ozawa, “Orthomodular-valued Models for Quantum Set Theory”, *The Review of Symbolic Logic*, Vol. 10, Issue 4, December 2017, pp. 782–807. Masanao Ozawa, “Transfer Principle in Quantum Set Theory”, *The Journal of Symbolic Logic*, Vol. 72, Issue 2, June 2007, pp. 625–648.

② 张清宇：《弗协调逻辑系统 Z_n 和 Z_nUS》，载中国社会科学院哲学所逻辑室编《理有固然：纪念金岳霖先生百年诞辰》，社会科学文献出版社 1995 年版，第 158—179 页。

第一章　弗协调集合论概况

弗协调集合论是基于弗协调逻辑构造的公理化集合论，是非经典逻辑和公理化集合论的交叉研究成果，包括弗协调逻辑[①]、弗协调集合论的形式系统、弗协调集合论的模型。

第一节　弗协调逻辑

令 $\vDash$ 是一个逻辑后承关系，它既可以是语法后承，也可以是语义后承。称 $\vDash$ 是爆炸的（Explosive），当且仅当，对任意的 φ 和 ψ 都有 $\{\varphi, \neg \varphi\} \vDash \psi$。一个逻辑后承关系是弗协调的（Paraconsistent），当且仅当，它不是爆炸的。一个逻辑是弗协调的，当且仅当，它的逻辑后承关系是弗协调的[②]。弗协调逻辑不是一个特殊的逻辑系统，而是一类逻辑系统的统称。

令 Σ 是一个句子集合。称 Σ 是不一致的（Inconsistent），当且仅当，对某个句子 A 有 $\{A, \neg A\} \subseteq \Sigma$。称 Σ 是平凡的（Trivial），当且仅当，对所有句子 B 都有 $B \in \Sigma$。一个句子集合是非平凡的当且仅当它不是平凡的。弗协调逻辑的一个重要特征是它可以为不一致但非平凡的理论

---

① 除弗协调逻辑这个译名外，paraconsistent logic 也译为“亚相容逻辑”“次协调逻辑”等。

② Graham Priest and Richard Routley, “Introduction: Paraconsistent Logics”, *Studia Logica: An International Journal for Symbolic Logic*, Vol. 43, no. 1/2, 1984, pp. 3–16.

提供逻辑基础。更为确切地，存在一个句子集合，这个集合在弗协调逻辑的逻辑后承关系下是封闭的，并且这个句子集合是不一致的和非平凡的。有些文献将弗协调逻辑定义为能够为不一致且非平凡的理论提供逻辑基础的逻辑[①]，基于这个原因，本书将不一致且非平凡的理论称为弗协调理论。

弗协调逻辑分为两种：一种是弱弗协调逻辑，另一种是强弗协调逻辑。它们的区别在于弱弗协调逻辑可以为一致的理论提供逻辑基础，强弗协调逻辑不能为一致的理论提供逻辑基础[②]。

一　弗协调逻辑的现代历史

关于弗协调逻辑的历史，我们可以在哲学史上找到某位人物，他首次接受了不一致且非平凡的理论，或者他首次接受了弗协调逻辑的逻辑后承关系。但是本书关注的是形式化的弗协调逻辑，形式化的弗协调逻辑是 20 世纪的产物。

在 20 世纪，弗协调逻辑在不同的地方、不同的时间以相互独立的方式诞生。最早的弗协调逻辑由两个俄国人给出：1910 年，瓦西里耶夫（Vasil’év）提出了一个修改版的亚里士多德三段论，该版本包含了这样的陈述“ S 既是 P 又是非 P ”；1929 年，奥尔洛夫（Orlov）第一次给出了相干逻辑 R 的公理化，这个逻辑是弗协调的[③]。然而，瓦西里耶夫和奥尔洛夫的工作在当时没有产生什么影响。第一个有影响的弗协调逻辑是由波兰逻辑学家雅斯科夫斯基（S. Jaśkowski）在 1948 年给

① Ayda I. Arruda, “ A Survey of Paraconsistent Logic”, *Studies in Logic and the Foundations of Mathematics*, Vol. 99, 1980, pp. 1–41.

② Ayda I. Arruda, “ A Survey of Paraconsistent Logic”, *Studies in Logic and the Foundations of Mathematics*, Vol. 99, 1980, pp. 1–41.

③ Graham Priest, Koji Tanaka and Zach Weber, “Paraconsistent Logic”, The Stanford Encyclopedia of Philosophy (Spring 2022 Edition), First Published Tue Sep 24, 1996; Substantive Revision Mon Feb 21, 2022, https://plato.stanford.edu/archives/spr2022/entries/logic-paraconsistent/.

出的，他是卢卡西维茨（J. Łukasiewicz）的学生。卢卡西维茨曾在1910年提出过关于弗协调逻辑的设想①。

到了20世纪50年代，弗协调逻辑在南美洲被阿森约（F. G. Asenjo）和科斯塔彼此独立地发展。尤其是科斯塔在他的博士论文中呈现了弗协调逻辑的数学应用。直到今天，在巴西仍有一批逻辑学家活跃于弗协调逻辑的研究领域。

相干逻辑形式的弗协调逻辑由斯迈利（Smiley）在1959年给出，几乎在同一时间，安德森（A. Anderson）和贝尔纳普（N. Belnap）在美国给出了相干形式的弗协调逻辑的一个更为成熟的形式。安德森和贝尔纳普构造了一些使用相干蕴涵（Relevant Implication）的逻辑系统。相干蕴涵要求：如果 $\{A_1, \cdots, A_n\} \vDash B$，那么 B 和 $A_1 \wedge \cdots \wedge A_n$ 分享一个命题变元。虽然安德森和贝尔纳普的初衷不是为了构造弗协调逻辑，但是他们的所构造的逻辑是弗协调的。一批相干逻辑学家在匹兹堡成长起来，包括邓恩（J. M. Dunn）和迈耶（R. K. Meyer）。这种类型的弗协调逻辑随后被传到了澳大利亚，R. 卢特雷（R. Routley）和 V. 卢特雷（V. Routley）为安德森和贝尔纳普的相干逻辑构造了一个内涵语义，一个学派围绕着他们建立起来，包括布雷迪（R. T. Brady）、莫滕森（C. Mortensen）和普里斯特（G. Priest）等。

从20世纪70年代中期开始，弗协调逻辑的研究变得国际化。在比利时，以巴滕斯（D. Batens）为核心的一批逻辑学家在弗协调逻辑的研究中保持活跃。在加拿大，詹宁斯（R. E. Jennings）、肖奇（P. K. Schotch）和他的学生布朗（B. Brown）也致力于弗协调逻辑的研究。1997年，第一届世界弗协调逻辑大会在比利时的根特大学召开；2000年，第二届世界弗协调逻辑大会在巴西的圣保罗召开；第三届于2003年在法国的图卢兹召开；第四届于2008年在澳大利亚的墨尔本召开。弗协调逻辑

---

① Graham Priest, and Richard Routley, "Introduction: Paraconsistent Logics", *Studia Logica: An International Journal for Symbolic Logic*, vol. 43, no. 1/2, 1984, pp. 3–16.

一直在快速地发展和被广泛地传播。

二　弗协调逻辑的分类

前文说过，弗协调逻辑不是一个单一的逻辑系统，而是一类逻辑系统的统称。存在多种方法使得逻辑后承关系不是爆炸的，根据所用方法的不同，弗协调逻辑可以被划分为不同的种类。

1984 年，著名的国际逻辑刊物《逻辑研究》（Studia Logica）为弗协调逻辑出了一期专辑，在其中的《Introduction：Paracconsistent Logics》一文中，普里斯特和卢特雷将弗协调逻辑分为三种类型：弃合进路（The Non-adjunctive Approach）、正加进路（The Positive Logic Plus Approach）、相干进路（The Relevant Approach）①。正加进路的代表是科斯塔的 C_n 系统，弃合进路的代表是雅斯科夫斯基的论谈逻辑，相干进路的代表是基于相干蕴涵的弗协调逻辑。2003 年，张清宇先生出版了专著《弗协调逻辑》，他正是根据这种分类方法介绍了科斯塔的系统（正加进路）、论谈逻辑（弃合进路）、相干逻辑（相干进路）②。

在斯坦福哲学百科词条“Paraconsistent Logic”中，弗协调逻辑被划分为七种类型：论谈逻辑（Discussive Logic）、弃合系统（Non-adjunctive Systems）③、保守主义（Preservationism）、自适应逻辑（Adaptive Logics）、形式不一致逻辑（Logics of Formal Inconsistency）、多值逻辑（Many-Valued Logics）、相干逻辑（Relevant Logics）。论谈逻辑指的是雅斯科夫斯基构造的论谈逻辑；弃合系统的思想来自于雅斯科夫斯基的论谈逻辑；雷舍尔（N. Rescher）和马诺（R. Manor）在 1970

---

① Graham Priest and Richard Routley, “Introduction: Paraconsistent Logics”, *Studia Logica: An International Journal for Symbolic Logic*, vol. 43, no. 1/2, 1984, pp. 3–16.

② 参见张清宇《弗协调逻辑》，中国社会出版社 2003 年版。

③ 在《哲学动态》2017 年第 11 期的《一种处理集合论悖论的新方法》一文中，“non-adjunctive systems”被翻译为“非加”，但本书为了和张清宇先生的翻译保持一致，将其翻译为“弃合”。

-1971 年间也提出了一些不同的弃合策略，该策略发展起来就是保守主义；自适应逻辑是由比利时的巴滕斯提出的；形式不一致逻辑是弗协调逻辑的一个族，指的是那些包含了经典逻辑的弗协调逻辑，由巴西的科斯塔创立；多值逻辑是南美的阿森约在他的博士论文中首次提出的；相干逻辑是使用相干蕴涵构造的弗协调逻辑①。

两种分类法之间存在对应关系。论谈逻辑对应论谈逻辑和弃合系统，正加进路对应形式不一致逻辑，相干逻辑对应相干逻辑。到目前为止，具有广泛影响的是形式不一致逻辑和相干逻辑。

三　从弗协调逻辑到弗协调集合论

到目前为止，被用于构造弗协调集合论的弗协调逻辑包括形式不一致逻辑（以下简称 *LFIs*）、多值逻辑、相干逻辑。

LFIs 的主要思想是：保留经典逻辑的一致部分，只反对爆炸原理（即在经典逻辑中描述了“对任意 A 和 B 都有 $\{A, \neg A\} \vDash B$”的定理）。为了实现这一目标，*LFIs* 将“一致性”和“不一致性”这样的元理论概念编码到对象语言中，在对象语言中加入表示“一致性”的算子。因此在 *LFIs* 中，当有“一致性”算子在场时，它的推理和经典逻辑的推理是一样的，都承认爆炸原理；当“一致性”算子不在场时，它的推理不承认爆炸原理。

多值逻辑放弃了经典逻辑的二值原则，允许命题有除真和假之外的真值。最简单的情形是三值逻辑，假定 b 是除真和假之外的第三个真值，如果 A 为真，并且“非 A”为真，那么“A 且非 A”的真值为 b。在多值逻辑对条件句的设定中，真值为 b 的命题不能蕴涵任意命题，这样就使爆炸原理失去了有效性。

---

① Graham Priest, Koji Tanaka, and Zach Weber, “*Paraconsistent Logic*”, The Stanford Encyclopedia of Philosophy (Spring 2022 Edition), First published Tue Sep 24, 1996; Substantive Revision Mon Feb 21, 2022, https://plato.stanford.edu/archives/spr2022/entries/logic-paraconsistent/.

相干逻辑与经典逻辑的不同之处在于对条件句的定义，经典逻辑使用的是实质蕴涵，而相干逻辑使用的是相干蕴涵。在实质蕴涵中，爆炸原理有效；在相干蕴涵中，要求结论必须和前提相干，甚至在最初的设定中，如果 A 相干蕴涵 B，那么 A 和 B 至少共享一个命题变元。相干蕴涵的这种设定使得爆炸原理失效，因此这种相干逻辑是弗协调逻辑。但是并非所有的相干逻辑都是弗协调逻辑。

前文说过，弗协调逻辑分为强弗协调逻辑和弱弗协调逻辑，强弗协调逻辑不包含经典逻辑的一致部分，弱弗协调逻辑包含经典逻辑的一致部分。基于它们构造弗协调集合论的路径是不同的，一般来说，基于强弗协调逻辑构造弗协调朴素集合论，基于弱弗协调逻辑除了可以构造弗协调朴素集合论外，还可以构造弗协调 *ZF*、弗协调 *NBG* 等①。造成这种差别的原因和弗协调论者对弗协调集合论的期望有关。

根据普里斯特的讨论，一个可接受的弗协调集合论需要满足两点：一是它不能是平凡的；二是它陈述的关于集合的内容要比 *ZF* 多②。公理化集合论的结构可分为两部分：基础逻辑和集合公理。在集合公理不变的情况下，如果逻辑 A 包含逻辑 B，那么基于逻辑 A 构造的集合论强于基于逻辑 B 构造的集合论，这里“强”的意思是陈述了更多的关于集合的内容。因为弱弗协调逻辑包含经典逻辑的一致部分，所以仅通过替换朴素集合论、*ZF*、*NBG*、*NF* 的基础逻辑（经典逻辑），就可以构造比朴素集合论、*ZF*、*NBG*、*NF* 强的集合论③。强弗协调逻辑不包含经典逻辑的一致部分，想要实现构造强集合论的目标，只能使用强的集合公理，即概括公理和外延公理。

接下来分类简述弗协调集合论的发展。*LFIs* 是弱弗协调逻辑，它的典型系统是科斯塔的 C_n（$1 \leq n < \omega$）系统（不包括 C_ω）。从 1964 年到 1975 年，科斯塔和阿鲁达（A. Arruda）构造了基于 C_n（$1 \leq n < \omega$）系

---

① *ZF* 是策梅洛-弗兰克尔集合论，*NBG* 是冯·诺依曼-贝奈斯-哥德尔集合论。

② Graham Priest, *In Contradiction*, Oxford, Oxford University Press, 2006, pp. 247-261.

③ NF 是蒯因的集合论。

统的弗协调 *NF* 集合论 NF_n 。阿鲁达后来证明：如果不限制概括公理，那么 NF_n 是平凡的[①]。1986 年，科斯塔构造了基于 C_n（$1 \le n < \omega$）系统的弗协调 *ZF* 集合论 ZF_n，这个集合论是从丘奇（A. Church）的 *CHU* 集合论得到的，方法是将底层的一阶逻辑改为 $C_n^=$（即科斯塔构造的弗协调一阶逻辑 $C_=^*$ 加上等词），并添加两条描述否定的公理，一条描述强否定（经典否定），另一条描述弱否定（弗协调否定）[②]。科斯塔证明了：*CHU* 是一致的，当且仅当，每个 *ZF* 是非平凡的。ZF_n 的一个特征是全域集和罗素集存在。1997 年，卡埃罗（R. da C. Caiero）和苏萨（E. G. de Souza）基于 *NF* 的扩张 *ML* 系统和弗协调逻辑 $C_1^=$ 构造了一个弗协调集合论，被称为 ML_1 [③]。需要说明的是，C_n 、$C_n^=$ 、$C_1^=$ 都属于科斯塔的弗协调逻辑系统。除了科斯塔的系统之外，还有一个弱弗协调逻辑 *mbc*，它也是 *LFIs* 的一员[④]。2013 年，卡尔涅利（W. Carnielli）和科尼利奥（M. E. Coniglio）基于 *mbc* 和 *ZF* 构造了弗协调集合论 *ZFCil* [⑤]。

相干逻辑的典型系统是卢特雷（R. Routley1983 年更名为 R. Sylvan）和迈耶（R. K. Meyer）的 *DM* 系统和 *DL* 系统，这两个系统是强弗协调逻辑[⑥]。1977 年，卢特雷使用相干逻辑构造了一个弗协调集

---

① Ayda I. Arruda, "Remarks on da Costa's Paraconsistent Set Theories", *Revista Colombiana de Matematicas*, Vol. 19, No. 1-2, January 1985, pp. 9-24.

② Newton C. A. da Costa, " On Paraconsistent Set Theory", *Logique Et Analyse*, Vol. 29, No. 115, September 1986, pp. 361-371. 关于科斯塔的弗协调逻辑和两种否定的介绍请参见张清宇先生的《弗协调逻辑》。

③ Roque da C. Caiero and Edelcio G. de Souza, "A New Paraconsistent Set Theory: ML_1", *Logique et Analyse*, Vol. 40, No. 157, January-Mars 1997, pp. 115-141.

④ Walter Carnielli, Marcelo E. Coniglio and João Marcos, "Logics of Formal Inconsistency", In Dov M. Gabbay and Franz Guenthner, eds., *Handbook of Philosophical Logic*, Vol. 14, Dordrecht: Springer, 2007, pp. 1-93.

⑤ Walter Carnielli and Marcelo E. Coniglio, "Paraconsistent Set Theory by Predicating on Consistency", *Journal of Logic and Computation*, Vol. 26, No. 1, February 2016, pp. 97-116.

⑥ 张清宇：《弗协调逻辑》，《哲学动态》1987 年第 2 期。Richard Routley and Robert K. Meyer, "Dialectical Logic, Classical Logic, and the Consistency of the World", *Studies in Soviet Thought*, Vol. 16, no. 1/2, June 1976, pp. 1-25.

合论，概括公理在其中成立①。1989 年，布雷迪证明了卢特雷的弗协调朴素集合论有一个非平凡的模型，因此，卢特雷的弗协调集合论是非平凡的②。2010 年，韦伯（Z. Weber）借鉴卢特雷的思想建立了弗协调逻辑 *TLQ*，这也是一个强弗协调逻辑，并使用 *TLQ*、概括公理和外延公理构造了一个弗协调朴素集合论，并在该集合论中证明了序数理论和皮亚诺算术③。2012 年，韦伯基于弗协调逻辑 *TKQ*、概括公理和外延公理构造了一个弗协调朴素集合论，其中 *TKQ* 和 *TLQ* 相似，属于卢特雷-迈耶型的弗协调逻辑，*TKQ* 也是一个强弗协调逻辑；韦伯在这个集合论中发展了一个基数理论④。

多值逻辑的典型系统是普里斯特于 1979 年构造的 *LP* 系统，*LP* 也是一个强弗协调逻辑⑤。1992 年，雷斯塔尔（G. Restall）基于 *LP* 构造了一个弗协调朴素集合论⑥。

第二节　弗协调集合论的典型系统

本书不打算给出上节提及的全部弗协调集合论，而是只介绍几个典型的系统：关于基于 *LFIs* 的弗协调集合论，本书介绍科斯塔的弗协调 *ZF* 集合论 ZF_n、卡尔涅利和科尼利奥基于 *mbc* 和 *ZF* 构造的弗协调集合论 *ZFCil*；关于基于相干逻辑的弗协调集合论，本书介绍韦伯的弗协

---

① Richard Routley, *Exploring Meinong's Jungle and Beyond: An Investigation of Noneism and the Theory of Items*, Canberra: Australian National University, 1980, pp. 893-962.

② Walter Carnielli and Marcelo E. Coniglio, "Paraconsistent Set Theory by Predicating on Consistency", *Journal of Logic and Computation*, Vol. 26, No. 1, February 2016, pp. 97-116.

③ Zach Weber, "Transfinite Numbers in Paraconsistent Set Theory", *The Review of Symbolic Logic*, Vol. 3, No. 1, March 2010, pp. 71-92.

④ Zach Weber, "Transfinite Cardinals in Paraconsistent Set Theory", *The Review of Symbolic Logic*, Vol. 5, No. 2, June 2012, pp. 269-293.

⑤ Graham Priest, "The Logic of Paradox", *Journal of Philosophical Logic*, Vol. 8, No. 1, January 1979, pp. 219-241.

⑥ Greg Restall, "A Note on Naive Set Theory in LP", *Notre Dame Journal of Formal Logic*, Vol. 33, No. 3, Summer 1992, pp. 422-432.

调朴素集合论；关于基于多值逻辑的弗协调集合论，本书介绍雷斯塔尔的弗协调集合论。

一　基于 *LFIs* 的弗协调集合论

本小节首先介绍科斯塔的弗协调 *ZF* 集合论 ZF_n，然后介绍卡尔涅利和科尼利奥基于 *mbc* 和 *ZF* 构造的弗协调集合论 *ZFCil*，最后对二者进行比较。

（一）科斯塔的弗协调集合论 ZF_n

ZF_n 的语言：①联结词符号：⊃ 表示蕴涵，∧ 表示合取，∨ 表示析取，¬ 表示否定；≡ 表示等值，≡ 是根据通常的方式给出的被定义符号；②可数无穷多个变元；③量词符号：∀ 表示全称量词，∃ 表示存在量词；④谓词符号：= 表示相等，∈ 表示属于；⑤括号、公式、约束变元、闭公式等如通常约定。

变式的定义：称公式 φ' 是公式 φ 的一个变式，仅当 φ' 是从 φ 出发经过一系列如下类型的替换而获得：①以 $\forall y[\psi(x/y)]$ 替换 φ 的一个部分 $\forall x\psi$，其中 y 不在 ψ 中自由出现；②以 ψ 替换 φ 的一个部分 $\forall x\psi$，其中 x 不在 ψ 中自由出现。

ZF_1 的公理和推导规则如下：

（Ⅰ）命题部分，令 A、B、C 表示任意公式，$\sim A$ 是 $\neg(A \wedge \neg A)$ 的缩写：

（I_1）$A \supset (B \supset A)$；

（I_2）$(A \supset B) \supset ((A \supset (B \supset C)) \supset (A \supset C))$；

（I_3）从 A 和 $A \supset B$ 推导出 B；

（I_4）$(A \wedge B) \supset A$；

（I_5）$(A \wedge B) \supset B$；

（I_6）$A \supset (B \supset (A \wedge B))$；

（I_7）$A \supset (A \vee B)$；

（I_8）$B \supset (A \vee B)$；

(I_9) $(A \supset C) \supset ((B \supset C) \supset ((A \vee B) \supset C))$；

(I_{10}) $\sim B \supset ((A \supset B) \supset ((A \supset \neg B) \supset \neg A))$；

(I_{11}) $(\sim A \wedge \sim B) \supset (\sim (A \supset B) \wedge \sim (A \wedge B) \wedge \sim (A \vee B))$；

(I_{12}) $A \vee \neg A$；

(I_{13}) $\neg\neg A \supset A$；

(Ⅱ) 量词部分，令 $A(x)$ 表示公式，x 是变元，服从通常的约定：

(II_1) $\forall x A(x) \supset A(y)$；

(II_2) 从 $A \supset B(x)$ 推导出 $A \supset \forall x B(x)$；

(II_3) $A(y) \supset \exists x A(x)$；

(II_4) 从 $A(x) \supset B$ 推导出 $\exists x A(x) \supset B$；

(II_5) $\forall x(\sim A(x)) \supset \sim (\forall x A(x))$；

(II_6) $\forall x(\sim A(x)) \supset \sim (\exists x A(x))$；

(II_7) 如果 A 是 B 的变式，那么 $(A \equiv B)$ 是公理；

(Ⅲ) 等词部分，令 x 和 y 是不同的变元：

(III_1) $x = x$；

(III_2) $(x = y) \supset (A(x) \equiv A(y))$；

(Ⅳ) 集合部分，令 $wf(x)$ 和 $finord(x)$ 分别表示 x 是良基的和 x 是一个有穷序数：

(IV_1) 外延公理：$\forall x(x \in y \equiv x \in z) \supset y = z$；

(IV_2) 对集公理：$\exists u \forall x(x \in u \equiv (x = y \vee x = z))$；

(IV_3) 并集公理：$\exists u \forall x(x \in u \equiv \exists y(x \in y \wedge y \in z))$；

(IV_4) 积集公理：$y \in z \supset \exists u \forall x(x \in u \equiv \forall y(y \in z \supset x \in y))$；

(IV_5) 无穷公理：$\exists u \forall x(x \in u \equiv finord(x))$；

(IV_6) 选择公理：每个良基集都等价于一个序数；

(IV_7) 补集公理：$\exists u \forall x(x \in u \equiv x \notin y)$；

(IV_8) 罗素集公理：$\exists u \forall x(x \in u \equiv x \notin x)$；

(IV_9) 分离公理：$wf(v) \supset \exists u \forall x(x \in u \equiv (x \in v \wedge A(x)))$，其中 u 在 A 中不自由出现；

（IV_{10}）替换公理：$(\forall x\forall y(A(x,y)\supset(\forall z(A(x,z)\supset y=z)))\wedge\forall x\forall y(A(x,y)\supset(\forall z(A(z,y)\supset x=z)))\wedge\forall y(y\in v\equiv\exists xA(x,y))\wedge wf(v))\supset\exists u\forall x(x\in u\equiv\exists yA(x,y))$，其中 u 在 A 中不自由出现；

（IV_{11}）幂集公理：$wf(v)\supset\exists u\forall x(x\in u\equiv x\subset v)$，其中 $x\subset v$ 表示 x 是 v 的子集。

需要说明的是，集合部分的公理（即编号为Ⅳ的公理）使用的否定全部是 ~，而不是¬ 。至此介绍的这个系统是 ZF_1 。

已知 $\sim A$ 是 $\neg(A\wedge\neg A)$ 的缩写，$\sim\sim A$ 是 $\neg(\sim A\wedge\neg\sim A)$，类似地可得 $\sim\sim\sim A$、…… 等。令 A^1 表示 $\sim A$，A^2 表示 $\sim\sim A$，A^3 表示 $\sim\sim\sim A$，类似地可得 A^n，$1\leq n<\omega$。对任意 $1\leq i<\omega$，$A^{(i)}$ 表示 $A^1\wedge A^2\wedge\cdots\wedge A^i$。如果把（$I_{10}$）、（$I_{11}$）、（$II_5$）、（$II_6$）中的 ~ 替换为 (i)，即 $\sim\varphi$ 替换为 $\varphi^{(i)}$，那么所得的系统就是 ZF_i，$1\leq i<\omega$。至此便介绍了科斯塔的弗协调集合论 ZF_n。

ZF_n 中关于集合的公理使用的否定是 ~ 而不是¬ 。二者的区别是"对所有的 φ 和 ψ 有 $\{\varphi,\neg\varphi\}\models\psi$"不成立，但"对所有的 φ 和 ψ 有 $\{\varphi,\sim\varphi\}\models\psi$"成立。可见 ~ 具有经典否定的性质。因此，科斯塔构造 ZF_n 只是将底层逻辑由经典一阶逻辑替换为弗协调逻辑 C_n，并且这种替换对关于集合的公理没有任何影响，既不会多生成集合，也不会少生成集合，对于生成的集合的性质也没有什么影响。

观察 ZF_n 可以发现其关于集合的公理和通常的 ZF 不同，ZF_n 多了积集公理、补集公理、罗素集公理，这是因为 ZF_n 的关于集合的公理来自丘奇的集合论 CHU，CHU 是 ZF 的一个修改版。因此，全域集和罗素集在 ZF_n 中存在，这不是弗协调逻辑的功劳，而是因为经丘奇修改过的 ZF（即 CHU）本身就包含全域集和罗素集。

科斯塔还证明了：如果 ZF 是一致的，那么 ZF_n 是非平凡的①。科

① Newton C. A. da Costa, "On Paraconsistent Set Theory", *Logique Et Analyse*, Vol. 29, No. 115, September 1986, pp. 361–371.

斯塔并没有为 ZF_n 构造模型。

（二）弗协调集合论 *ZFCil*

ZFCil 是由卡尔涅利和科尼利奥于 2013 年构造的弗协调 *ZF* 集合论。它的底层逻辑是 *mbc*，属于 *LFIs*，下面给出它的公理和推理规则。

关于符号的说明：$\supset$ 表示蕴涵，$\neg$ 表示否定，$\wedge$ 表示合取，$\vee$ 表示析取，$\forall$ 表示全称量词，$\exists$ 表示存在量词，$^\circ$ 是表示一致性的联结词，$\bullet$ 是表示不一致性的联结词，$\equiv$ 是根据通常的方式被定义的等值联结词；φ、ψ、χ 表示任意公式；a，b，c，$\cdots$，u，v，w，x，y，z 表示任意变元（有特殊说明的除外）；$\in$ 表示属于关系，$=$ 表示相等关系，C 是一致性谓词；$\{\cdots\}$ 和 $\{x \mid \cdots\}$ 表示集合；$\notin$ 和 $\neq$ 分别表示 $\in$ 和 $=$ 的否定，即 $(a \notin b)$ 是 $\neg(a \in b)$，$(a \neq b)$ 是 $\neg(a = b)$。

命题部分的公理模式和推导规则：

(ax1) $\varphi \supset (\psi \supset \varphi)$；

(ax2) $(\varphi \supset \psi) \supset ((\varphi \supset (\psi \supset \chi)) \supset (\varphi \supset \chi))$；

(ax3) $\varphi \supset (\psi \supset (\varphi \wedge \psi))$；

(ax4) $(\varphi \wedge \psi) \supset \varphi$；

(ax5) $(\varphi \wedge \psi) \supset \psi$；

(ax6) $\varphi \supset (\varphi \vee \psi)$；

(ax7) $\psi \supset (\varphi \vee \psi)$；

(ax8) $(\varphi \supset \chi) \supset ((\psi \supset \chi) \supset ((\varphi \vee \psi) \supset \chi))$；

(ax9) $\varphi \vee (\varphi \supset \psi)$；

(ax10) $\varphi \vee \neg \varphi$；

(bc1) $^\circ\varphi \supset (\varphi \supset (\neg \varphi \supset \psi))$；

(MP 规则) 由 φ 和 $\varphi \supset \psi$ 可得 ψ。

量词部分的公理模式和推导规则：

(ax11) $\varphi[x/t] \supset \exists x\varphi$，其中 t 是一个项，且对 φ 中的 x 自由；

(ax12) $\forall x\varphi \supset \varphi[x/t]$，其中 t 是一个项，且对 φ 中的 x 自由；

（ax13）如果 φ 是 ψ 的一个变式，那么 $\varphi \supset \psi$ 是一个公理[①]；

（I- ∀）如果 x 不在 φ 中自由出现，那么由 $\varphi \supset \psi$ 可得 $\varphi \supset \forall x\psi$；

（I- ∃）如果 x 不在 ψ 中自由出现，那么由 $\varphi \supset \psi$ 可得 $\exists x\varphi \supset \psi$。

关于 = 的公理：

（Leib）$(x=y) \supset (\varphi \supset \varphi_y^x)$；其中 φ_y^x 是通过用 y 替换 x 在 φ 中的某些自由出现得到的，替换的前提是 y 对于被替换位置的 x 自由。

关于 $\in$ 的公理：

（A1）$\forall z(z \in x \equiv z \in y) \supset (x=y)$；

（A2）$\exists y \forall x(x \in y \equiv \forall z(z \in x \supset z \in a))$；

（A3）$\exists y \forall x(x \in y \equiv \exists z((x \in z) \wedge (z \in a)))$；

（A4）$\exists w((\emptyset^* \in w) \wedge \forall x(x \in w \supset x \cup \{x\} \in w))$；

（A5）$Fun\psi \supset \exists b \forall y(y \in b \equiv \exists x(x \in a \wedge \psi(x, y)))$；

（A6）$C(x) \supset (\exists y(y \in x) \supset \exists y(y \in x \wedge \sim \exists z(z \in x \wedge z \in y)))$；

（UnExt）$(x \neq y) \equiv (\exists z((z \in x) \wedge (z \notin y)) \vee \exists z((z \in y) \wedge (z \notin x)))$。

符号 ~、$\emptyset^*$、∪、$Fun\psi$ 的说明。对任意公式 φ，定义 $\perp_\varphi$ 是 $(\varphi \wedge \neg \varphi \wedge \circ\varphi)$，也可以类似地定义 $\perp_\psi$，并且能够证明 $\perp_\varphi$ 和 $\perp_\psi$ 是等价的。因此，任意挑选一个命题变元 p 使得 ⊥ 是 $\perp_p$。对任意公式 φ，定义 $\sim\varphi$ 是 $(\varphi \supset \perp)$。$\emptyset^*$ 是 $\{x \mid \sim(x=x)\}$。$a \cup b$ 是 $\{x \mid (x \in a) \vee (x \in b)\}$。$Fun\psi$ 是 $\forall x \forall y \forall z(\psi(x, y) \wedge \psi(x, z) \supset (y=z))$。

关于 C 的公理

（C1）$\forall x(C(x) \supset \circ(x=x))$；

（C2）$\forall x(\neg \circ(x=x) \supset \neg C(x))$；

（cp）$\forall x(x \in y \supset C(x)) \supset C(y)$；

（ci）$\neg \circ\varphi \supset (\varphi \wedge \neg \varphi)$；

① 变式的定义参见前文。

(cc$_n$) $\circ\neg^{n}\circ\varphi$，$(n \geq 0)$；

(C3) $\forall x(\neg C(x) \supset \neg\circ(x = x))$；

(C4) $\forall x(\neg C(x) \supset \neg\circ(x \in x))$；

(cf) $\neg\neg\varphi \supset \varphi$；

(cl) $\neg(\varphi \wedge \neg\varphi) \supset \circ\varphi$；

(C5) $\forall x(\neg((x = x) \wedge (x \neq x)) \supset C(x))$；

(C6) $\forall x(\neg((x \in x) \wedge (x \notin x)) \supset C(x))$。

至此全部给出了 *ZFCil* 的公理和推导规则。

卡尔涅利和科尼利奥证明了：如果 *ZF* 是一致的，那么 *ZFCil* 是非平凡的。但是他们没有为 *ZFCil* 构造模型①。

（三）ZF_n 和 *ZFCil* 的比较

相同点：虽然 ZF_n 和 *ZFCil* 的底层逻辑并不完全相同，但是都属于 *LFIs*（即形式不一致逻辑），都是在正经典逻辑的基础上添加关于否定的公理得到的；粗略地说，$\neg$ 、$\wedge$ 、$\vee$ 、$\supset$ 、$\forall$ 、$\exists$ 都是初等的，不能像在经典逻辑中那样相互定义。

不同点：第一，ZF_n 的底层逻辑是科斯塔的 C_n 系统，*ZFCil* 的底层逻辑是 *mbc*，*mbc* 比 C_n 系统多了一个联结词，即表示一致性的联结词“$\circ$”；第二，*ZFCil* 比 ZF_n 多了一个一致性谓词 C；第三，在 ZF_n 和 *ZFCil* 中，$\neg$ 都是弱否定，但是 ZF_n 的关于集合的公理没有使用 $\neg$，*ZFCil* 的关于集合的公理（UnExt）使用了 $\neg$ 。

二　基于相干逻辑的弗协调集合论

本小节介绍韦伯的弗协调朴素集合论。该集合论的语言为：初始符号 $\wedge$ 、$\neg$ 、$\rightarrow$ 、$\forall$ 、$=$ 、$\in$；变元 x 、y 、z 、…；名字 a 、b 、c 、…；公式 φ 、ψ 、χ 、…，公式的形成规则如通常约定。一些缩写：$\varphi \vee \psi$ 表

① Walter Carnielli and Marcelo E. Coniglio, “Paraconsistent Set Theory by Predicating on Consistency”, *Journal of Logic and Computation*, Vol. 26, No. 1, February 2016, pp. 97–116.

示 $\neg(\neg\varphi \wedge \neg\psi)$；$\varphi \leftrightarrow \psi$ 表示 $(\varphi \to \psi) \wedge (\psi \to \varphi)$；$\exists$ 表示 $\neg\forall\neg$。联结词结合力从大到小排序为：$\neg$，$\wedge$，$\vee$，$\to$，$\leftrightarrow$。

逻辑公理（模式）：

(Ⅰ) $\varphi \to \varphi$；

(Ⅱa) $\varphi \wedge \psi \to \varphi$；

(Ⅱb) $\varphi \wedge \psi \to \psi$；

(Ⅲ) $\varphi \wedge (\psi \vee \chi) \to (\varphi \wedge \psi) \vee (\varphi \wedge \chi)$；

(Ⅳ) $(\varphi \to \psi) \wedge (\psi \to \chi) \to (\varphi \to \chi)$；

(Ⅴ) $(\varphi \to \psi) \wedge (\varphi \to \chi) \to (\varphi \to \psi \wedge \chi)$；

(Ⅵ) $(\varphi \to \neg\psi) \to (\psi \to \neg\varphi)$；

(Ⅶ) $\neg\neg\psi \to \psi$；

(Ⅷ) $(\varphi \to \psi) \to \neg(\varphi \wedge \neg\psi)$；

(Ⅸa) $(\varphi \to \psi) \to [(\psi \to \chi) \to (\varphi \to \chi)]$；

(Ⅸb) $(\varphi \to \psi) \to [(\chi \to \varphi) \to (\chi \to \psi)]$；

(Ⅹ) $\forall x\varphi \to \varphi[x/y]$；其中 y 对 φ 中的 x 自由；

(Ⅺ) $\forall x(\varphi \to \psi) \to (\varphi \to \forall x\psi)$；其中 x 在 φ 中不自由；

(Ⅻ) $\forall x(\varphi \vee \psi) \to \varphi \vee \forall x\psi$；其中 x 在 φ 中不自由。

上面这个逻辑被称为 *TLQ*。如果从 *TLQ* 中去掉（Ⅸa）和（Ⅸb），那么所得的逻辑被称为 *DLQ*，即带量词的双面真逻辑（Dialethic Logic with Quantifiers），该逻辑在 1976 年被卢特雷和迈耶当作辩证逻辑（Dialectical Logic）引入①。

推导规则：

(Ⅰ) 由 φ 和 ψ 可得 $\varphi \wedge \psi$；

(Ⅱ) 由 φ 和 $(\varphi \to \psi)$ 可得 ψ；

(Ⅲ) 由 $(\varphi \to \psi)$ 和 $(\chi \to \gamma)$ 可得 $(\psi \to \chi) \to (\varphi \to \gamma)$；

① Zach Weber, "Transfinite Numbers in Paraconsistent Set Theory", *The Review of Symbolic Logic*, Vol. 3, No. 1, March 2010, pp. 71–92.

（Ⅳ）由 φ 可得 $\forall x\varphi$；

（Ⅴ）由 $(x=y)$ 可得 $(\varphi(x)\rightarrow\varphi(y))$。

至此给出了 *DLQ* 和 *TLQ* 的公理和推导规则。如果将（Ⅷ）替换为 $(\varphi\vee\neg\varphi)$，那么 *DLQ* 和 *TLQ* 分别变成了 *DKQ* 和 *TKQ*。因为从（Ⅷ）出发可以推导出 $(\varphi\vee\neg\varphi)$，所以 *DLQ* 强于 *DKQ*，即 *DLQ* 的后承比 *DKQ* 的后承多；*TLQ* 和 *TKQ* 的关系类似。布雷迪使用模型的方法证明了基于 *DKQ* 和 *TKQ* 的弗协调朴素集合论是非平凡的，即它们有一个模型，并且有一些公式在这个模型中不是有效的。然而基于 *DLQ* 和 *TLQ* 的弗协调朴素集合论的非平凡性是一个有待解决的问题①。

为了描述关于集合的公理，需要在语言中加入项构成算子 $\{\cdots|\cdots\}$，这表示形如 $\{x|\cdots\}$ 的符号串是语言中的项。当 $\{x|\cdots\}$ 出现在公理中时，或者当谈论集合时提及它，它都表示项。

关于集合的公理（模式）：

（抽象公理）$x\in\{z\mid\varphi(z)\}\leftrightarrow\varphi(x)$；

（外延公理）$\forall z(z\in x\leftrightarrow z\in y)\leftrightarrow x=y$。

对抽象公理施加存在概括可以得到概括公理 $\exists y\forall x(x\in y\leftrightarrow\varphi(x))$。本小节至此给出了韦伯的弗协调朴素集合论。

2010 年，韦伯证明了 *ZF* 的所有关于集合的公理都是他这个集合论的定理；他还在这个集合论中建立了序数理论，证明了皮亚诺算术的五条公设都是这个集合论的定理，全局选择公理也是这个集合论的定理，即全域能够被良序。2012 年，韦伯在这个集合论中建立了基数理论，证明了康托定理（即集合的基数小于它的幂集的基数）在该集合论中成立，所有序数的集合 *On* 是一个基数，并且 *On* 就是全域 *V* 的基数，存在不可及基数，广义连续统假设（*GCH*）不成立，等等。

初看起来，康托定理在该集合论中成立与“所有序数的集合 *On* 是

---

① Zach Weber, “Transfinite Numbers in Paraconsistent Set Theory”, *The Review of Symbolic Logic*, Vol. 3, No. 1, March 2010, pp. 71–92.

一个基数，并且 On 就是全域 V 的基数”是矛盾的。矛盾点是：如果 On 是一个基数，且它是全域 V 的基数，那么它应当是最大的基数；但是根据康托定理，全域的幂集的基数大于 On，这使得 On 不可能是最大的基数，因此产生了矛盾。但是弗协调集合论的魅力正在于此，在韦伯的弗协调朴素集合论中，令 V 是全域，$|V|$ 是全域 V 的基数，$|\wp(V)|$ 是全域的幂集的基数，$|On|$ 是 On 这个基数，下列结果都成立：$|V| = |On|$；$|V| < |\wp(V)|$；$|V| = |\wp(V)|$；$|\wp(V)| < |V|$；$|V| \neq |\wp(V)|$；$|\wp(V)| \neq |\wp(V)|$[①]。

韦伯的这些结果很能说明弗协调朴素集合论的力量，凸显了弗协调朴素集合论和经典集合论的差异。在 ZF 中，所有序数的集合 On 不存在，因为它不是一个集合；在 NBG 中，所有序数的集合 On 是一个类；因此在这两种情况下，On 都不可能是一个基数，但是在韦伯的弗协调朴素集合论中，On 就可以是一个基数。在 ZF 和 NBG 中，不可及基数是不存在的，但是在韦伯的弗协调朴素集合论中，不可及基数存在，On 作为基数时，它就是一个不可及基数。广义连续统假设（GCH）相对于 ZF 和 NBG 都是独立的，即 GCH 和 GCH 的否定都是相对于 ZF 和 NBG 一致的，但是在韦伯的弗协调朴素集合论中，GCH 是被证伪的。选择公理（AC）相对于 ZF 和 NBG 都是独立的，但是在韦伯的弗协调朴素集合论中，AC 是它的一条定理。

三　基于多值逻辑的弗协调集合论

本小节介绍雷斯塔尔于 1992 年构造的弗协调朴素集合论，它的基础逻辑是普里斯特于 1979 年构造的 LP 系统[②]。

---

① Zach Weber, “Transfinite Cardinals in Paraconsistent Set Theory”, *The Review of Symbolic Logic*, Vol. 5, No. 2, June 2012, pp. 269–293.

② Graham Priest, “The Logic of Paradox”, *Journal of Philosophical Logic*, Vol. 8, No. 1, January 1979, pp. 219–241.

(一) *LP* 系统

虽说称普里斯特的弗协调逻辑为 *LP* 系统，但是它并不是具体的语法系统，而是一个语义策略。在经典逻辑的语义中，一个句子有两个真值，真和假；但是在 *LP* 中，一个句子有三个真值：仅真（True Only）t，仅假（False Only）f，既真又假（Both True and False）b。逻辑联结词否定 ¬ 、合取 ∧ 、析取 ∨ 的真值表如表 1.1、表 1.2、表 1.3。

表 1.1　　¬ 的真值表

	¬
t	f
b	b
f	t

表 1.2　　∧ 的真值表

∧	t	b	f
t	t	b	f
b	b	b	f
f	f	f	f

表 1.3　　∨ 的真值表

∨	t	b	f
t	t	t	t
b	t	b	b
f	t	b	f

这些真值表的计算规则符合经典逻辑联结词的规则：一个命题为真，当且仅当，它的否定为假；一个合取式为真，当且仅当，它的两个合取支都为真；一个析取式为真，当且仅当，它有一个析取支为真。当

句子的真值为 t 或 f 时，真值的计算和经典逻辑的情形相同。当句子 φ 的真值是 b 时，表示 φ 既真又假，根据经典逻辑联结词的规则，若 φ 为真，则 $\neg\varphi$ 为假，若 φ 为假，则 $\neg\varphi$ 为真；因为 φ 既真又假，所以 $\neg\varphi$ 也是既真又假，即 $\neg\varphi$ 的真值为 b。当句子 φ 的真值为 b 且句子 ψ 的真值为 t 时，根据经典逻辑联结词的规则，若 φ 为真且 ψ 为真，则（φ 合取 ψ）为真，若 φ 为假且 ψ 为真，则（φ 合取 ψ）为假；因为 φ 既真又假，ψ 为真，所以（φ 合取 ψ）既真又假，即 $(\varphi \wedge \psi)$ 的真值为 b。联结词 $\wedge$ 的其他情形和联结词 $\vee$ 的真值计算方法可类似地获得。

关于蕴涵 $\supset$。蕴涵可以借助否定 $\neg$ 和析取 $\vee$ 被定义，$(\varphi \supset \psi)$ 被定义为 $(\neg\varphi \vee \psi)$，它的真值表如表 1.4。

表 1.4　**$\supset$ 的真值表**

$\supset$	t	b	f
t	t	b	f
b	t	b	b
f	t	t	t

令 $\{t, b\}$ 是真值的指定集，在一个有效的推理中，如果前提的真值属于这个集合，那么后承的真值也属于这个集合。在这样的设置中，爆炸原理是不成立的，过程如下：给定两个句子 φ 和 ψ，令 φ 的真值是 b，ψ 的真值是 f，根据联结词 $\neg$ 的真值表，$\neg\varphi$ 的真值是 b，此时 $b \in \{t, b\}$ 但是 $f \notin \{t, b\}$，因此 $\{\varphi, \neg\varphi\} \nvDash \psi$；爆炸原理失效。*LP* 是弗协调逻辑。

特殊地，*MP* 规则在 *LP* 中不成立。给定两个句子 φ 和 ψ，令 φ 的真值是 b，ψ 的真值是 f，根据 $\supset$ 的真值表，$(\varphi \supset \psi)$ 的真值是 b，此时显然有 $\{\varphi, \varphi \supset \psi\} \nvDash \psi$，因此 *MP* 规则在 *LP* 中不成立。

（二）基于 *LP* 的弗协调朴素集合论

存在多种方法给出 *LP* 的语法系统，只要它们的语义符合上一小节中关于逻辑联结词的真值表和真值的计算方法就可以了。最简单的方式是修改经典一阶逻辑，允许每个公式取三个真值，即 t 、f 、b ；并保证构造出的语法系统相对于上面给出的语义是可靠的和完全的。

令 L 是一个一阶语言，它的初始联结词符号和量词符号是 $\neg$ 、$\wedge$ 、$\forall$ ，它的初始谓词符号只有二元谓词 $\in$ ，x 、y 、z（可加下标）是变元。令 D 是对象的一个非空的定义域，对于 D 中对象的每个对 $<a, b>$，$I(a \in b) \in \{\{0\}, \{1\}, \{0, 1\}\}$，其中 $\{0\}$ 、$\{1\}$ 、$\{0, 1\}$ 分别表示 f 、t 、b ；这样的一个对 $A = <D, I>$ 被称为一个 LP 模型结构。

令 S 是一个从 L 的变元到论域 D 的一个函数，这样的一个 S 被称为一个赋值。给定某个赋值 S ，再以归纳的方式定义一个函数 v_S ，它将 L 中的每个公式映射到 $\{\{0\}, \{1\}, \{0, 1\}\}$ 中，如下：

(1) $v_S(x_i \in x_j) = I(S(x_i) \in S(x_j))$ ；

(2) $1 \in v_S(\varphi \wedge \psi)$ ，当且仅当，$1 \in v_S(\varphi)$ 且 $1 \in v_S(\psi)$ ；

$0 \in v_S(\varphi \wedge \psi)$ ，当且仅当，$0 \in v_S(\varphi)$ 或者 $0 \in v_S(\psi)$ ；

(3) $1 \in v_S(\neg \varphi)$ ，当且仅当，$0 \in v_S(\varphi)$ ；

$0 \in v_S(\neg \varphi)$ ，当且仅当，$1 \in v_S(\varphi)$ ；

(4) $1 \in v_S(\forall x \varphi(x))$ ，当且仅当，对每个 $d \in D$ 有 $1 \in v_S(\varphi(d))$ ；

$0 \in v_S(\forall x \varphi(x))$ ，当且仅当，存在某个 $d \in D$ 使得 $0 \in v_S(\varphi(d))$ 。

令 d 既表示论域 D 中的对象 d 又表示语言 L 中的常项 d ，这就使得 $S(d) = d$ 。定义其他的逻辑联结词如下：$(\varphi \vee \psi)$ 被定义为 $\neg(\neg \varphi \wedge \neg \psi)$ ；$(\varphi \supset \psi)$ 被定义为 $\neg \varphi \vee \psi$ ；$(\varphi \equiv \psi)$ 被定义为 $(\varphi \supset \psi) \wedge (\psi \supset \varphi)$ ；$\exists x \varphi$ 被定义为 $\neg \forall x \neg \varphi$ 。

对语言 L 的公式的任意集合 $\Sigma \cup \{\varphi\}$ ，称 φ 是 Σ 的一个 LP 后承，当且仅当，不存在一个 LP 模型结构 A 并且不存在一个赋值 S 使得对每个 $\psi \in \Sigma$ 有 $1 \in v_S(\psi)$ 并且 $1 \notin v_S(\varphi)$ 。

接下来给出关于集合的公理。雷斯塔尔构造的是基于 LP 的弗协调朴素集合论，它的集合公理只有两条：概括公理和外延公理①。

概括公理 $(\exists x)(\forall y)(y \in x \equiv \varphi(y))$；

外延公理 $(\forall x)(\forall y)((\forall z)(z \in x \equiv z \in y) \supset x = y)$。

其中 $(x = y)$ 被定义为 $(\forall z)(x \in z \equiv y \in z)$。

关于这个弗协调朴素集合论和经典集合论 *ZF* 的关系。除了基础公理，*ZF* 的其他公理都是这个弗协调朴素集合论的定理。但是因为 *MP* 规则在 *LP* 中是无效的，在 *ZF* 中是有效的，所以 *ZF* 的定理不一定是这个弗协调朴素集合论的定理。此外，因为基础公理不是这个弗协调朴素集合论的定理，所以这也证明了这个弗协调朴素集合论不是一个平凡的理论。

雷斯塔尔谈到了这个弗协调朴素集合论的一些不足。第一，虽然无穷公理是这个弗协调朴素集合论的定理，但是无穷公理没有意谓我们期望它意谓的内容，因为这个弗协调朴素集合论有有穷模型；第二，因为 *MP* 规则在 *LP* 中是无效的，所以这个弗协调朴素集合论是一个很弱的集合论；第三，之所以 *MP* 规则在 *LP* 中是无效的，是因为 *LP* 的蕴涵联结词 $\supset$ 很弱，而这也导致该弗协调朴素集合论中的相等关系 = 不满足代入自由，即不能从 $x = y$ 是模型有效的推导出 $(\varphi(x) \equiv \varphi(y))$ 是模型有效的；第四，该朴素集合论的语言中缺乏项构成算子。

雷斯塔尔认为第一个不足是可以克服的，因为在有穷模型中，他把一些原本不相等的对象当作相等的对象来处理，例如空集和全域集，如果是在更大的模型中，他便可以将它们当作不同的对象来处理。他认为第二个不足是一个真正的问题，因为缺乏 *MP* 规则，很多经典集合论中的结果都无法获得。第三个不足的情形类似于第二个不足的情形，在经典集合论中，相等关系满足代入自由，但是在这个弗协调朴素集合论中，相等关系 = 不满足代入自由。第四个不足是这个弗协调朴素集合

① Greg Restall, "A Note on Naive Set Theory in LP", *Notre Dame Journal of Formal Logic*, Vol. 33, No. 3, Summer 1992, pp. 422-432.

论无法克服的弱点。

本书接下来的内容不会涉及基于 LP 的弗协调朴素集合论的模型，因为 LP 是通过语义给出的，满足它的语义的语法系统都属于 LP，这使得基于 LP 的弗协调朴素集合论自带模型。

第三节 弗协调集合论的模型

基于不同的目的构造的弗协调集合论模型也不同，例如前文提到的基于 LP 的弗协调朴素集合论的模型，还有布雷迪为证明卢特雷的弗协调朴素集合论的非平凡性构造的模型。本节介绍的模型是李伯特（T. Libert）为基于 Pac 的弗协调朴素集合论构造的拓扑模型（Topological Model）和项模型（Term Model）。

一 基于 *Pac* 的弗协调朴素集合论

约定：如果 R 是一个二元关系，那么 R^{-1} 指称 $\{<x, y> \mid <y, x> \in R\}$，$<y, x> \in R$ 可以缩写为 yRx；对任意的集合 A，定义 $R''A$ 是 $\{b \mid$ 存在 $a \in A$ 使得 $aRb\}$。对任意函数 f 和 f 的定义域中的任意 a，定义 $f''\{a\} = \{f'a\}$。对 f 的定义域的任意子集 A，$f''A = \{f'a \mid a \in A\}$；对 f 的上域的任意子集 B，$f^{-1}{}''B = \{a \mid f'a \in B\}$。这里不区分元语言和对象语言中的属于关系，都用符号 $\in$ 表示；也不区分元语言和对象语言中的相等关系，都用符号 = 表示。如果 φ 是语言中的一个公式，那么 $\varphi(x_1, \cdots, x_k)$ 表示 φ 的自由变元出现在 $x_1, \cdots, x_k$ 中；$\varphi[a_1, \cdots, a_k]$ 是使用 a_i 替换 x_i 在 φ 中的出现得到的，其中 $i = 1, \cdots, k$。

在基于 Pac 的弗协调朴素集合论的语言 L 中，谓词符号有 $\in$ 和 =，其中 $\in$ 表示属于关系，= 表示相等关系。基础逻辑 Pac 的初始联结词和量词符号是 ~、∧、∨、→、∀、∃，类似于 LP，逻辑 Pac 也是通过语义的方式被刻画的，如下：

1. 真值的集合 $V = \{0, i, 1\}$，它的序为 $0 < i < 1$，真值的指定集

是 $D = \{i, 1\}$；

2. 初始联结词的真值表如表 1.5、表 1.6、表 1.7、表 1.8；

表 1.5　　~ 的真值表

	$f_{\sim}$
1	0
i	i
0	1

表 1.6　　∧ 的真值表

$f_{\wedge}$	1	i	0
1	1	i	0
i	i	i	0
0	0	0	0

表 1.7　　∨ 的真值表

$f_{\vee}$	1	i	0
1	1	1	1
i	1	i	i
0	1	i	0

表 1.8　　⇀ 的真值表

$f_{\rightharpoonup}$	1	i	0
1	1	i	0
i	1	i	0
0	1	1	1

3. 初始量词的真值函数，对任意 $A \subseteq V$，$f_{\forall}{\cdot}A = minA$，$f_{\exists}{\cdot}A = maxA$；这两个函数的意思是：对于全称式 $\forall x\varphi(x)$，令 a 是论域中的

任意对象，$\forall x\varphi(x)$ 的真值是 $\varphi(a)$ 的真值的最小值；对于存在式 $\exists x\varphi(x)$，令 a 是论域中的任意对象，$\exists x\varphi(x)$ 的真值是 $\varphi(a)$ 的真值的最大值。

借助 ~ 和 $\rightharpoonup$，我们可以定义其他的蕴涵联结词：对任意的命题变元 p 和 q，

$p \rightharpoondown q$ 被定义为 $\sim q \rightharpoonup \sim p$；

$p \Rightarrow q$ 被定义为 $(p \rightharpoonup q) \wedge (p \rightharpoondown q)$。

在这里涉及的三个蕴涵中，只有 $\rightharpoonup$ 满足演绎性质，即 $\Sigma \cup \{\varphi\} \vDash_{pac} \psi$，当且仅当，$\Sigma \vDash_{pac} \varphi \rightharpoonup \psi$；其中 $\vDash_{pac}$ 表示 Pac 的后承关系。在这个演绎性质中，从右至左的方向被称为 MP 规则，从左至右的方向被称为条件化。$\Rightarrow$ 满足 MP 规则，但不满足条件化。此外还可以定义其他的蕴涵联结词：

$p \leftharpoonup q$ 被定义为 $q \rightharpoonup p$；

$p \leftharpoondown q$ 被定义为 $q \rightharpoondown p$；

$p \Leftarrow q$ 被定义为 $(p \leftharpoonup q) \wedge (p \leftharpoondown q)$；

$p \Leftarrow\Rightarrow q$ 被定义为 $(p \Rightarrow q) \wedge (p \Leftarrow q)$。

Pac 的一个 L 结构 $\mathcal{M}$ 是对 $< M, L_{\mathcal{M}} >$，其中 M 非空，表示结构的论域，$L_{\mathcal{M}}$ 是将语言 L 中的每个二元关系符号 R 解释为一个从 $M \times M$ 到 V 上的函数 $R_{\mathcal{M}}$。Pac 的一个 L 指派是一个对 $< \mathcal{M}, v >$，其中 $\mathcal{M}$ 是一个 L 结构，v 是一个函数，v 为语言 L 中的每个变元指派一个 M 中的元素。在给定一个 L 指派的情形下，我们可以计算 Pac 的语言 L 中任意公式 φ 的真值 $v_{\mathcal{M}'}\varphi$，例如对任意 $R \in L$，$v_{\mathcal{M}'}(xRy) = R_{\mathcal{M}'}(v'x, v'y)$；对于其他公式的真值，我们可以像通常那样通过施归纳于公式的结构获得。接下来定义后承：$< \mathcal{M}, v > \vDash_{pac} \varphi$，当且仅当，$v_{\mathcal{M}'}\varphi \in D$；$\mathcal{M} \vDash_{pac} \varphi$，当且仅当，对任意 v 都有 $< \mathcal{M}, v > \vDash_{pac} \varphi$；$\Sigma \vDash_{pac} \varphi$，当且仅当，对任意 L 指派 $< \mathcal{M}, v >$ 都有 $< \mathcal{M}, v > \vDash_{pac} \Sigma$ 蕴涵 $< \mathcal{M}, v > \vDash_{pac} \varphi$，其中 Σ 是语言 L 的公式的一个集合。

本节至此介绍了 Pac，接下来介绍基于它的弗协调朴素集合论，给

出关于集合的公理，外延公理和概括公理：

外延公理：$\forall x \forall y(\forall z(z \in x \Longleftrightarrow z \in y) \longrightarrow x = y)$；

概括公理：对 Pac 的语言 L 中不包含 $\rightharpoondown$ 的任意公式 φ，$\exists y \forall x(x \in y \Longleftrightarrow \varphi)$，其中 y 不在 φ 中自由出现。

对于任意不包含 $\rightharpoondown$ 的 L 公式 φ，如果外延公理可以保证由概括公理生成的集合是唯一的，那么用 $\{x \mid \varphi\}$ 表示这个集合。如果外延公理不能保证由概括公理生成的集合是唯一的，那么不能使用 $\{x \mid \varphi\}$ 表示这个集合。如果一个模型中的所有集合都能被类似于 $\{x \mid \varphi\}$ 的名字所表示，那么这个模型是一个项模型。

二　一种转换

给出经典集合论的语言的一个扩张版本，记为 $L^{\pm}$，该语言的初始谓词符号的集合是 $\{\in, \notin, =, \neq\}$，初始逻辑联结词符号和量词符号的集合是 $\{\neg, \wedge, \vee, \rightarrow, \forall, \exists\}$，这些联结词和量词都是经典的；需要说明的是，$\notin$ 和 $\neq$ 不是 $\in$ 和 $=$ 的经典否定，而是弱否定，因为 $\neg$ 在这里代表的是经典否定，弱否定在这里没有对应的符号，所以把 $\notin$ 和 $\neq$ 作为初始谓词符号。

“Pd－情形”是这样的一个公式：$(\neg(x \in y) \rightarrow x \notin y) \wedge (\neg(x = y) \rightarrow x \neq y)$。容易看出在经典一阶理论中 Pd－情形等价于 $(x \in y \vee x \notin y) \wedge (x = y \vee x \neq y)$。如果一个 $L^{\pm}$ 结构满足 Pd－情形，那么称这个结构为 Pd $L^{\pm}$ 结构。

一方面，从任意 L 结构 $\mathcal{M}$ 出发，我们可以用一种自然的方式在同样的论域 M 上生成一个 Pd $L^{\pm}$ 结构 $\mathcal{M}^{\Delta}$；另一方面，从任意 Pd $L^{\pm}$ 结构 $\mathcal{M}$ 出发，我们可以在相同的论域上生成一个 L 结构 $\mathcal{M}^{\nabla}$。

从任意 L 结构 $\mathcal{M}$ 出发，在同样的论域 M 上，我们通过如下方式获得一个 Pd $L^{\pm}$ 结构 $\mathcal{M}^{\Delta}$：对任意 $m, n \in M$，

$m \in_{\mathcal{M}^{\Delta}} n$，当且仅当，$\in_{\mathcal{M}}(m, n) \in \{i, 1\}$；

$m \notin_{\mathcal{M}^{\Delta}} n$ ，当且仅当，$\in_{\mathcal{M}}(m, n) \in \{0, i\}$ ；

$m =_{\mathcal{M}^{\Delta}} n$ ，当且仅当，$=_{\mathcal{M}}(m, n) \in \{i, 1\}$ ；

$m \neq_{\mathcal{M}^{\Delta}} n$ ，当且仅当，$=_{\mathcal{M}}(m, n) \in \{0, i\}$ 。

其中 $\in_{\mathcal{M}^{\Delta}}$ 、$\notin_{\mathcal{M}^{\Delta}}$ 、$=_{\mathcal{M}^{\Delta}}$ 、$\neq_{\mathcal{M}^{\Delta}}$ 分别是 $L^{\pm}$ 中的谓词符号 $\in$ 、$\notin$ 、$=$、$\neq$ 在 Pd $L^{\pm}$ 结构 $\mathcal{M}^{\Delta}$ 中的解释，$\in_{\mathcal{M}}$ 和 $=_{\mathcal{M}}$ 是 L 结构 $\mathcal{M}$ 中从 $M \times M$ 到 V 上的函数。

从任意 Pd $L^{\pm}$ 结构 $\mathcal{M}$ 出发，在同样的论域 M 上，我们通过如下方式获得一个 L 结构 $\mathcal{M}^{\nabla}$ ：对任意 $m, n \in M$ ，

$\in_{\mathcal{M}^{\nabla}}(m, n) = 1$，当且仅当，$m \in_{\mathcal{M}} n$ 且 $\neg (m \notin_{\mathcal{M}} n)$ ；

$\in_{\mathcal{M}^{\nabla}}(m, n) = i$ ，当且仅当，$m \in_{\mathcal{M}} n$ 且 $m \notin_{\mathcal{M}} n$ ；

$\in_{\mathcal{M}^{\nabla}}(m, n) = 0$，当且仅当，$\neg (m \in_{\mathcal{M}} n)$ 且 $m \notin_{\mathcal{M}} n$ ；

$=_{\mathcal{M}^{\nabla}}(m, n) = 1$，当且仅当，$m =_{\mathcal{M}} n$ 且 $\neg (m \neq_{\mathcal{M}} n)$ ；

$=_{\mathcal{M}^{\nabla}}(m, n) = i$ ，当且仅当，$m =_{\mathcal{M}} n$ 且 $m \neq_{\mathcal{M}} n$ ；

$=_{\mathcal{M}^{\nabla}}(m, n) = 0$，当且仅当，$\neg (m =_{\mathcal{M}} n)$ 且 $m \neq_{\mathcal{M}} n$ 。

其中 $\in_{\mathcal{M}^{\nabla}}$ 和 $=_{\mathcal{M}^{\nabla}}$ 是 L 结构 $\mathcal{M}$ 中从 $M \times M$ 到 V 上的函数，$\in_{\mathcal{M}}$ 、$\notin_{\mathcal{M}}$ 、$=_{\mathcal{M}}$ 、$\neq_{\mathcal{M}}$ 分别是谓词符号 $\in$ 、$\notin$ 、$=$ 、$\neq$ 在 Pd $L^{\pm}$ 结构 $\mathcal{M}$ 中的解释，$\neg$ 不是语法符号，而是 Pd $L^{\pm}$ 结构 $\mathcal{M}$ 中的经典否定。

我们可以得出结果：对任意 L 结构 $\mathcal{M}$ ，$\mathcal{M}^{\Delta\nabla} = \mathcal{M}$ ；对任意 Pd $L^{\pm}$ 结构 $\mathcal{M}$ ，$\mathcal{M}^{\nabla\Delta} = \mathcal{M}$ 。本节至此介绍了 L 结构和 Pd $L^{\pm}$ 结构之间的相互转换，这是语义层面的转换。接下来介绍语法层面的转换，即 L 公式和 $L^{\pm}$ 公式之间的相互转换。

任意 L 公式 φ 都一一对应着 $L^{\pm}$ 公式的一个对 $< \varphi^{+}, \varphi^{-} >$ ，以归纳的方式表示如下：

$(x \in y)^{+}$ 是 $(x \in y)$ ；	$(x \in y)^{-}$ 是 $(x \notin y)$ ；
$(x = y)^{+}$ 是 $(x = y)$ ；	$(x = y)^{-}$ 是 $(x \neq y)$ ；
$(\neg \varphi)^{+}$ 是 φ^{-} ；	$(\neg \varphi)^{-}$ 是 φ^{+} ；

续表

$(\varphi \wedge \psi)^+$ 是 $\varphi^+ \wedge \psi^+$；	$(\varphi \wedge \psi)^-$ 是 $\varphi^- \wedge \psi^-$；
$(\varphi \vee \psi)^+$ 是 $\varphi^+ \vee \psi^+$；	$(\varphi \vee \psi)^-$ 是 $\varphi^- \vee \psi^-$；
$(\varphi \rightarrow \psi)^+$ 是 $\varphi^+ \rightarrow \psi^+$；	$(\varphi \rightarrow \psi)^-$ 是 $\varphi^+ \wedge \psi^-$；
$(\forall x\varphi)^+$ 是 $\forall x \varphi^+$；	$(\forall x\varphi)^-$ 是 $\exists x \varphi^-$；
$(\exists x\varphi)^+$ 是 $\exists x \varphi^+$；	$(\exists x\varphi)^-$ 是 $\forall x \varphi^-$。

我们可以证明如下结果。对任意 L 指派 $<\mathcal{M}, v>$：$<\mathcal{M}, v> \vDash_{pac} \varphi$，当且仅当，$<\mathcal{M}^{\Delta}, v> \vDash_{class} \varphi^+$；$<\mathcal{M}, v> \vDash_{pac} \sim\varphi$，当且仅当，$<\mathcal{M}^{\Delta}, v> \vDash_{class} \varphi^-$。对于任意 Pd $L^{\pm}$ 指派 $<\mathcal{M}, v>$：$<\mathcal{M}^{\nabla}, v> \vDash_{pac} \varphi$，当且仅当，$<\mathcal{M}, v> \vDash_{class} \varphi^+$；$<\mathcal{M}^{\nabla}, v> \vDash_{pac} \sim\varphi$，当且仅当，$<M, v> \vDash_{class} \varphi^-$。其中 $\vDash_{pac}$ 表示弗协调逻辑 *Pac* 的语义后承关系，$\vDash_{class}$ 表示经典逻辑的语义后承关系。因此我们得出如下结果：

$$\Sigma \vDash_{pac} \varphi \text{，当且仅当，} \Sigma^+ \cup \{Pd\ \text{情形}\} \vDash_{class} \varphi^+\text{；}$$

其中 $\Sigma^+ = \{\psi^+ \mid \psi \in \Sigma\}$。

至此，我们将 *Pac* 的语言 L 中的公式转换到了基于经典逻辑的语言 $L^{\pm}$ 中，并将基于 *Pac* 的弗协调集合论的 L 结构转换到了 Pd $L^{\pm}$ 结构。如此一来，如果我们构造了一个 Pd $L^{\pm}$ 结构，那么我们就构造了一个 L 结构。因此，为基于 *Pac* 的弗协调朴素集合论构造模型本质上是构造一个满足概括公理和外延公理的 Pd $L^{\pm}$ 结构。

但是还有两个问题需要解决，第一个问题是关于相等 =。我们期望基于 *Pac* 的弗协调朴素集合论的相等符号 = 被解释为实际的相等关系，这就需要 L 结构满足额外的一些公理，这些额外的公理被转换到 $L^{\pm}$ 中即表现为如下一组公理：

1. = 是一个等价关系；

2. 对 $L^{\pm}$ 中除 = 之外的任意关系 R 有

$\forall x \forall y(x = y \rightarrow (\forall z(zRx \leftrightarrow zRy) \wedge \forall z(xRz \leftrightarrow yRz)))$。

称这组公理为 Cg。如果一个 Pd $L^{\pm}$ 结构满足 Cg，那么它就将符号

= 解释为实际的相等关系。将 Cg 嵌入 $L^{\pm}$ 的外延公理（即上一节中的外延公理转换为 $L^{\pm}$ 中所获得的外延公理）后所得的外延公理为

外延公理 EXT：$\forall x \forall y(\forall z((z \in x \leftrightarrow z \in y) \wedge (z \notin x \leftrightarrow z \notin y)) \leftrightarrow x = y)$。

第二个问题，上一节中给出的概括公理是语言 L 中的公式，并且要求 φ 是一个不包含 $\rightarrow$ 的公式，因此必须找到与满足这个要求的与 φ 对应的 $L^{\pm}$ 公式。我们寻找的 $L^{\pm}$ 公式被称为正 $L^{\pm}$ 公式（Positive $L^{\pm}$-Formula），它的定义需要借助弱否定（Weak Negation）和伪正（Pseudo-Positive）这两个概念。对任意 L 公式 φ，与 φ 对应的 $L^{\pm}$ 公式 φ^{+} 和 φ^{-} 是伪正的。任意伪正的 $L^{\pm}$ 公式 φ 的弱否定 $\bar{\varphi}$ 被归纳地定义如下：

$\overline{(x \in y)}$ 是 $x \notin y$；　　$\overline{(x \notin y)}$ 是 $x \in y$；

$\overline{(x = y)}$ 是 $x \neq y$；　　$\overline{(x \neq y)}$ 是 $x = y$；

$\overline{\varphi \wedge \psi}$ 是 $\bar{\varphi} \vee \bar{\psi}$；　　$\overline{\varphi \vee \psi}$ 是 $\bar{\varphi} \wedge \bar{\psi}$；

$\overline{(\forall x \varphi)}$ 是 $\exists x \bar{\varphi}$；　　$\overline{(\exists x \varphi)}$ 是 $\forall x \bar{\varphi}$；

$\overline{\varphi \rightarrow \psi}$ 是 $\varphi \wedge \bar{\psi}$。

任意 $L^{\pm}$ 公式 φ 是正的，当且仅当，$\bar{\bar{\varphi}} = \varphi$。通常情况下，任意伪正的 $L^{\pm}$ 公式 φ 的弱否定 $\bar{\varphi}$ 是正的。因此概括公理在 $L^{\pm}$ 中的表述是：

概括公理 COMP：对任意正 $L^{\pm}$ 公式 φ，$\exists y \forall x((x \in y \leftrightarrow \varphi) \wedge (x \notin y \leftrightarrow \bar{\varphi}))$，其中 y 在 φ 中不自由。

在解决这两个问题之后，如果我们构造了一个 Pd $L^{\pm}$ 结构，并且它满足概括公理 COMP、外延公理 EXT，那么它是基于 Pac 的弗协调朴素集合论的模型。

三　拓扑模型

从一个非空集合 X 出发通过归纳的方式定义一个序列（X_n | n

$\in \omega$）：

$X_0 = X$；

$X_{n+1} = \{ < \zeta, \xi > \mid \zeta \cup \xi = X_n \}$；$n \in \omega$。

令 s 是从 X_1 到 X_0 的任意满射。通过设置 $s' < \zeta, \xi > = < s''\zeta, s''\xi >$，我们以归纳的方式将 s 推广到更高的层级。令每一个 X_n（$n \in \omega$）都是一个 $L^{\pm}$ 结构，并且设置：

（1）$\in_{X_0} = \notin_{X_0} = X^2$，对所有的 $n \in \omega$，X_{n+1} 中的 $\in$ 和 $\notin$ 的外延分别是：$[(\zeta, \xi)]^{+}_{X_{n+1}} = s^{-1}{}''\zeta$，$[(\zeta, \xi)]^{-}_{X_{n+1}} = s^{-1}{}''\xi$；

（2）对所有 $n \in \omega$，$=_{X_n}$ 是 X_n 中的实际相等关系，$\neq$ 被定义为 $\delta(x, y) = \exists z((z \in x \wedge z \notin y) \vee (z \notin x \wedge z \in y))$。

可以证明对每个 $n \in \omega$，X_n 是一个 Pd $L^{\pm}$ 结构，并且满足 EXT $\wedge$ $\forall x \forall y(x \neq y \leftrightarrow \delta(x, y))$。

定义序列（$X_n \mid n \in \omega$）的射影极限 X_ω（The Projective Limit）：

（1）$X_\omega = \{x = (x_n \mid n \in \omega) \in \prod_{n \in \omega} X_n \mid$ 对所有 $n \in \omega$ 有 $s' x_{n+1} = x_n\}$；

（2）对任意 $R \in L^{\pm}$，$x R_{X_\omega} y$，当且仅当，对所有 $n \in \omega$ 有 $x_n R_{X_n} y_n$。

可以证明 X_ω 也是一个满足 EXT $\wedge$ $\forall x \forall y(x \neq y \leftrightarrow \delta(x, y))$ 的 Pd $L^{\pm}$ 结构。

如果每一个 X_n 都装备了离散拓扑（Discrete Topology），那么 X_ω 就装备了自然拓扑（Natural Topology）。可以证明 X_ω 是紧致的（Compact），并且它的拓扑的基（Basis）是 $U_\zeta = \{x \in X_\omega \mid x_n = \zeta\}$，其中 $n \in \omega$，$\zeta \in X_n$。借助拓扑中的连续性概念（Continuous）可以证明 X_ω 满足概括公理 COMP①。

---

① Thierry Libert, "ZF and the Axiom of Choice in Some Paraconsistent Set Theories", *Logic and Logical Philosophy*, No. 11-12, November 2003, pp. 91-114.

因此 X_ω 即是基于 Pac 的弗协调朴素集合论的拓扑模型。

四 项模型

借助项模型的构造，我们可以证明经典集合的全域能够被扩张为弗协调集合的全域。

令 $\mathcal{N}=<N,\ L_{\mathcal{N}}>$ 是经典集合的全域，它是 ZF 的一个模型。通过令 $\notin_{\mathcal{N}}=(\mathcal{N}^2-\in_{\mathcal{N}})$，且 $\neq_{\mathcal{N}}=(\mathcal{N}^2-=_{\mathcal{N}})$，（其中“$-$”表示集合的补集运算），我们可以将 $\mathcal{N}$ 改造成一个 $L^{\pm}$ 结构。令 $L_\tau^{\pm}[N]$ 是语言 $L^{\pm}$ 的自然扩张，方法是使用抽象算子 $\{\cdots|\cdots\}$ 将 N 中的每个元素都抽象为一个常元（Constant），将这些常元添加到语言 $L^{\pm}$ 中。$L_\tau^{\pm}[N]$ 中的项和公式通过以下方式被归纳地构造：

1. 任意变元是项，N 中的任意常元 n 是项；
2. 如果 ζ 和 ξ 是项，那么 $\zeta\in\xi$、$\zeta\notin\xi$、$\zeta=\xi$、$\zeta\neq\xi$ 都是公式；
3. 如果 φ 和 ψ 是公式，并且 x 是一个变元，那么 $\varphi\vee\psi$、$\varphi\wedge\psi$、$\forall x\varphi$、$\exists x\varphi$ 都是公式；
4. 如果 φ 是一个公式，那么 $\neg\varphi$ 是公式；
5. 如果 φ 是一个公式，那么 $\{x|\varphi\}$ 是一个项。

$L_\tau^{\pm}[N]$ 中的正项（Positive Terms）和正公式（Positive Formulae）是那些不使用规则 4 得到的项和公式。借助第三节第二小节中弱否定的定义，对于 $L_\tau^{\pm}[N]$ 中的任意正公式 φ，我们可以得到它的弱否定 $\bar{\varphi}$；在第三节第二小节给出的定义中只有变元，没有常元，但是 $L_\tau^{\pm}[N]$ 中有常元，因此对常元的处理和第三节第二小节中的定义对变元的处理相同。注意，$L_\tau^{\pm}[N]$ 中的正公式不一定是 $L^{\pm}$ 中的正公式。

约定，当提及“常项（Constant Term）”时，它或者是一个常元，或者是一个形如 $\{x\mid\varphi(x)\}$ 的项。如果 $\{x\mid\varphi(x,\ y_1,\ \cdots,\ y_k)\}$ 是任意（常）项，并且 $\zeta_1,\ \cdots,\ \zeta_k$ 是任意常（正）项，那么 $\{x\mid\varphi[x,\ \zeta_1,\ \cdots,\ \zeta_k]\}$ 也是一个常（正）项。常正项的意思是在形如 $\{x\mid\varphi(x)\}$ 的项中，

$\varphi(x)$ 是一个正公式。接下来以递归的方式定义 N 上的 pos 项：

1. 每个 $n \in N$ 是 N 上的初始 pos 项；

2. 如果 t_1，…，t_k 是 N 上的 pos 项，并且如果 $\varphi(x, y_1, \cdots, y_k)$ 是一个正 $L^{\pm}$ 公式，那么 $\{x \mid \varphi[x, t_1, \cdots, t_k]\}$ 是 N 上的 pos 项。

因此，任意 pos 项都是一个常正项，但是常正项不一定是 pos 项。

假设常正项在元理论中被标号，如果 ζ 的标号是 $\ulcorner\zeta\urcorner$，那么对任意 $n \in N$ 有 $n = \ulcorner n\urcorner$。因此如果令 M 是常正项的标号的集合，并且令 M^* 是 pos 项的标号的集合，那么 $N \subseteq M^* \subseteq M$。

定义 $L^{\pm}_{\tau_+}[N]$ 结构的一个序列 $< \mathcal{M}_\alpha \mid \alpha \in On >$，（其中"$\tau_+$"表示只有正项被解释，$On$ 是所有序数的收集）：

1. 对所有 α，$\mathcal{M}_\alpha$ 的全域是 M，任意常项 $n \in N$ 的解释是 n 自身；

2. 对所有 α，并且对 $y_1 = \ulcorner\zeta_1\urcorner$，…，$y_k = \ulcorner\zeta_k\urcorner$，正项 $\{x \mid \varphi(x, y_1, \cdots, y_k)\}$ 在 $\mathcal{M}_\alpha$ 中的解释为 $\ulcorner\{x \mid \varphi[x, \zeta_1, \cdots, \zeta_k]\}\urcorner$；

3. 对所有 α，$=_{\mathcal{M}_\alpha}$ 是 M 中的实际的相等，$\neq_{\mathcal{M}_\alpha}$ 也是经典的，即是 $=_{\mathcal{M}_\alpha}$ 的经典否定；

4. $\in_{\mathcal{M}_\alpha}$ 和 $\notin_{\mathcal{M}_\alpha}$ 被归纳的定义如下：

a）初始阶段：

$\in_{\mathcal{M}_0} = (\in_{\mathcal{N}} \cup (M \times (M - N)))$；

$\notin_{\mathcal{M}_0} = ((M \times M) - \in_{\mathcal{N}})$；

b）后继阶段：

如果 $n \in N$，那么：$m \in_{\mathcal{M}_{\beta+1}} n$，当且仅当，$m \in N$ 且 $m \in_{\mathcal{N}} n$；$m \notin_{\mathcal{M}_{\beta+1}} n$，当且仅当，（$m \in N$ 且 $m \notin_{\mathcal{N}} n$）或者 $m \in (M - N)$；

如果 $n = \ulcorner\{x \mid \varphi(x)\}\urcorner$，那么：$m \in_{\mathcal{M}_{\beta+1}} n$，当且仅当，$\mathcal{M}_\beta \vDash \varphi[m]$；$m \notin_{\mathcal{M}_{\beta+1}} n$，当且仅当，$\mathcal{M}_\beta \vDash \bar{\varphi}[m]$；

c）极限阶段：

$\in_{\mathcal{M}_\lambda} = \bigcap_{\alpha<\lambda} \in_{\mathcal{M}_\alpha}$；

$\notin_{\mathcal{M}_\lambda} = \bigcap_{\alpha<\lambda} \notin_{\mathcal{M}_\alpha}$。

通过归纳可以证明，对所有 $\alpha \in On$，$\in_{\mathcal{M}_\alpha} \cap (N \times N) = \in_{\mathcal{N}}$，$\notin_{\mathcal{M}_\alpha} \cap (N \times N) = \notin_{\mathcal{N}}$。可以证明 $< \mathcal{M}_\alpha | \alpha \in On >$ 是 M 上的 Pd $L^{\pm}$ 结构的一个递降序列。可以证明存在一个最小序数 δ 使得 $\mathcal{M}_\delta \vDash$ COMP 且 $\mathcal{M}_\delta \nvDash$ EXT①。

因为 $\mathcal{M}_\delta \nvDash$ EXT，所以要借助互模拟（Bisimulation）技术从 $\mathcal{M}_\delta$ 出发构造 $\widetilde{\mathcal{M}_\delta}$ 使得 $\widetilde{\mathcal{M}_\delta} \vDash$ EXT。注意，$\widetilde{\mathcal{M}_\delta}$ 顶部的波浪线 ~ 不是语言 L 中的联结词符号，而是互模拟中的等价关系。

令 $Eq(M)$ 指称 M 上的等价关系的完全格。如果 R 是 M 上的任意二元关系，并且 $\sim \in Eq(M)$，那么我们可以使用 ~ 将 R 调整为 M 上的一个新二元关系 $\widetilde{R}$，方式如下，

$x \widetilde{R} y$，当且仅当，存在 $x' \sim x$ 和 $y' \sim y$ 使得 $x'Ry'$。

从一个 $L^{\pm}$ 结构 $\mathcal{M}$ 和一个 $\sim \in Eq(M)$ 出发，通过将结构 $\mathcal{M}$ 中的关系 R 替换为 $\widetilde{R}$，我们可以构造一个新的 $L^{\pm}$ 结构 $\widetilde{\mathcal{M}}$。可以证明如果 $\mathcal{M}$ 是一个 Pd $L^{\pm}$ 结构，那么 $\widetilde{\mathcal{M}}$ 也是一个 Pd $L^{\pm}$ 结构。

定义互模拟。如果外延概括被保留，即对任意 $x \in M$，$[x]^{+}_{\widetilde{\mathcal{M}}} = ([x]^{+}_{\mathcal{M}})^{\sim}$，并且 $[x]^{-}_{\widetilde{\mathcal{M}}} = ([x]^{-}_{\mathcal{M}})^{\sim}$，（其中对任意的 $A \subseteq M$，$(A)^{\sim}$ 表示 $\{x \in M |$ 存在 $a \in A$ 使得 $a \sim x\}$，$[x]^{+}_{\widetilde{\mathcal{M}}}$ 指称 $\widetilde{\mathcal{M}}$ 假定的那些属于 x 的对象的集合，$[x]^{-}_{\widetilde{\mathcal{M}}}$ 指称 $\widetilde{\mathcal{M}}$ 假定的那些不属于 x 的对象的集合，$[x]^{+}_{\mathcal{M}}$ 和 $[x]^{-}_{\mathcal{M}}$ 可作类似的理解），那么 $\sim \in Eq(M)$ 是（$\mathcal{M}$ 中的）一个互模拟。可以证明一个关于互模拟的定理：对任意正规 $L^{\pm}$ 结构 $\mathcal{M}$，在 M 上存在一个互模拟 ~ 使得 $\widetilde{\mathcal{M}} \vDash$ EXT；其中"结构 $\mathcal{M}$ 是正规的"是说符号 = 在结构 $\mathcal{M}$ 中的解释 $=_{\mathcal{M}}$ 是一个实际的相等关系②。

---

① Thierry Libert, "ZF and the Axiom of Choice in Some Paraconsistent Set Theories", *Logic and Logical Philosophy*, No. 11-12, November 2003, pp. 91-114.

② Thierry Libert, "ZF and the Axiom of Choice in Some Paraconsistent Set Theories", *Logic and Logical Philosophy*, No. 11-12, November 2003, pp. 91-114.

借助互模拟技术可以从 $\mathcal{M}_\delta$ 出发构造 $\widetilde{\mathcal{M}_\delta}$ 使得 $\widetilde{\mathcal{M}_\delta} \vDash$ EXT。因为 $\mathcal{M}_\delta$ 是一个 Pd $L^\pm$ 结构，所以 $\widetilde{\mathcal{M}_\delta}$ 也是一个 Pd $L^\pm$ 结构。但是 $\widetilde{\mathcal{M}_\delta}$ 不满足概括公理 COMP，只能满足概括公理的一个弱化版本 W-COMP，即对任意正 $L^\pm$ 公式 φ 有 $\exists y \forall x((x \in y \to \varphi) \wedge (x \notin y \to \bar{\varphi}))$，其中 y 不在 φ 中自由出现。W-COMP 在 Pd 情形中是有意义的，W-COMP 也能满足基于 *Pac* 的弗协调朴素集合论的要求。虽然弱版本的概括公理 W-COMP 在 Pd 情形中有意义，但是它和 EXT 不相容，即 EXT 不能保证 W-COMP 生成的集合是唯一的。为了解决这个问题，使用 M^* 代替 M 构造模型，因此模型 $\widetilde{\mathcal{M}_\delta}$ 变成了 $\widetilde{\mathcal{M}_\delta^*}$。（提示：本小节开头介绍了 M 是常正项的标号的集合，M^* 是 *pos* 项的标号的集合。）因此 $\widetilde{\mathcal{M}_\delta^*} \vDash$ W-COMP 且 $\widetilde{\mathcal{M}_\delta^*} \vDash$ EXT，$\widetilde{\mathcal{M}_\delta^*}$ 即是基于 *Pac* 的弗协调朴素集合论的项模型。

本节至此介绍了李伯特为基于 *Pac* 的弗协调朴素集合论构造的拓扑模型和项模型。李伯特将从经典集合的全域出发构造的弗协调集合论的模型称为弗协调集合论的自然模型。2005 年，李伯特继续讨论了弗协调集合论的自然模型的存在性；重点讨论了在弗协调集合的全域中如何使符号 = 的解释是实际的相等关系，即满足自反性和代入自由；并指出在外延性的全域中，在定义集合的公式中使用相等关系将强迫使用非单调算子；讨论了如何将弗协调集合论的模型构造为作用在一个恰当范畴上的某个算子的固定点①。

本章小结

本章首先给出了弗协调逻辑的定义，弗协调逻辑是不承认爆炸原理

① Thierry Libert, "Models for a Paraconsistent Set Theory", *Journal of Applied Logic*, Vol. 3, No. 1, March 2005, pp. 15-41.

的一类逻辑的统称，即弗协调逻辑的后承关系不是爆炸的。存在多种方法使得逻辑后承关系不是爆炸的，因此弗协调逻辑有多个起源。本章介绍了弗协调逻辑的三种主要起源。根据弗协调逻辑和经典逻辑的关系，弗协调逻辑被划分为强弗协调逻辑和弱弗协调逻辑，强弗协调逻辑例如相干进路的弗协调逻辑和 *LP*，弱弗协调逻辑例如正加进路的弗协调逻辑。基于强弗协调逻辑，我们可以构造弗协调朴素集合论；基于弱弗协调逻辑，我们可以构造弗协调 *ZF*、*NBG*、*NF* 等集合论。

本章随后介绍了现有的几个弗协调集合论的典型系统，包括科斯塔的弗协调集合论 ZF_n、卡尔涅利和科尼利奥基于 *mbc* 和 *ZF* 构造的弗协调集合论 *ZFCil*、韦伯的弗协调朴素集合论、雷斯塔尔的弗协调朴素集合论；概述了这几个弗协调集合论的语法构造，并指出了它们的优点和不足。

本章最后介绍了李伯特为基于 *Pac* 的弗协调朴素集合论构造的拓扑模型和项模型。弗协调逻辑 *Pac* 和 *LP* 一样，是采用语义策略的弗协调逻辑。本章对基于 *Pac* 的弗协调朴素集合论和 *ZF* 进行了简单的比较，指出了该弗协调朴素集合论的不足；概述了该集合论的拓扑模型和项模型的一般构造过程。

通过本章的介绍可知，一个可接受的弗协调集合论应当是一个非平凡的理论。因为弗协调集合论可能包含矛盾，所以多数时候我们不能确定面对的弗协调集合论是否非平凡的，因此需要借助模型来判定弗协调集合论的非平凡性。这一点和我们对经典集合论模型的期望是不同的。此外，为弗协调集合论构造模型的一条简单途径是使用经典集合论 *ZF* 的模型构造技术，因此本书接下来的两章梳理经典集合论 *ZF* 的模型构造技术。

第二章　ZF 的经典模型

ZF 是集合论的一个公理化系统，它有很多模型，主要包括自然模型（Natural Models）、可构成模型（Constructible Models）、置换模型（Permutation Models）、力迫模型（Forcing Models）、布尔值模型（Boolean-Valued Models）、广义代数值模型（Generalized Algebra-Valued Models）、拓扑斯模型（Topos Models）。这些模型代表了不同的模型构造方法。本书将前四个模型称为经典模型，将后三个模型称为非经典模型，如此划分的理由是：经典模型的诞生是为了获得某些假设相对于 ZF 的一致性或独立性证明；非经典模型则是对经典模型的推广，是技术上的创新。

本章介绍 ZF 的经典模型，首先介绍 ZF、ZF 的模型论、自然模型，然后介绍可构成模型、置换模型，最后介绍力迫模型，介绍的方式是给出它们的一般构造过程。

第一节　预备知识

一 ZF 简介

对 ZF 的介绍包括三部分：ZF 诞生的背景，ZF 的形式化语言，ZF 的公理[①]。

---

① John L. Bell, *Set Theory, Boolean-valued Models and Independence Proofs*, Oxford: Oxford University Press, 2005. UlrichFelgner, *Models of ZF-Set Theory*, New York: Springer, 1971. （转下页）

现代集合论起源于康托的工作，他创立的集合论被称为朴素集合论。在现代逻辑的语言中，朴素集合论被描述为一个一阶理论。从结构上看，一阶理论由两部分构成，即一阶逻辑（也被称为狭谓词演算）和专有公理（Proper Axioms）。朴素集合论的专有公理是概括公理和外延公理。

朴素集合论具有两方面的哲学重要性：一方面它是关于无穷的科学；另一方面它是数学的基础。朴素集合论是数学的基础，这表现为每个数学对象都能被视为一个集合；数学的每个定理都能从朴素集合论中逻辑地演绎出来。

不幸的是，朴素集合论蕴涵悖论，例如1897年的布拉里-福蒂悖论（Burali-Forti's Paradox）、1899年的康托悖论（Cantor's Paradox）、1902年的罗素悖论（Russell's Paradox）等。罗素悖论彻底击垮了朴素集合论，这个悖论只使用集合概念和属于概念就使得朴素集合论推导出矛盾。矛盾的存在显示出朴素集合论是一个不一致的理论，不一致的理论不能作为数学的基础。

为了保证集合论作为数学的牢固基础的地位，需要对朴素集合论进行改造升级以避免悖论的出现。1908年，策梅罗给出了集合论的第一个公理化系统，被称为 Z 系统。Z 系统避免悖论的方式是将朴素集合论使用的概括公理更换为分离公理①。但是 Z 系统的分离公理是一个二阶陈述。后来，斯科伦（T. Skolem）和弗兰克尔给出了分离公理的一阶形式，同时引入了替换公理（Replacement Axiom）。最后，冯·诺依曼（J. von Neumann）引入了基础公理（Foundation Axiom）②，至此形成了

（接上页）张宏裕：《公理化集合论》，天津科学技术出版社2000年版。JoanBagaria，"Set Theory"，The Stanford Encyclopedia of Philosophy（Spring 2023 Edition），First Published Wed Oct 8，2014；Substantive Revision Tue Jan 31，2023，https：//plato. stanford. edu/archives/spr2023/entries/set-theory. Thomas Jech，*Set Theory*，Berlin Heidelberg：Springer，2003.

① 分离公理也被称为子集公理（Subset Axiom）。

② 基础公理也被称为正则公理（Regularity Axiom）。

集合论的一个标准系统，即 ZF 集合论。如果在 ZF 集合论中添加选择公理（Choice Axiom），那么所得的系统被称为 ZFC。

（一）ZF 的语言

ZF 的语言 L 如下：

（1）可数多的个体变元：u_0，u_1，…，u_n，…；

（2）谓词符号：$\in$，$=$；

（3）逻辑联结词符号：$\neg$，$\rightarrow$；

（4）量词符号：$\exists$；

（5）技术性符号：(，)。

说明：第一，这里的“可数”指的是可数无穷；第二，逻辑联结词 $\wedge$、$\vee$、$\leftrightarrow$ 能被 $\neg$ 和 $\rightarrow$ 定义；第三，量词 $\forall$ 能被 $\exists$ 定义；第四，技术性符号包括左括号、逗号、右括号；第五，$=$ 能被 $\in$ 定义。

在现代逻辑中，为了叙述上的便利性会使用一些元语言符号。令小写 a，b，c，…，x，y，z 表示任意个体变元；令 φ，ψ，χ 表示 L 中的任意合式公式。

L 公式的形成规则。L 的原子公式有两个：$x \in y$ 和 $x = y$；L 的复合公式是从原子公式出发借助逻辑联结词和量词得到的。如果 φ 和 ψ 是公式，那么 $\neg \varphi$ 和 $\varphi \rightarrow \psi$ 都是公式。如果 φ 是公式，那么 $\exists x\varphi$ 是公式。类似地可得其他逻辑联结词 $\wedge$，$\vee$，$\leftrightarrow$ 和量词 $\forall$ 的情形。

约定：符号串 $\varphi(u_1, \cdots, u_n)$ 表示公式 φ 的所有自由变元出现在 u_1，…，u_n 中，但不是说 u_1，…，u_n 都在 φ 中出现；一个不包括自由变元的公式被称为句子。

（二）ZF 的公理系统

ZF 的公理包括逻辑公理和集合公理，它的逻辑公理是一阶逻辑的公理，这里省略，只给出它的集合公理如下：

（1）空集公理（Null-set）：$\exists x \forall y(\neg y \in x)$；

（2）外延公理（Extensionality）：$\forall x \forall y(\forall z(z \in x \leftrightarrow z \in y) \rightarrow x = y)$；

(3) 对公理 (Pairs): $\forall x \forall y \exists z(\forall u(u \in z \leftrightarrow u = x \vee u = y))$;

(4) 并公理 (Unions): $\forall x \exists y \forall z(z \in y \leftrightarrow \exists u(z \in u \in x))$;

(5) 无穷公理 (Infinity): $\exists x \exists y(y \in x \wedge \forall z(z \in x \rightarrow \exists u(u \in x \wedge u \neq z \wedge \forall v(v \in z \rightarrow v \in u))))$;

(6) 幂公理 (Power): $\forall x \exists y \forall z(z \in y \leftrightarrow \forall u(u \in z \rightarrow u \in x))$;

(7) 替换公理 (Replacement): $\forall x \exists ! y\varphi(x, y) \rightarrow \forall u \exists v \forall w(w \in v \leftrightarrow \exists s(s \in u \wedge \varphi(s, w)))$;

(8) 分离公理 (Separation): $\forall x \exists y \forall z(z \in y \leftrightarrow z \in x \wedge \varphi(z))$;

(9) 基础公理 (Foundation): $\forall x(\exists y(y \in x) \rightarrow \exists z(z \in x \wedge \forall u(u \in x \rightarrow \neg (u \in z))))$。

ZF 不是有穷可公理化的 (Finitely Axiomatizable)①。*ZF* 的公理有无穷多个，这主要归功于替换公理和分离公理，它们是公理模式，每一个公式 φ 都决定一条公理。*ZF* 使用的一阶逻辑也有公理模式，一阶逻辑描述公理通常使用的是元变元，因为元变元指称任意个体变元，所以使用元变元描述的公理也被称为公理模式。上面对集合公理的描述使用的也是元变元。应当注意区分“模式”的这两种不同涵义。

ZF 的推导规则是一阶逻辑的分离规则和全称概括规则。

约定。对于集合 x 和 y，$\wp(x)$ 表示 x 的幂集，$x \cap y$ 表示 x 和 y 的交集，$\cap x$ 表示 x 的交，$x \cup y$ 表示 x 和 y 的并集，$\cup x$ 表示 x 的并，$x - y$ 表示 x 和 y 的差集，$x \times y$ 表示 x 和 y 的笛卡尔积，序对 $<x, y> = \{\{x\}, \{x, y\}\}$。如果 s 是序对的一个集合，那么 $pr1(s) = \{x \mid \exists y(\langle x, y\rangle \in s)\}$，$pr2(s) = \{y \mid \exists x(\langle x, y\rangle \in s)\}$。$Fun(f)$ 表示 f 是一个函数，$dom(f) = pr1(f)$，$ran(f) = pr2(f)$。对 *ZF* 的任意公式 φ 引入抽象项 $\{x \mid \varphi(x)\}$，这种抽象项表示类，类包括集合和真类，*ZF* 能刻画集合，但不能刻画真类。类在这里是一种非形式化的概念，这样做的原因是和公式相比，类更容易处理。

① Ulrich Felgner, *Models of ZF-Set Theory*, New York: Springer, 1971.

公理化集合论 ZF 诞生以后，元数学成为可能，因为所有的数学都能在 ZFC 中被形式化。元数学即是对数学自身的研究。但是根据哥德尔的不完全定理，ZF 或 ZFC 是不完全的。因此，对于我们抱有疑虑的选择公理（AC）或连续统假设（GCH）而言，它们在 ZF 或 ZFC 中的证明或证伪就变得很有意义。解决这些问题的努力导致了各种集合论模型的诞生。

二 ZF 的模型论

一个一阶理论 T 的模型有两种，语义模型和语法模型。T 的一个语义模型通常由一个（元数学的）集合或类 $\mathcal{M}$ 给出，并在 $\mathcal{M}$ 中定义某些关系，使得 T 的定理在 $\mathcal{M}$ 中都是真的。T 的一个语法模型是 T 在某个变换（Transformation）下的象，该变换将一阶理论 T 变换到另一个一阶理论 T^* 中。通常意义上的模型指的是语义模型。本小节只介绍语义模型，语法模型将在后文中介绍①。

（一）ZF 的模型的结构

ZF 的语言中没有常元和函数符号，谓词符号只有二元关系符号 $\in$ 和 $=$，因为 $=$ 能被 $\in$ 定义，所以 ZF 的模型只需要一个论域和一个解释 $\in$ 的二元关系，形式化地表述为 $\mathfrak{A} = < A, \in^{\mathfrak{A}} >$，其中 A 是论域，它是一个类，$\in^{\mathfrak{A}}$ 是 A 上的一个二元关系。令 B 表示 L 中的所有个体变元的集合。

$$f: B \to A$$

是一个解释函数。如果在 f 的解释下，L 中的合式公式 φ 在 $\mathfrak{A}$ 中成立，则称 $\mathfrak{A}$ 可满足 φ，记为

$$\mathfrak{A} \vDash \varphi[f]\text{。}$$

---

① Ulrich Felgner, *Models of ZF-Set Theory*, New York: Springer, 1971, pp. 1–22. Thomas Jech, *Set Theory*, Berlin Heidelberg: Springer, 2003, pp. 155–172. 张宏裕：《公理化集合论》，天津科学技术出版社 2000 年版，第 140–164 页。

下面递归地给出 L 中所有合式公式的可满足性的定义。前面已说明 a，b，c，…，x，y，z 是元变元，下面用 $f(a)$，$f(b)$，$f(c)$，…，$f(x)$，$f(y)$，$f(z)$ 表示任意变元在 $\mathfrak{A}$ 中的解释。递归地定义合式公式的可满足性如下：

（1）若 φ 是原子公式 $x \in y$，则：$\mathfrak{A} \vDash \varphi[f]$，当且仅当，$\in^{\mathfrak{A}}(f(x), f(y))$；

（2）若 φ 是形如 $\neg\psi$ 的公式，则：$\mathfrak{A} \vDash \varphi[f]$，当且仅当，并非 $\mathfrak{A} \vDash \psi[f]$。

（3）若 φ 是形如 $\psi \to \chi$ 的公式，则：$\mathfrak{A} \vDash \varphi[f]$，当且仅当，（并非 $\mathfrak{A} \vDash \psi[f]$）或者 $\mathfrak{A} \vDash \chi[f]$。

（4）若 φ 是形如 $\psi \leftrightarrow \chi$ 的公式，则：$\mathfrak{A} \vDash \varphi[f]$，当且仅当，$\mathfrak{A} \vDash \psi[f]$ 当且仅当 $\mathfrak{A} \vDash \chi[f]$。

（5）若 φ 是形如 $\psi \wedge \chi$ 的公式，则：$\mathfrak{A} \vDash \varphi[f]$，当且仅当，$\mathfrak{A} \vDash \psi[f]$ 且 $\mathfrak{A} \vDash \chi[f]$。

（6）若 φ 是形如 $\psi \vee \chi$ 的公式，则：$\mathfrak{A} \vDash \varphi[f]$，当且仅当，$\mathfrak{A} \vDash \psi[f]$ 或者 $\mathfrak{A} \vDash \chi[f]$。

（7）若 φ 是形如 $\exists x\psi$ 的公式，则：$\mathfrak{A} \vDash \varphi[f]$，当且仅当，存在一个解释函数 f' 使得 f' 与 f 至多在 x 处的值不同，并且 $\mathfrak{A} \vDash \psi[f']$。

（8）若 φ 是形如 $\forall x\psi$ 的公式，则：$\mathfrak{A} \vDash \varphi[f]$，当且仅当，对所有解释函数 f' 都有 $\mathfrak{A} \vDash \psi[f']$。

当 φ 为闭公式且对所有解释函数 f 有 $\mathfrak{A} \vDash \varphi[f]$ 时，称 $\mathfrak{A}$ 为 φ 的模型。若在所有解释函数下都有 $\mathfrak{A}$ 可满足 ZF 的所有公理，并且这种可满足性对 ZF 的推导规则封闭，则称 $\mathfrak{A}$ 为 ZF 的模型。如果 ZF 的一个模型将 L 中的符号 $\in$ 解释为属于关系，那么称这个模型为 ZF 的标准模型[①]。

---

① 在通常情况下，标准模型指的是将 $\in^{\mathfrak{A}}$ 解释为属于关系 $\in$；但是，在（Ulrich Felgner，1971）中，称一个模型是标准的，除要求 $\in^{\mathfrak{A}}$ 解释为属于关系 $\in$ 外，还要求模型的论域是传递的。在本书中，后者被称为传递标准模型。

在现代逻辑中，我们讨论的概念存在于某个理论中，我们讨论的理论被某个语言描述。*ZF* 是一个理论，它被语言 L 描述。模型 $\mathfrak{A}$ 包括作为论域的类和定义在论域上的关系，类和关系是两个概念，它们存在于某个理论 T' 中，T' 又被某个语言 L' 描述。因为刻画 ZF 的语法和语义之间关系的函数 f 是一个概念，因此 f 存在于某个理论 T'' 中，T'' 又被某个语言 L'' 描述。*ZF*，T'，T'' 可以相同，也可以不同。已知在 *ZF* 中只能存在集合，不能存在真类。因此当 $\mathfrak{A}$ 的论域是真类时，它不能存在于 *ZF* 中，即它不能被 *ZF* 形式化。

（二）*ZF* 的模型的性质

首先介绍绝对性（Absoluteness），绝对性和子模型（Submodel）有关，定义子模型。给定两个模型 $\mathfrak{A}$ 和 $\mathfrak{B}$，A 和 B 分别是它们的论域，并且 $A \subseteq B$，如果：（1）若 R 是 B 上的任一关系，则 $R \upharpoonright A$ 是 A 上的关系；（2）若 f 是 B 上的任一函数，则 f 对 A 封闭；（3）A 和 B 中的常项相同；那么称 $\mathfrak{A}$ 是 $\mathfrak{B}$ 的子模型，记为 $\mathfrak{A} \subseteq \mathfrak{B}$。

定义绝对性。给定 $\mathfrak{A} \subseteq \mathfrak{B}$，$\varphi$ 是一公式，称 φ 对 $\mathfrak{A}$、$\mathfrak{B}$ 是绝对的，当且仅当，对 $\mathfrak{A}$ 的所有解释函数 f 有

$$\mathfrak{A} \vDash \varphi[f] \Leftrightarrow \mathfrak{B} \vDash \varphi[f]。$$

其中 $\Leftrightarrow$ 表示“当且仅当”，注意，$\Leftrightarrow$ 不是 L 中的符号，而是元语言中的符号。

绝对性表达的是一个公式在模型 $\mathfrak{B}$ 和它的子模型 $\mathfrak{A}$ 中的可满足性相同①。在其他地方，绝对性的涵义更为宽泛，例如如果一个公式对某类模型的可满足性相同，那么该公式被称为绝对的。通常关于绝对性的定理断定的是公式的语法形式和公式的绝对性之间的关系。

然后介绍 Δ_0 公式对传递标准模型（Transitive Standard Model）的绝对性。

---

① 称一个公式对两个模型的可满足性相同，指的是：当该公式从一个模型解释切换到另一个模型解释时，可满足性保持不变。

公式的分层。ZF 的语言中的一个公式 φ 是一个 Σ_0 公式，当且仅当，φ 不包含无界量词（Unbounded Quantifiers）；φ 是 Σ_1，当且仅当，φ 形如 $\exists x\psi$，且 ψ 是 Σ_0 公式；φ 是 Π_1，当且仅当，φ 形如 $\forall x\psi$，且 ψ 是 Σ_0 公式。如果一个 ZF 公式 χ 在 ZF 中可证地等价于一个 Σ_0（Σ_1，Π_1）公式，那么 χ（分别地）被称为一个 Σ_0^{ZF}（Σ_1^{ZF}，Π_1^{ZF}）公式。χ 是 Δ_1^{ZF}，当且仅当，χ 既是 Σ_1^{ZF} 又是 Π_1^{ZF}。此外 Σ_0 公式也被称为 Δ_0 公式或 Π_0 公式。

定义传递标准模型。假定 $\mathfrak{A}$ 是一个模型，A 是它的论域，如果 A 是一个传递类，那么 $\mathfrak{A}$ 被称为一个传递模型。一个类是传递的，当且仅当，它的所有元素都是它的子类。如果 ZF 的一个标准模型是传递的，那么该模型被称为传递标准模型。如果一个集合是传递的，那么它同构于一个序数。因此任意传递标准模型同构于某个自然模型（V_α 或 V）。

可以证明 Δ_0 公式对所有传递标准模型都是绝对的①。这个结果在证明某个具体模型满足 ZF 的公理时非常有用。原因是一方面我们倾向于构造标准传递模型，另一方面我们证明了 ZF 的公理是 Δ_0 公式，这使得我们容易获得可满足性结果。

接下来介绍可满足性的可定义性，即对每一个特殊公式 φ，“$<A, \in> \models \varphi$”在 ZF 中是可定义的。其中 $<A, \in>$ 是一个标准模型；$<A, \in> \models \varphi$ 表示：在 $<A, \in>$ 的所有解释函数 f 下都有 $<A, \in> \models \varphi[f]$。

注意：在 ZF 中无法形式定义一般性的满足关系（General Satisfaction Relation）即“对 L 的任意公式 φ，$<A, \in> \models \varphi$，或者并非 $<A, \in> \models \varphi$”在 ZF 中不可定义②。

最后介绍哥德尔定理对 ZF 的模型论的影响。这包括完全性定理和

① 张宏裕：《公理化集合论》，天津科学技术出版社 2000 年版，第 152 页。Thomas Jech, *Set Theory*, Berlin Heidelberg: Springer, 2003, p. 163.

② 张宏裕：《公理化集合论》，天津科学技术出版社 2000 年版，第 156—158 页。

两个不完全性定理。

完全性定理断定句子的每一个一致的集合都有一个模型。第一不完性定理断定：关于 *ZF* 的任意一个一致扩张都存在一个不可判定陈述。一个陈述是不可判定的是说它既不能被证明，也不能被证伪。第二不完全性定理断定 *ZF* 不能自证一致性。

前文曾指出：*ZF* 作为一个形式理论，它的模型存在于某个理论 T' 中，*ZF* 与它的模型的关系存在于某个理论 T'' 中。因为 *ZF* 只能刻画集合，不能刻画真类，所以如果不考虑模型的论域是真类的情况，那么模型就可以在 *ZF* 中被刻画，即 T' 可以是 *ZF* 。根据可满足性的可定义性，我们能够在 *ZF* 中刻画 *ZF* 与它的模型之间的关系，即 T'' 可以是 *ZF* 。这使得我们可以在 *ZF* 内部讨论 *ZF* 的模型和 *ZF* 的关系。哥德尔定理的一个结果是我们无法在 *ZF* 中证明 *ZF* 的模型的存在性。

因为我们无法在 *ZF* 中证明 *ZF* 的模型的存在性，所以我们无法通过模型的方法直接回答 *AC* 和 *GCH* 分别在 *ZF* 和 *ZFC* 中是被证明或是被证伪的问题。退一步讲，我们只能获得它们相对于 *ZF* 或 *ZFC* 的一致性或独立性。令 T 是一个数学理论，令 φ 是一个假设，如果下列蕴涵式成立：

如果 T 是一致的，那么 $T+\varphi$ 也是一致的。

则称 φ 是相对于 T 一致的。如果 φ 和 $\neg\varphi$ 都是相对于 T 一致的，则称 φ 独立于 T[①]。

三　自然模型

本小节要介绍的是自然模型，它体现了最为直接的想法，即描述 *ZF* 中的所有集合，因此自然模型也被视为 *ZF* 的预定解释。

1956 年，塔尔斯基（A. Tarski）将公理化集合论的形如 V_α 的模型

① Thomas Jech, *Set Theory*, Berlin Heidelberg: Springer, 2003, p. 163.

称为自然模型，其中 V_α 是累积分层（Cumulative Hierarchy）中的累积集（Cumulative Set）。接下来首先介绍累积分层，然后讨论自然模型的一些性质①。

（一）累积分层

约定：令 α，β，γ 表示 ZF 中的任意序数。

1917 年，米利曼诺夫（D. Mirimanoff 或 Mirimanov）使用超穷归纳（Transfinite Induction）构造了累积分层，即对任意序数 α 有

（1）$V_0 = \emptyset$，

（2）$V_{\alpha+1} = V_\alpha \cup \wp(V_\alpha)$，其中 $\wp(V_\alpha)$ 是 V_α 的所有子集的集合，

（3）$V_\alpha = \cup [V_\beta \mid \beta \in \alpha]$，其中 α 是极限序数。

对任意序数 α，我们都能构造集合 V_α 的累积分层，V_α 被称为累积集。我们还可以构造所有累积集的类 $[V_\alpha \mid \alpha \in ON]$，其中 ON 是所有序数的类。

可以证明对任意集合 x 都存在一个序数 α 使得 $x \in V_\alpha$。令 $\rho(x)$ 指称满足 $x \in V_{\alpha+1}$ 的最小 α。$\rho(x)$ 被称为集合 x 的秩（Rank）。秩具有下列性质：

（1）$\alpha \leq \beta \leftrightarrow V_\alpha \subseteq V_\beta$；

（2）$\rho(\alpha) = \alpha$；

（3）$\rho(x) = \cup \{\rho(y) + 1 \mid y \in x\}$；

（4）如果 $x \in y \in V_\alpha$ 或 $x \subseteq y \in V_\alpha$，那么 $x \in V_\alpha$；

（5）$x \in V_\alpha \leftrightarrow (\rho(x) < \alpha)$；

（6）$V_{\alpha+1} = \wp(V_\alpha)$；

（7）$V_\gamma = \cup \{V_\alpha \mid \alpha < \gamma\}$，其中 γ 是一个极限序数；

① Richard Montague and Robert L. Vaught, "Natural Models of Set Theories", *Fundamenta Mathematicae*, Vol. 47, 1959, pp. 219 – 242. Elena Bunina and Valeriy K. Zakharov, "Formula-inaccessible Cardinals and a Characterization of All Natural Models of Zermelo-Fraenkel Set Theory", *Izvestiya: Mathematics*, Vol. 71, No. 2, April 2007, p. 219. 张宏裕：《公理化集合论》，天津科学技术出版社 2000 年版，第 165–174 页。

（8）如果 A 是序数的任意集合，那么对某个序数 β 有 $\cup_{\alpha\in A} V_\alpha = V_\beta$；

（9）$x \subseteq V_{\rho(x)}$；

（10）$x \in V_{\rho(x)+1}$。

还存在一种更为一般的表示累积分层的方法。对任意集合 x，定义 $R_\alpha(x) = \cup\{\wp(R_\beta(x)) \mid \beta < \alpha\}$。当 $x = \emptyset$ 时，$R_\alpha(\emptyset) = V_\alpha$。

如果把 $\in^{\mathfrak{A}}$ 解释为 $\in$，那么对任意序数 $\alpha > 0$，$< V_\alpha, \in >$ 具有模型的结构。ZF 的形如 $< V_\alpha, \in >$ 的模型被称为自然模型。因为自然模型是一个标准模型，所以在通常情况下会省略 $\in$，用 V_α 表示 $< V_\alpha, \in >$。

（二）自然模型的性质

冯·诺依曼证明了 $\cup[V_\alpha \mid \alpha \in ON]$ 是 ZF 的一个自然模型。如果令 V 表示集合论全域 $\{x \mid x = x\}$，那么可证的有 $\cup[V_\alpha \mid \alpha \in ON] = V$。证明过程简述为：幂集公理用于从 α 得到 V_α；替换公理和并公理用于从一个极限序数 α 构造 V_α；无穷公理用于证明 ω 的存在①，也用于证明序数的超穷序列的存在；在假定其他公理的情况下，基础公理等价于"对某个序数 α，每个集合都属于 V_α"②。

反射原理（Reflection Principle）。下列完全反射模式的每个例子都是 ZF 的一个定理：

$$\forall\alpha\exists\beta(Lim(\beta) \wedge \alpha < \beta \wedge \forall x_1 \in V_\beta \cdots \forall x_n \in V_\beta(\varphi \leftrightarrow Rel(V_\beta, \varphi)))。$$

其中 $Lim(\beta)$ 表示 β 是一个极限序数；$Rel(V_\beta, \varphi)$ 是从 φ 得到的，方法是将 φ 中的量词限制到 V_β，即用 $\forall x(x \in V_\beta \rightarrow \psi)$ 替换 $\forall x\psi$，用 $\exists x(x \in V_\beta \wedge \psi)$ 替换 $\exists x\psi$；$x_1, \cdots, x_n$ 恰是 φ 的自由变元③。

---

① ω 指称最小的非 0 极限序数。

② 这个证明来自于斯坦福哲学百科词条"Set Theory"。

③ Ulrich Felgner, *Models of ZF-Set Theory*, New York: Springer, 1971, pp. 14–15.

根据反射原理，对任意闭公式 φ ，如果 φ 在全域 V 中成立，那么 φ 在全域的某个部分 V_β 中也成立。进一步地对有穷数量的公式 φ_1，…，φ_n ，存在一个序数 γ 使得 φ_1，…，φ_n 在 V_γ 中成立。关于 ZF ，如果 ψ 是 ZF 的一个公理，那么存在一个序数 α 使得 $V_\alpha \vDash \psi$ 。因为已知 V 是 ZF 的一个自然模型，所以存在某个序数 α 使得 V_α 是 ZF 的一个自然模型。

在无穷序数中存在两种特殊的序数，一种是弱不可及序数（Weak Inaccessible Ordinal），一种强不可及序数（Strongly Inaccessible Ordinal）。在 1950 年之前，不可及序数这个名字通常指称弱不可及序数，在 1950 年之后，不可及序数这个名字通常指强不可及序数①。弱不可及序数和强不可及序数的不同之处在于强不可及序数的定义只有在假定 AC 的情况下才能被定义。

自然模型的研究核心是：α 取哪些值时可以使得 V_α 是 ZF 的模型。张宏裕在《公理化集合论》中讨论自然模型时，给出的定理是：若 κ 是强不可及序数，则 V_κ 是 ZF 的模型。关于 ZF 的自然模型 V_α ，这个结果没有完全地描述 α 的取值范围。强不可及序数并没有完全地描述 α 的取值范围。1960 年，蒙塔古（R. Montague）和沃特（L. R. Vaught）证明了：对任意强不可及序数 α ，都存在一个序数 $\beta < \alpha$ 并且 β 不是强不可及的，但是 V_β 是 ZF 的自然模型②。2007 年，布尼纳（E. I. Bunina）和扎哈罗夫（V. K. Zakharov）引入了（强）公式不可及基数（（Strongly）Formula-Inaccessible Cardinal Number）的概念，并证明这个概念可以完全地描述 α 的取值范围③。

根据哥德尔不完全性定理，ZF 不能自证一致性，即我们不能在 ZF 中

---

① 大多数的文献更倾向采用"不可及基数"这个说法，不可及基数就是不可及序数，二者是同一的，本文采用"不可及序数"的说法只是为了保持前后一致。

② Richard Montague and Robert L. Vaught, "Natural Models of Set Theories", *Fundamenta Mathematicae*, Vol. 47, 1959, pp. 219-242.

③ Elena Bunina and Valeriy K. Zakharov, "Formula-inaccessible Cardinals and a Characterization of All Natural Models of Zermelo-Fraenkel Set Theory", *Izvestiya: Mathematics*, Vol. 71, No. 2, April 2007, p. 219.

证明存在 *ZF* 的模型。因此我们不能在 *ZF* 中证明全域 *V* 或作为 *ZF* 的模型的 V_α 的存在性。对于全域 *V* 来说，因为 *ON* 不是一个集合，所以在 *ZF* 中不能证明 *ON* 的存在。关于作为 *ZF* 的模型的 V_α，在 *ZF* 中不能证明强不可及序数 α 的存在性①。*ZF* 的自然模型的其他情况可作类似的理解。这里所说的“不能证明”指的是不能在 *ZF* 中用形式化的方法证明。

一个自然而然的问题是，自然模型能否用于证明 *AC* 相对于 *ZF* 的一致性？答案是不能，原因是：如果 V_α 是 $ZF+AC$ 的一个模型，那么 α 是一个强不可及序数，而强不可及序数的定义需要借助 *AC*；这等价于先假定 *AC* 在 *ZF* 的模型中成立，这样才能使得强不可及序数 α 在 *ZF* 的模型中存在，然后再证明 V_α 是 *AC* 的模型，这是一个循环论证。

第二节　可构成模型

1939 年，哥德尔发表了 $ZF+AC+GCH$ 的一个语义模型；1940 年，哥德尔发表了 $NBG+AC+GCH$ 的一个语法模型②。这两者都被称为可构成模型，前者被用于获得 *AC* 和 *GCH* 相对于 *ZF* 的一致性，后者被用于获得 *AC* 和 *GCH* 相对于 *NBG* 的一致性，其中 *GCH* 为广义连续统假设。因为 *NBG* 和 *ZF* 关于集合的刻画是等价的，因此 *NBG* 的语法模型也是 *ZF* 的模型。本节首先介绍 *ZF* 的语义模型，然后介绍语法模型的定义，最后介绍 *NBG* 的语法模型③。

一　作为语义模型的可构成模型

首先给出可定义集合的概念。令 *L* 是一个一阶语言，令 $R=<A,$

---

① Thomas Jech, *Set Theory*, Berlin Heidelberg: Springer, 2003, p. 167.

② NBG 即 von Neumann-Bernays-Gödel Axiomatic Class-set Theory。

③ Ulrich Felgner, *Models of ZF-Set Theory*, New York: Springer, 1971, pp. 23–44. 张宏裕：《公理化集合论》，天津科学技术出版社 2000 年版，第 75–203 页。Kurt Gödel, *The Consistency of the Axiom of Choice and of the Generalized Continuum-hypothesis with the Axioms of Set Theory*, Princeton, New Jersey: Princeton University Press, 1940.

$\cdots >$ 是 L 中的一个关系系统，A 是 R 的定义域。A 的一个子集 S 被称为在 R 中是可定义的，当且仅当，存在 L 的一个公式 φ，φ 有一个自由变元 x，使得 $S = \{a \mid a \in A$ 且 $R \vDash \varphi(a)\}$。令 $Def(R)$ 是 R 中的所有可定义子集的集合。

接下来给出模型的构造。哥德尔通过集合的一个分层 M_α 来构造 $ZF + AC + GCH$ 的语义模型。

假定 $\mathfrak{A}$ 是 ZF 的传递标准模型，对 $\mathfrak{A}$ 中的任意序数 α，通过如下方式定义 $\mathfrak{A}$ 中的一个分层 M_α：

$M_0 = \emptyset$，

$M_{\alpha+1} = Def(M_\alpha)$，

$M_\gamma = \cup \{M_\alpha \mid \alpha < \gamma\}$，其中 γ 是极限序数，

其中 $Def(M_\alpha)$ 是关系系统 $< M_\alpha, \in, \emptyset >$ 的所有可定义子集的集合。最后定义：

$L = \cup \{M_\alpha \mid \alpha \in ON^{\mathfrak{A}}\}$，其中 $ON^{\mathfrak{A}}$ 是 $\mathfrak{A}$ 中所有序数的类。因为在 $\mathfrak{A}$ 中定义的 M_α 都是 $\mathfrak{A}$ 的子集，所以 $L \subseteq \mathfrak{A}$。L 即为可构成模型。

从 $L \subseteq \mathfrak{A}$ 可得 L 是 $\mathfrak{A}$ 的一个子模型。因此这种可构成模型提供了一种构造已知模型的子模型的方法。

最后证明 L 是 $ZF + AC + GCH$ 的模型。这里只给出证明的思路：第一步证明 L 是 ZF 的模型；第二步证明“ $V = L$ ”在 L 中成立。$V = L$ 表达的是“所有的集合都是可构成的”；$V = L$ 可以被表达为 ZF 的语言中的一个公式，我们将这个公式记为“ $V = L$ ”，即 $V = L$ 加上双引号。如果“ $V = L$ ”在 L 中成立，并且在 ZF 中“ $V = L$ ”蕴涵 AC 和 GCH，那么 L 是 AC 和 GCH 的模型①。

二　语法模型的定义

一个一阶理论 T 的语法模型是 T 在某个变换下的象，该变换将 T 翻

① Ulrich Felgner, *Models of ZF-Set Theory*, New York: Springer, 1971, pp. 26–39.

译到另一个一阶理论 T^* 中。其中 T 在变换下的象被称为翻译(Translation)；T 的定理的翻译在 T^* 中也是可推导的。

令 T 和 T^* 都是一阶理论，$\{v_n \mid n \in \omega\}$ 是 T 的个体变元的集合，$\{w_n \mid n \in \omega\}$ 是 T^* 的个体变元的集合，I 是一个标号集，它使得 $\{\pi_i \mid i \in I\}$ 是 T 的谓词的集合，n_i 表示 π_i 的元数。

定义翻译。令 $T = < L, A >$ 和 $T^* = < L^*, A^* >$ 是一阶理论。L^* 的下列公式

$\widehat{\Theta}(w_1, \cdots, w_k)$，

$\widehat{\Phi}(w_1, \cdots, w_k, w_{k+1})$，

$\widehat{\Psi}_i(w_1, \cdots, w_k, \cdots, w_{k+n_i})$，$i \in I$

的集合被称为 T 到 T^* 的一个翻译，当且仅当，下列三个条件被满足：

(1) 如果 w_j 是 $\widehat{\Psi}_i$ 中的一个约束变元，那么 j 是奇数；

(2) $A^* \vdash \exists w_1 \cdots \exists w_k \widehat{\Theta}(w_1, \cdots, w_k)$；

(3) $A^* \vdash \forall w_1 \cdots \forall w_k (\widehat{\Theta}(w_1, \cdots, w_k) \to \exists w_{k+1} \widehat{\Phi}(w_1, \cdots, w_k, w_{k+1}))$；

其中 A 和 A^* 分别是 T 和 T^* 的公理集。公式 $\widehat{\Theta}$ 刻画了参数的性质；公式 $\widehat{\Phi}$ 定义了模型的对象的存在；公式 $\widehat{\Psi}_i$ 是 T 的谓词 π_i 在 T^* 中的象。

令 $\tau = < \widehat{\Theta}, \widehat{\Phi}, \{\widehat{\Psi}_i \mid i \in I\} >$ 是 T 到 T^* 内的一个翻译。令 h 是一个映射，它将 T 的个体变元的集合映射到 T^* 的自由变元的集合，即 $h(v_j) = w_{2(j+k)}$，其中 $j \in \omega$，k 是 $\widehat{\Theta}$ 中的自由变元的数量，k 唯一地由 τ 决定。如果 v_j 在 π_i 中是自由的，那么 $h(v_j)$ 在 $\widehat{\Psi}_i$ 中也是自由的，这一点是由条件（1）保证的。

通过定义翻译，我们只能将 T 的原子公式转换为 T^* 的公式，下面

定义替换算子，使得我们能够将 T 的复合公式转换为 T^* 的公式。

定义替换算子。关于一个翻译 τ 的替换算子 rep 如下：

(1) 如果 φ 是一个形如 $\pi_i(v_{j_1}, \cdots, v_{j_{n_i}})$ 的原子公式，那么，

$$rep_\tau(\varphi) = \widehat{\Psi}_i(w_1, \cdots, w_k, \cdots, w_{2(k+j_1)}, \cdots, w_{2(k+j_{n_i})});$$

(2) 如果 φ 是形如 $\psi \wedge \chi$ 或 $\neg \psi$ 的公式，那么分别的有：

$$rep_\tau(\varphi) = rep_\tau(\psi) \wedge rep_\tau(\chi),$$

$$rep_\tau(\varphi) = \neg\, rep_\tau(\psi);$$

(3) 如果 φ 是一个形如 $\forall v_j \psi$ 的公式，那么，

$$rep_\tau(\varphi) = \forall w_{2(k+j)}(\widehat{\Phi}(w_1, \cdots, w_k, w_{2(k+j)}) \rightarrow rep_\tau(\psi))。$$

可以看出这个定义假设了 T 的语言的逻辑符号是 $\neg$ 和 $\wedge$，量词是 $\forall$；这和我们前面给出的 ZF 的语言不同，这是完全没有影响的，因为类似地可以得到其他联结词和量词的情形。注意，T 的一个句子在 rep_τ 下的象是一个句子，当且仅当，$\widehat{\Theta}$ 是一个句子。

定义语法模型。从 $T = <L, A>$ 到 $T^* = <L^*, A^*>$ 的一个翻译 $\tau = <\widehat{\Theta}, \widehat{\Phi}, \{\widehat{\Psi}_i \mid i \in I\}>$ 被称为 T 在 T^* 内的一个语法模型，当且仅当，对每个公式 $\varphi \in A$ 下式成立，

$$A^* \vdash \forall w_1 \cdots \forall w_k(\widehat{\Theta}(w_1, \cdots, w_k) \rightarrow rep_\tau(\varphi))。$$

其中 A 和 A^* 分别是 T 和 T^* 的公理集。如果 $k \neq 0$，那么 τ 被称为参数化（Parametric），否则被称为无参数（Parameter free）。

语法模型的重要性体现在下面这个定理中。

定理。令 $T = <L, A>$ 和 $T^* = <L^*, A^*>$ 是一阶理论，并且假定 T^* 是一致的。如果在 T^* 中存在 T 的一个语法模型 τ，那么 T 也是一致的。

哥德尔使用语法模型的方法证明了 AC 和 GCH 相对于 NBG 的一致性。

三　作为语法模型的可构成模型

哥德尔构造的 NBG 的语法模型是 NBG 在 NBG 内的一个翻译，记这个模型为 Δ 。在 Δ 中，如果 AC 和 GCH 成立，那么 Δ 是 NBG + AC + GCH 的一个模型。根据语法模型的定理，如果 NBG 是一致的，那么 NBG + AC + GCH 也是一致的。这就证明了 AC 和 GCH 相对于 NBG 的一致性。

语法模型的一般形式为 $\tau = < \widehat{\Theta}, \widehat{\Phi}, \{\widehat{\Psi_i} \mid i \in I\} >$ 。其中 $\widehat{\Theta}$ 刻画参数的性质，因为 Δ 是无参数的，所以不考虑 $\widehat{\Theta}$；$\widehat{\Phi}$ 定义了模型的对象，在 Δ 中，对象是可构成集合和可构成类，分别用于解释 NBG 中的集合和类；$\{\widehat{\Psi_i} \mid i \in I\}$ 是一阶理论的谓词在它的语法模型中的象，NBG 只有一个谓词 $\in$ ，$\in$ 在 Δ 中的象 $\in^{\Delta}$ 是 $\in$ 在可构成类上的限制。因此，我们要描述 NBG 的语法模型 Δ ，只需要描述可构成集合和可构成类就可以了。

在 NBG 中，集合一般用小写 x , y , z , … 表示，类一般用大写 X , Y , Z , … 表示。哥德尔给出了 8 个基本运算，这 8 个运算对应于 NBG 的类存在公理和集合的对公理，这 8 个运算如下：

$F_1(X, Y) = \{X, Y\}$ ；

$F_2(X, Y) = (X \times Y)$ ；

$F_3(X, Y) = \{ < U, Z > \mid (U \in X) \wedge (Z \in Y) \wedge (U \in Z)\}$ ；

$F_4(X, Y) = (X - Y)$ ；

$F_5(X) = \cup X$ ；

$F_6(X) = dom(X)$ ；

$F_7(X) = \{ < U, Z, W > \mid < U, W, Z > \in X\}$ ；

$F_8(X) = \{ < U, Z, W > \mid < Z, W, U > \in X\}$ 。

一个集合是可构成的，当且仅当，该集合可以通过对空类迭代应用这些运算而获得。令 L 指称所有可构成集合的类。一个类 A 被称为可构成的，当且仅当，$A \subseteq L$，并且对任意集合$x \in L$有$A \cap x \in L$。至此介绍了可构成集合和可构成类[①]。注意：这里使用大写X，Y，Z，… 表示NBG的类，这只限于本小节。关于NBG的语法模型Δ的介绍至此结束。使用这种方法构造的可构成集的类L也是ZF的模型[②]。

虽然可构成模型能够被用于证明AC和GCH分别相对于ZF和ZFC的一致性，但是它不能用于证明AC和GCH分别相对于ZF和ZFC的独立性。科恩（P. J. Cohen）在 1963 年证明了这一点，过程简述如下：如果存在ZF的传递标准模型，那么存在ZF的极小模型（Minimal Model）。关于极小模型，如果M是ZF的一个极小模型，那么对ZF的任意传递标准模型M'，M'包含一个同构于M的子模型[③]。科恩的证明带来一个后承：对任意公式φ，如果使用可构成模型M_1证明φ相对于ZF的一致性，那么无法构造另一个可构成模型M_2用于证明φ相对于ZF的独立性。原因是：存在ZF的极小模型M_3使得M_1和M_2都包含同构于M_3的子模型，而这是不可能的。因此，我们无法使用可构成模型的方法证明AC和GCH相对于ZF的独立性。

第三节　置换模型

1922 年，弗兰克尔首次引入了置换模型的概念，但是那时数学和元数学的区分还不十分清晰，弗兰克尔没有处理某些概念的绝对性。这种缺陷随后被莫斯托夫斯基（A. Mostowski）观察到并纠正。弗兰克尔-莫斯托夫斯基的置换模型应用于带原子（也称基本元素）的集合论。这种模型后来又被施佩克尔（E. P. Specker）改进，被称为FMS模型，

---

① Kurt Gödel, *The Consistency of the Axiom of Choice and of the Generalized Continuum-hypothesis with the Axioms of Set Theory*, Princeton, New Jersey: Princeton University Press, 1940, pp. 35-44.

② 张宏裕：《公理化集合论》，天津科学技术出版社 2000 年版，第 175-187 页。

③ Paul J. Cohen, "A Minimal Model for Set Theory", *Bulletin of the American Mathematical Society*, Vol. 69, No. 4, 1963, pp. 537-540.

FMS 模型应用于允许自反集（Reflexive Sets）存在的集合论。置换模型被用于证明 AC 和 GCH 相对于 ZFA 或 ZF° 的独立性。因为置换模型用于带原子和自反集的集合论，所以本节首先给出带原子或自反集的自然模型，然后给出置换模型的一般构造过程，最后介绍置换模型如何被用于获得某些假设（例如 AC）的独立性结果①。

一 带原子或自反集的自然模型

原子（Atom 或 Urelement）不是集合，但可以作为集合的元素。带原子的 ZF 集合论被记为 ZFA 。从前文可知 ZF 有自然模型 $V=\cup[V_{\alpha}\mid \alpha\in ON]$；我们构造 ZFA 的自然模型 $V(A)$ 如下：

$V_0(A)=A$；

$V_{\alpha+1}(A)=A\cup \wp(V_{\alpha}(A))$；

$V_{\gamma}(A)=\cup[V_{\alpha}(A)\mid \alpha<\gamma]$，其中 γ 是极限序数。

其中 A 是所有原子的集合，$\wp$ 是幂集运算。$V(A)=\cup[V_{\alpha}(A)\mid \alpha\in ON]$，其中 ON 是所有序数的类。$V(A)$ 是 ZFA 的一个带原子的自然模型。

良基集的概念最早由米利曼诺夫于 1917 年提出。如果 $\forall y\in b\neg(yRx)$，那么称 x 是 b 的 R -极小元。如果一个集合 a 的每个非空子集都有 R -极小元，那么称集合 a 关于关系 R 是良基的，此时称 a 为良基集。称一个集合是非良基集（也称非基集），当且仅当，它不是良基的。关系 R 通常情况下指称的是 $\in$ 。基础公理保证了 ZF 中的所有集合都是良基的。令 ZF° 表示不包含基础公理的 ZF ，即 $ZF=ZF^{\circ}$ +基础公理。冯·诺依曼证明了基础公理相对于 ZF° 的一致性，贝尔奈斯（P. Bernays）和施佩克尔证明了基础公理相对于 ZF° 的独立性②。因为基础公理相对于 ZF° 是独立的，即基础公理的否定相对于 ZF° 是一致

① Ulrich Felgner, *Models of ZF-Set Theory*, New York: Springer, 1971, pp. 46–75. Andreas Blass and Andre Ščedrov, *Freyd's Models for the Independence of the Axiom of Choice*, American Mathematical Society, 1989, pp. 1–14.

② Ulrich Felgner, *Models of ZF-Set Theory*, New York: Springer, 1971, p. 48.

的，所以可以在 ZF° 中加入允许非良基集的公理而不必担心所得的系统是不一致的。

一种典型的非良基集是自反集。一个集合 x 被称为自反的，当且仅当，$x = \{x\}$，即 $\forall y(y \in x \to y = x)$。令 B 是自反集的一个集合，类似于 $V(A)$ 的构造过程，我们可以构造 $V(B)$ 如下：

$V_0(B) = B$；

$V_{\alpha+1}(B) = B \cup \wp(V_\alpha(B))$；

$V_\gamma(B) = \cup [V_\alpha(B) \mid \alpha < \gamma]$，其中 γ 是极限序数。

其中 $\wp$ 是幂集运算。$V(B) = \cup [V_\alpha(B) \mid \alpha \in ON]$，其中 ON 是所有序数的类。$V(B)$ 是一个带自反集的自然模型。

原子和自反集的关系。自反集具有原子的性质，但比原子更具有一般性，对带自反集的集合论的研究，不仅涵盖了对带原子的集合论的研究，而且还可以研究允许非良基集存在的集合论。

二　一般意义上的置换模型

介绍一般意义上的置换模型就是给出一般意义上的置换模型的构造过程。在构造置换模型之前，我们先给出背景集合论，即置换模型存在于其中的那个集合论。背景集合论由 ZF° 加上两条公理组成，一条是弱基础公理，它的形式为 $\exists z(\forall x(x \neq \emptyset \to \exists y(y \in x \wedge (y \cap x = \emptyset \vee y = \{y\} \in z))))$，另一条是全域存在公理，它的形式为 $\exists x(V^{\circ} = V(x) \wedge \forall y(y \in x \to y = \{y\}))$。

关于两条公理的说明。在弱基础公理中，z 是自反集的一个集合，弱基础公理只允许 z 的元素是自反集，不属于 z 的元素不能是自反集。全域存在公理刻画了全域 V° 的存在。在 ZF 的情形中，我们用 V 指称 ZF 所刻画的集合的全域，在 ZF° 加弱基础公理的情形中，我们用 V° 指称它们所刻画的集合的全域。不同的是，在 ZF 的情形中，$V = \cup [V_\alpha \mid \alpha \in ON]$ 能够被证明；在 ZF° 加弱基础公理的情形中，$\exists x(V^{\circ} = V(x) = \cup [V_\alpha(x) \mid \alpha \in ON])$ 不能被证明，因此需要添加全域存在公理。我们约

定使用 ZF^* 指称 ZF° +弱基础公理+全域存在公理。可以证明如果 ZF° 是一致的，那么 ZF^* 是一致的。

接下来给出置换模型的构造过程。

定义自同构和置换。全域 V° 的一个自同构是一个一一映射 τ，τ 使得 $(x \in y) \leftrightarrow (\tau(x) \in \tau(y))$。假定 $V^{\circ} = V(B)$，B 上的任意置换（即从 B 到 B 上的一个一一映射）π 都能以唯一的方式被扩张为 V° 上的一个自同构 τ。因此 V° 的每个自同构 τ 都被 B 上的一个置换 π 唯一地决定①。V° 的自同构的群（记作 $Aut(V^{\circ}, \in)$）和 B 上的置换的群是同构的，对二者可以不作区分。

定义群的滤子（Filter）。令 G 是任意群，H 是 G 的一个子群，并且 $g \in G$，那么 $g^{-1}Hg$ 被称为 G 的一个关于 H 的共轭子群。一个群 G 的子群的一个非空集 F 被称为（G 的）一个滤子，当且仅当，下列三个条件成立：

(1) $(H \in F) \wedge (g \in G) \rightarrow (g^{-1}Hg \in F)$；

(2) $(H_1 \in F) \wedge (H_1 \leq H_2) \wedge (H_2 \leq G) \rightarrow (H_2 \in F)$；

(3) $(H_1 \in F) \wedge (H_2 \in F) \rightarrow ((H_1 \cap H_2) \in F)$。

其中 $H_1 \leq H_2$ 的意思是 H_1 是 H_2 的一个子群。

对于 $Aut(V^{\circ}, \in)$ 的任意子群 G，G 的每个滤子都决定 ZF° 的一个模型。

置换模型的定义。令 G 是 $Aut(V^{\circ}, \in)$ 的一个子群，F 是 G 上的一个滤子。对任意集合 x，令 $H[x] = \{\tau \in G \mid \tau''x = x\}$，其中 $\tau''x = \{\tau(y) \mid y \in x\}$。令 $C(x)$ 指称 x 的传递闭包，即 $C(x)$ 包括 x 的元素、x 的元素的元素、x 的元素的元素的元素……定义 $M = \{x \mid \forall y(y \in C(x) \rightarrow H[y] \in F)\}$。如果我们用 $\mathfrak{A}$ 指称子群 G 和滤子 F 决定的置换模型，那么 $\mathfrak{A}$ 的论域是 M，$\mathfrak{A}$ 的 $\in^{\mathfrak{A}}$ 是 V° 上的属于关系，即 $\in$。可得子群 G 和滤子 F 决定的置换模型 $\mathfrak{A} = < M, \in >$。在背景集合论中可以证明

① Ulrich Felgner, *Models of ZF-Set Theory*, New York: Springer, 1971, p. 52.

$<M, \in>$ 是 ZF° 的模型①。

三 置换模型的应用

置换模型被用来获得 AC 和 GCH 相对于 ZFA 或 ZF° 的独立性。就证明 AC 和 GCH 相对于 ZF° 的独立性而言，需要借助自反集的集合 B 的性质（B 是构造 V° 的出发点），但是就上面构造的置换模型 $<M, \in>$ 而言，B 不一定是 M 的元素。因此，为了保证 B 一定是 M 的元素，我们需要滤子 F 满足第四个条件：

(4) $\forall x(x \in B \to H[x] \in F)$。

如果滤子 F 满足条件（4），那么根据 M 的定义有 $B \in M$。

接下来通过简要介绍弗兰克尔的置换模型证明 AC 相对于 ZF° 的独立性的过程来说明置换模型的应用。证明 AC 相对于 ZF° 的独立性，即是在背景集合论 ZF^{*} 中构造一个置换模型 $<M^{*}, \in>$，使得 ZF° 在 $<M^{*}, \in>$ 中成立，而 AC 在 $<M^{*}, \in>$ 中不成立。证明 AC 在 $<M^{*}, \in>$ 中不成立的方法是：找到一个集合使得该集合是 M^{*} 的元素，但该集合的选择集不是 M^{*} 的元素。

令全域 $V^{\circ} = V(B)$，并且令 $\{b_0, b_1, b_2, \cdots\} = B$ 是 B 的一个枚举。定义 B 上的转置（Transposition）如下：一个转置 π 是从 B 到 B 上的一个一一映射，π 仅交换 B 中的两个元素，且这两个元素是 b_{2k} 和 b_{2k+1}，$k \in \omega$，对其他元素而言，π 是恒等映射。挑选出 B 上的一类置换 τ，使得 τ 是 π 的有穷次复合。给定一个集合 $D = \{\{b_{2k}, b_{2k+1}\} \mid k \in \omega\}$，容易看出 $\cup D = B$，并且 τ 对 D 而言是一个恒等置换。令 G^{*} 是这类 τ 构成的群。

对于 B 的任意子集 S，令 $Fix(S) = \{\tau \in G^{*} \mid \forall b \in S(\tau(b) = b)$。可以看出 $Fix(S)$ 是 G^{*} 的子群。因为有 $Fix(S_1) \cap Fix(S_2) = Fix(S_1 \cup S_2)$ 和 $\tau^{-1}Fix(S)\tau = Fix(\tau(S))$，所以对于所有 $S \subseteq B$，$Fix(S)$ 在有穷

① Ulrich Felgner, *Models of ZF-Set Theory*, New York: Springer, 1971, pp. 53–55.

交和共轭运算下封闭。令滤子 F^* 由 $Fix(S)$ 和它们的超群构成。称一个集合 x 是对称的（Symmetric），当且仅当，存在一个有穷 $S \subseteq B$ 使得对任意 $\tau \in Fix(S)$ 都有 $\tau(x)=x$。

至此给出了一个群 G^* 和一个滤子 F^*，它们决定一个模型 $\mathfrak{A}^* = < M^*, \in >$。可以证明 M^* 的所有元素都是对称的，并且所有对称的集合都是 M^* 的元素。因为对于 G^* 中的所有 τ 都有 $\tau(D)=D$，所以 D 是对称的，D 是 M^* 的元素。令 D^* 是 D 的一个选择集并且满足对任意 $\tau \in G^*$，总存在一个 $b \in D^*$ 使得 $\tau(b) \notin D^*$。因此 $\tau(D^*) \neq D^*$，可见 D^* 不是对称的，因此 D^* 不是 M^* 的元素。这使得 AC 在 $\mathfrak{A}^* = < M^*, \in >$ 中不成立。

因为可以证明 $\mathfrak{A}^* = < M^*, \in >$ 是 ZF° 的模型，所以 AC 相对于 ZF° 是独立的。

借助置换模型获得一些假设的独立性结果时常常使用到对称性（Symmetry）。对称性被用于构造满足集合论的公理但不满足某些假设的模型。

通过上面的介绍可以发现，置换模型只能用于获得 AC 或 GCH 相对于带原子或自反集的集合论的独立性，而我们期望获得的是 AC 和 GCH 分别相对于 ZF 和 ZFC 的独立性。接下来要介绍的力迫模型能够成功地用于获得我们期望的独立性结果。需要提及的是，莫斯托夫斯基构造的置换模型为科恩的力迫模型证明独立性结果提供了有益的借鉴①。

第四节　力迫模型

科恩在 1963 年构造了 ZF 的力迫模型，并使用该模型证明了 AC 相对于 ZF 的独立性，GCH 相对于 $ZF+AC$ 的独立性。力迫模型是一种构造某个给定模型的扩张模型的方法。在力迫模型出现之前，一种获得独

① Ulrich Felgner, *Models of ZF-Set Theory*, New York: Springer, 1971, pp. 112–113.

立性结果的基本思路是：给定 ZF 的一个模型，ZF 的公理在该模型中是成立的；然后构造该模型的一个扩张模型，使得某个假设在扩张模型中不成立，但 ZF 的公理在扩张模型中是成立的；因此这便证明了该假设相对于 ZF 的独立性。但是这种思路有一个困难，即向 ZF 的模型 $\mathfrak{A}$ 添加新的集合 u_0，u_1，… 对 $\mathfrak{A}$ 进行扩张时，集合 u_i 自身的结构会带来一些麻烦，例如 u_i 的内部 $\in$ -结构会使替换公理失效。力迫模型的出现克服了这个困难。力迫模型仍然采用上述思路，不同的是在向 $\mathfrak{A}$ 中添加集合时，它使用力迫关系约束 u_i，使之必须遵守某些能够在 $\mathfrak{A}$ 中形成的条件，从而使得 u_i 不能带来麻烦。

在介绍力迫模型之前给出一些说明：

（1）力迫模型是一种构造某个给定模型的扩张模型的方法，即假定存在 ZF 的模型 $\mathfrak{A}$，我们使用力迫模型的方法构造 $\mathfrak{A}$ 的扩张模型 $\mathfrak{B}$；

（2）每个模型都被一种语言描述，我们称描述模型 $\mathfrak{A}$ 的语言是元语言，模型 $\mathfrak{A}$ 存在于其中的理论是元理论，描述扩张模型 $\mathfrak{B}$ 的语言是 L；

（3）通过哥德尔的算术化方法，语言 L 能被描述到模型 $\mathfrak{A}$ 中，这使得扩张模型 $\mathfrak{B}$ 在模型 $\mathfrak{A}$ 内得到描述，因此 $\mathfrak{A}$ 是 $\mathfrak{B}$ 的子模型，$\mathfrak{B}$ 是 $\mathfrak{A}$ 的内模型①。

一　一般意义上的力迫模型

令 $\mathfrak{A} = < \mathrm{M}, \in^{\mathfrak{A}} >$ 是 ZF 的一个可数传递标准模型。令 $\mathfrak{R} = < \mathrm{A}, \mathrm{R_i} >_{\mathrm{i \in I}}$ 是 $\mathfrak{A}$ 中的一个一阶关系系统，它的定义域是 A，R_i 是 A 上的 n_i 元关系。向 $\mathfrak{A}$ 中添加 $\mathfrak{R}$ 的一个副本得到扩张模型 $\mathfrak{B}$。这个副本必须要满足的性质被表达在语言 L 中，扩张模型 $\mathfrak{B}$ 也被描述在 L 中。为了详细地描述模型 $\mathfrak{B}$ 中发生的事情，我们把语言 L 构造成一种分支语言（Ramified Language），即要求语言 L 能够谈论每一个累积集 V_α，

① Ulrich Felgner, *Models of ZF-Set Theory*, New York: Springer, 1971, pp. 76-167.

因此我们引入受限概括项（Limited Comprehension Terms）E^{α} 和受限量词（Limited Quantifiers）$\exists^{\alpha}$，其中 $E^{\alpha}x\varphi(x)$ 的预定解释是"满足 φ 且秩小于 α 的集合 x 的集合"，$\exists_{x}^{\alpha}\varphi(x)$ 的预定解释是"存在一个秩小于 α 的集合 x 满足 $\varphi(x)$"，$\forall_{x}^{\alpha}\varphi(x)$ 的预定解释是"所有秩小于 α 的集合 x 都满足 $\varphi(x)$"①。

语言 L 的字母表如下：

（1）集合变元：v_0，v_1，…，v_n，…（$n\in\omega$）；我们习惯用 x，y，z，…表示这些变元；

（2）对 $\mathfrak{A}$ 中的每个集合 x 有集合常元 $\bar{x}$；

（3）对每个 $j\in A$ 有常元 $\dot{a}_j$；

（4）对 $i\in I$ 有 n_i 元谓词 π_i，表示属于关系的 $\in$；

（5）逻辑符号 $\neg$，$\vee$，$\exists$；

（6）对 $\mathfrak{A}$ 中的每个序数 α 有受限概括算子 E^{α} 和受限量词 $\exists^{\alpha}$，

（7）左括号（和右括号）。

除上述符号外，还有被定义符号 $\wedge$，$\rightarrow$，$\leftrightarrow$，$\forall$，这些符号都能被上述符号定义。因为这里不打算给出元语言的字母表，所以并不严格区分语言 L 的符号和元语言的符号，这不会引起理解上的困难。

我们可以使用哥德尔的算术化方法将语言 L 表示为模型 $\mathfrak{A}$ 中的集合。令 $\neg=\langle 0,0\rangle$，$\vee=\langle 0,1\rangle$，$\exists=\langle 0,2\rangle$，$\exists^{\alpha}=\langle 1,\alpha\rangle$，$\in=\langle 0,3\rangle$，$v_i=\langle 0,4+i\rangle$，$E^{\alpha}=\langle 2,\alpha\rangle$，$\bar{x}=\langle 3,x\rangle$，$\dot{a}_j=\langle 4,j\rangle$，$\pi_i=\langle 5,i\rangle$，$(=\langle 6,0\rangle$，$)=\langle 6,1\rangle$。相应地，语言 L 的公式都可表示为 $\mathfrak{A}$ 中的集合，L 的公式的收集是 $\mathfrak{A}$ 中的集合的一个类。

定义 L 的受限公式和受限概括项如下：

（1）如果 w_1，w_2，…是受限概括项、集合常元、常元 $\dot{a}_j$、变元，那么 $w_1\in w_2$ 和 $\pi_i(w_1,\cdots,w_{n_i})$ 是受限公式；

① 关于累积集和秩的定义参见自然模型部分。

(2) 如果 φ 和 ψ 是受限公式，那么 $\neg\varphi$、$\varphi \vee \psi$、$\exists_x^\alpha \varphi$ 也是受限公式，其中 α 是 $\mathfrak{A}$ 中的序数；

(3) 如果 φ 是一个受限公式，并且它只有一个自由变元 x，α 是 $\mathfrak{A}$ 中的一个序数使得：(i) φ 中没有 $\exists^\beta$ 出现，其中 $\beta > \alpha$，(ii) φ 中没有 E^β 出现，其中 $\beta \geq \alpha$，(iii) 对于秩 $\geq \alpha$ 的集合 x，φ 不包含 $\bar{x}$ 的出现，(iv) 如果 $\alpha \leq \gamma$，那么 φ 不包含 $\dot{a}_j$ 的出现，那么 $E^\alpha x\varphi(x)$ 是一个受限概括项。

不包含自由变元的受限公式被称为受限句子。集合常元、形如 $\dot{a}_j$ 的常元、受限概括项统称为常项。受限概括项是相对于参数 γ 而言的，通常情况下 γ 为 ω 或 $\omega+1$。

定义：令 $\rho(x)$ 是 $\mathfrak{A}$ 中的集合 x 的秩。定义常项 t 的度 (Degree) $\delta(t)$ 如下：

(1) $\delta(\bar{x}) = \rho(x)$；

(2) $\delta(\dot{a}_j) = \gamma$；

(3) $\delta(E^\alpha x\varphi(x)) = \alpha$。

令 u 和 v 是任意常项和变元。用 $u = v$ 表示 $\forall x(x \in u \leftrightarrow x \in v)$，其中 x 是不同于 u 和 v 的变元。用 $u \approx v$ 表示 $\forall_x^\alpha(x \in u \leftrightarrow x \in v)$，其中 $\alpha = Max\{\delta(u), \delta(v)\}$，因此 $u \approx v$ 是一个受限句子。

在模型 $\mathfrak{A}$ 中为受限公式定义一个良基的偏序关系的方法是对每一个受限公式 φ 指派一个序数 $Ord(\varphi)$，这个序数在 $\mathfrak{A}$ 中。$Ord(\varphi)$ 读作"φ 的序"。

对受限公式 φ，定义

$$Ord(\varphi) = \omega^2 \cdot \alpha + \omega \cdot e + m,$$

其中：(1) α 是最小的序数使得 φ 中没有 $\exists^\beta$ 的出现，其中 $\beta > \alpha$，且 φ 不包含度 $\geq \alpha$ 的常项 t 的出现；(2) $e = 3$，当且仅当，φ 至少包含一个 π_i；$e = 2$，当且仅当，φ 不包含任何 π_i，但 φ 至少包含一个 $\dot{a}_j$；$e = 1$，当且仅当，φ 不包含 π_i 和 $\dot{a}_j$，但 φ 包含一个子公式 $v \in u$，其中 v 或者是一个满足 $\delta(v) + 1 = \alpha$ 的常项，或者是在一个受限量词 $\forall^\alpha$ 的辖域

中；在所有其他的情况中 $e=0$；（3）m 是公式 φ 的长度。

令 S 是 $\mathfrak{A}$ 中的一个无穷集，满足 $(x \in S) \rightarrow (\rho(x) < \gamma)$，且 $\gamma = sup\{\rho(x) \mid x \in S\}$，其中 $\gamma \geq \omega$，sup 表示上确界。对每一个 $j \in A$，我们为 j 找到 S 的一个兼纳子集（Generic Subset）a_j，并且还可以找到这些 a_j 上的兼纳关系 B_i（$i \in I$）使得在元理论中，$\mathfrak{R}$ 与 $< \{a_j \mid j \in A\}, B_i >_{i \in I}$ 同构。$< \{a_j \mid j \in A\}, B_i >_{i \in I}$ 即是我们找到的 $\mathfrak{R}$ 的一个副本。

集合 a_j 和关系 B_i 在扩张模型 $\mathfrak{B}$ 中仅拥有那些被力迫条件表达的性质。接下来定义力迫条件。

定义：一个力迫条件 p 是一个从 $S \times A$ 到 $2=\{0, 1\}$ 内的有穷偏函数。

可以看出力迫条件 p 被表达在模型 $\mathfrak{A}$ 中。令 P 是模型 $\mathfrak{A}$ 中所有力迫条件的集合。令 $\leq$是集合 P 上的偏序，即 $(p \leq q) \leftrightarrow (p \subseteq q)$。

接下来定义受限句子的强力迫关系，这个定义施归纳于受限句子 φ 的序 $Ord(\varphi)$。

定义受限句子 φ 的强力迫关系 $\Vdash$。这个定义发生在模型 $\mathfrak{A}$ 中。令 T 是常项在 $\mathfrak{A}$ 中构成的类，令 u 表示任意常项。

（1）$p \Vdash u \in \bar{x}$，当且仅当，$(\exists y \in x)(p \Vdash u \approx y)$；

（2）$p \Vdash u \in E^{\alpha} x \varphi(x)$，当且仅当，$(\exists t \in T)(\delta(t) < \alpha$ 且 $p \Vdash u \approx t$ 且 $p \Vdash \varphi(t))$；

（3）$p \Vdash u \in \dot{a}_j$，当且仅当，$(\exists x \in S)(p \Vdash \bar{x} \approx u$ 且 $p(\langle x, j \rangle)=1)$；

（4）$p \Vdash \neg \varphi$，当且仅当，$\neg(\exists q \geq p)(q \Vdash \varphi)$；

（5）$p \Vdash \varphi \vee \psi$，当且仅当，$(p \Vdash \varphi$ 或 $p \Vdash \psi)$；

（6）$p \Vdash \exists_x^{\alpha} \varphi(x)$，当且仅当，$(\exists u \in T)(\delta(u) < \alpha$ 且 $p \Vdash \varphi(u))$；

（7）$p \Vdash \pi_i(u_1, \cdots, u_{n_i})$，当且仅当，$(\exists j_1, \cdots, j_{n_i} \in A)(\langle j_1, \cdots, j_{n_i} \rangle \in R_i$ 且 $p \Vdash u \approx \dot{a}_{j_1}$ 且 $\cdots$ 且 $p \Vdash u \approx \dot{a}_{j_{n_i}})$。

这个定义只给出了受限句子的强力迫关系，然而语言 L 中的句子不只有受限句子，还有其他句子，例如包含量词 $\exists x$ 的句子，因此需要对

语言 L 中的任意句子给出强力迫关系的定义。不同于受限句子的强力迫关系被定义在模型 $\mathfrak{A}$ 中，任意句子的强力迫关系被定义在元语言中。因为语言 L 中的所有公式都被表达在模型 $\mathfrak{A}$ 中，并且因为模型 $\mathfrak{A}$ 的论域是一个集合，所以语言 L 的所有公式的收集也是一个集合。定义语言 L 的任意句子 φ 的力迫关系如下。

对语言 L 的任意句子 φ，定义 $p \Vdash \varphi$ 如下：

(8) $p \Vdash u \in v$ 和 $p \Vdash \pi_i(u_1, \cdots, u_{n_i})$ 的定义如上；

(9) $p \Vdash \neg \varphi$，当且仅当，$\neg(\exists q \geq p)(q \Vdash \varphi)$；

(10) $p \Vdash \varphi \vee \psi$，当且仅当，($p \Vdash \varphi$ 或 $p \Vdash \psi$)；

(11) $p \Vdash \exists_x^\alpha \varphi(x)$，当且仅当，$(\exists u \in T)(\delta(u) < \alpha$ 且 $p \Vdash \varphi(u))$；

(12) $p \Vdash \exists x \varphi(x)$，当且仅当，$(\exists u \in T)(p \Vdash \varphi(u))$。

可以看出，对于受限句子而言，两个定义给出的强力迫关系是一样的。在定义了强力迫关系之后，接下来给出弱力迫关系的定义。

用 $\Vdash^*$ 表示弱力迫关系，定义一些关系如下：

(1) $p \Vdash^* \varphi$，当且仅当，$p \Vdash \neg(\neg \varphi)$，"$p$ 弱力迫 φ"；

(2) $p \| \varphi$，当且仅当，($p \Vdash \varphi$ 或者 $p \Vdash \neg \varphi$)，"p 决定 φ"；

(3) $p \|^* \varphi$，当且仅当，($p \Vdash^* \varphi$ 或者 $p \Vdash^* \neg \varphi$)，"p 弱决定 φ"；

(4) $\Vdash \varphi$，当且仅当，$(\forall p \in P)(p \Vdash \varphi)$；

(5) p_1 和 p_2 是相容的，当且仅当，$(\exists q \in P)(p_1 \leq q$ 且 $p_2 \leq q)$。

可以看到弱力迫关系借助强力迫关系而被定义。受限句子的力迫关系的定义在模型 $\mathfrak{A}$ 中发生，非受限句子的力迫关系的定义在元理论中发生。非受限句子的力迫关系的定义不能模型 $\mathfrak{A}$ 中发生，是因为不能在 $\mathfrak{A}$ 中对语言 L 的句子给出一个普遍的力迫关系定义，这是由于模型 $\mathfrak{A}$ 的每个集合 x 在语言 L 中都有一个名字 $\bar{x}$，模型 $\mathfrak{A}$ 不能在自己内部对自己定义一个普遍的力迫关系，这个情况类似于哥德尔不完全性定理。但是针对语言 L 的某个特殊句子 φ 或是一个包含有穷个句子的族，我们能够在 $\mathfrak{A}$ 中定义它们的力迫关系，因为它们是有穷的，力迫它们的条件的类也能够在有穷步骤内被构造完成。因此令 φ 是语言 L 中的一个公式，我们能够定义它的力迫关系 $p \Vdash \varphi$ 。

到目前为止，我们描述了这样一个过程。给定 ZF 的一个可数传递标准模型 $\mathfrak{A}$ ，$\mathfrak{R}$ 是 $\mathfrak{A}$ 中的一个一阶关系系统，我们希望将 $\mathfrak{R}$ 的一个副本添加到 $\mathfrak{A}$ 中从而得到 $\mathfrak{B}$ 。为了刻画这个副本，我们在 $\mathfrak{A}$ 中找到一个无穷集 S ，使得该副本的元素是 S 的子集。力迫条件 p 的作用是约束副本中元素的性质，为了使这种约束在整个模型 $\mathfrak{B}$ 中都有效，通过施归纳于语言 L 中受限句子的序定义了受限句子的力迫关系，而语言 L 是描述扩张模型 $\mathfrak{B}$ 的语言。语言 L 能被描述在模型 $\mathfrak{A}$ 中，一阶关系系统 $\mathfrak{R}$ 和无穷集 S 本来就在模型 $\mathfrak{A}$ 中，力迫条件 p 也能被描述在模型 $\mathfrak{A}$ 中，并且进一步地对语言 L 的每一个特殊公式 φ ，都能在模型 $\mathfrak{A}$ 中定义它的力迫关系。

到目前为止已经将语言 L 的每一个公式 φ 的力迫关系描述在模型 $\mathfrak{A}$ 中，接下来介绍如何获得扩张模型 $\mathfrak{B}$ 。

定义。令 P 是模型 $\mathfrak{A}$ 中所有力迫条件的集合，条件的一个集合 $\mathcal{H}$ 在 $<P, \subseteq>$ 是稠密的，当且仅当，对每个 $p \in P$ 都存在一个 $q \in \mathcal{H}$ 使得 $p \leq q$ 。

定义。力迫条件的一个序列 Q 是完全的（Complete），当且仅当，Q 被 $\subseteq$ 良序，并且 Q 的序型为 ω ，即 $Q = \{p(0), p(1), \cdots, p(k), \cdots\}$ ，并且使得对力迫条件的任意稠密集 $\mathcal{H}$ 都有 $Q \cap \mathcal{H} \neq \emptyset$ 。

定理。力迫条件的完全序列存在。此外，对每个力迫条件 p 都存在一个完全序列 Q 使得 p 在其中作为第一个元素出现。需要说明的是这个定理需要使用模型 $\mathfrak{A}$ 的可数性。

定义。令 $\mathcal{H}$ 是力迫条件的任意收集，并且令 φ 是一个 L 句子。令 $\mathcal{H} \Vdash \varphi$ 表示（$\exists p \in \mathcal{H}$）($p \Vdash \varphi$)，令 $\mathcal{H} \Vdash^* \varphi$ 表示（$\exists p \in \mathcal{H}$）($p \Vdash^* \varphi$）。如果 Q 是力迫条件的一个完全序列，那么 $Q \Vdash \varphi$ 和 $Q \Vdash^* \varphi$ 是等价的。

定义。令 Q 是力迫条件的一个完全序列。val_Q 是定义在语言 L 的所有常项的集合 T 上的函数，定义的方法是施归纳于项的度：

$$val_Q(u) = \{val_Q(v) \mid v \in T \text{ 且 } \delta(v) < \delta(u) \text{ 且 } Q \Vdash v \in u\}\text{。}$$

最后定义：

$\mathfrak{B}_Q = \{val_Q(u) \mid u \in T\}$ 。

这个 $\mathfrak{B}_Q$ 即为我们寻找的扩张模型。每个扩张模型都对应于力迫条件的一个完全序列。这也说明了力迫条件的一个完全序列刻画了 $\mathfrak{R} = <A, R_i>_{i \in I}$ 的一个副本所具有的性质。但是语言 L 的常项有集合常元 $\bar{x}$ 、形如 $\dot{a}_j$ 的常元、受限概括项 $E^{\alpha}x\varphi(x)$ ，上述 $\mathfrak{B}_Q$ 的定义并没有说明这些常项在函数 val_Q 下的值，下面将补充说明这一点。

$\mathfrak{B}_Q$ 是一个传递集，对每个 $x \in \mathfrak{A}$ 都有 $val_Q(\bar{x}) = x$ 。对每个 $x \in \mathfrak{B}_Q$ ，令 $r(x)$ 是满足 $val_Q(w) = x$ 的最小 $\delta(w)$ 。$val_Q(E^{\alpha}x\varphi(x))$ 是 $\mathfrak{B}_Q$ 中的满足 $r(y) < \alpha$ ，且 y 在 $\mathfrak{B}_Q$ 中满足 $\varphi(x)$ 的所有 y 的集合。$val_Q(\dot{a}_j)$ 是满足 $r(y) < \gamma$ ，且 $y \in \dot{a}_j$ 在 $\mathfrak{B}_Q$ 中成立的所有 $y \in \mathfrak{B}_Q$ 的集合，其中 $\gamma = sup\ \{\rho(x) \mid x \in S\}$ ，详情见前文。

对于力迫条件的每个完全序列 Q 都存在一个 $\mathfrak{B}_Q$ 是 ZF 的模型。因此有如下结论：令 $\mathfrak{A}$ 是 ZF 的一个可数的传递标准模型，令 $\mathfrak{R} = <A, R_i>_{i \in I}$ 是 $\mathfrak{A}$ 中的一个一阶关系系统。如果力迫关系 ⊩ 如上面被定义，那么对力迫条件的每个完全序列 Q ，都存在一个结构 $\mathfrak{B}_Q$ 是 ZF 的可数传递标准模型，并且 $\mathfrak{B}_Q$ 扩张了 $\mathfrak{A}$。通常情况下省略 $\mathfrak{B}_Q$ 的下标，用 $\mathfrak{B}$ 表示力迫模型。

二　对称性与独立性证明

构造力迫模型的目的是获得某些假设相对于 ZF 的独立性结果，一般想法是：给定 ZF 的一个可数传递标准模型 $\mathfrak{A}$ ，向 $\mathfrak{A}$ 中添加 $\mathfrak{R} = <A, R_i>_{i \in I}$ 的一个兼纳副本，从而得到 $\mathfrak{A}$ 的扩张模型 $\mathfrak{B}$ ，满足 $\mathfrak{B}$ 是 ZF 的模型，并且在 $\mathfrak{B}$ 中句子 φ 成立但句子 ψ 不成立，从而使用 $\varphi \to \psi$ 在 ZF 中是不可推导的。通过前文给出的构造过程可以看出，我们在模型 $\mathfrak{A}$ 内构造了 $\mathfrak{A}$ 的扩张模型 $\mathfrak{B}$ ，使得 $\mathfrak{B}$ 既是 $\mathfrak{A}$ 的扩张模型，又是 $\mathfrak{A}$ 的内模型。因此这里有两个问题：第一，为什么要在模型 $\mathfrak{A}$ 内构造 $\mathfrak{A}$

的扩张模型，而不是在元理论中构造 $\mathfrak{A}$ 的扩张模型？第二，如此构造的力迫模型有什么特征可用于获得假设相对于 ZF 的独立性？

首先回答第一个问题。构造力迫模型 $\mathfrak{B}$ 的过程中使用到模型 $\mathfrak{A}$ 的序数，还有关系、函数等，通常情况下我们的元理论是 ZF，但是根据哥德尔第二不完全性定理，在 ZF 中不能证明 ZF 的模型的存在性，因此不能在元理论中直接构造模型 $\mathfrak{A}$ 的扩张模型 $\mathfrak{B}$。解决方法只能是先假定 ZF 的模型 $\mathfrak{A}$ 存在，然后再在模型 $\mathfrak{A}$ 中构造 $\mathfrak{A}$ 的扩张模型 $\mathfrak{B}$，也就是力迫模型 $\mathfrak{B}$。

然后回答第二个问题。力迫模型 $\mathfrak{B}$ 具有对称性质，该性质可用于获得相对于 ZF 的独立性结果。下面介绍力迫模型 $\mathfrak{B}$ 的对称性质，简要说明证明 AC 相对于 ZF 的独立性的思路。

兼纳扩张模型 $\mathfrak{B}$ 的对称性。令 $\mathfrak{A}$ 是 ZF 的一个可数传递标准模型，并且令 $\mathfrak{R} = < A, R_i >_{i \in I}$ 是 $\mathfrak{A}$ 中的一个关系系统。令 G 是 $\mathfrak{R}$ 在 $\mathfrak{A}$ 中的自同构的群。令 L 是一个语言，对每个 $x \in \mathfrak{A}$ 有集合常元 $\bar{x}$，对每个 $j \in A$ 有 $\dot{a}_j$，对每个 $i \in I$ 有 n_i 元谓词 π_i。令 $\Vdash$ 是如前文定义的力迫关系。对每个 $\sigma \in G$ 和 L-公式 φ，将公式 φ 中 $\dot{a}_j$ 的每次出现都替换为 $\dot{a}_{\sigma(j)}$，所得的公式记为 $\sigma(\varphi)$。关于力迫条件 p，定义 $\sigma(p)$ 如下：

$< < s, j >, 0 > \in p$，当且仅当，$< < s, \sigma(j) >, 0 > \in \sigma(p)$；

$< < s, j >, 1 > \in p$，当且仅当，$< < s, \sigma(j) >, 1 > \in \sigma(p)$。

进一步可得对称性引理：令 φ 是任意 L-句子，并且令 p 是任意力迫条件，那么对每个 $\sigma \in G$ 有：$p \Vdash \varphi$ 当且仅当 $\sigma(p) \Vdash \sigma(\varphi)$。对称性也可以在模型 $\mathfrak{A}$ 内得到处理。

对称性引理被用来证明：存在 ZF 的力迫模型 $\mathfrak{B}$ 使得 AC 在 $\mathfrak{B}$ 中不成立，因此 AC 在 ZF 中是不可推导的。具体的思路是：在 $ZF + AC$ 中，一个集合是有穷的，当且仅当，它是戴德金有穷的（Dedekind-Finite）；力迫模型 $\mathfrak{B}$ 可被用以证明，如果 ZF 是一致的，那么“ZF + 存在一个无穷集合是戴德金有穷的”是一致的。如此便证明了 AC 在 ZF 中是不可推导的。

科恩的力迫模型能够被用于成功地获得 AC 相对 ZF 的独立性、GCH 相对于 $ZF+AC$ 的独立性。

本章小结

本章首先介绍了 ZF 的起源和语法结构，以及 ZF 的模型的结构和性质。然后，本章梳理了 ZF 的经典模型，包括自然模型、可构成模型、置换模型、力迫模型，梳理这些模型的方式是介绍它们的一般构造过程。

通过本章的介绍可以发现，除自然模型外，其他模型主要是用于证明 AC 和 GCH 相对于 ZF 的一致性或独立性。哥德尔使用可构成模型证明了 AC 相对于 ZF 的一致性、GCH 相对于 ZFC 的一致性。置换模型被用来证明 AC 相对于 ZFA 的独立性、GCH 相对于 $ZFA+AC$ 的独立性，其中 ZFA 是带原子或自反集的 ZF 。力迫模型被用来证明 AC 相对于 ZF 的独立性、GCH 相对于 ZFC 的独立性。

模型对于经典集合论 ZF 的意义不同于模型对于弗协调集合论的意义。自然模型足以保证 ZF 的一致性，一个一致的理论肯定是非平凡的。因此 ZF 是一个非平凡的理论。非平凡性不是一个困扰 ZF 的问题，AC 和 GCH 曾经是困扰 ZF 的问题。然而，非平凡性是困扰弗协调集合论的一个问题，弗协调集合论需要借助模型证明自己的非平凡性；但是 AC 和 GCH 不一定困扰弗协调集合论，例如在韦伯构造的弗协调朴素集合论中，AC 是一条定理，GCH 能够被证伪。

ZF 的这些经典模型后来的发展远远超出了逻辑学家们设计它们时的初衷，这些发展就是下一章介绍的 ZF 的非经典模型。

第三章　ZF 的非经典模型

本章将介绍 ZF 的非经典模型，包括布尔值模型、广义代数值模型、拓扑斯模型。这些模型可被视作是对力迫模型的简化或推广。从使用效果看，布尔值模型和力迫模型的作用是一样的，但是从构造过程看，布尔值模型比力迫模型简单。广义代数值模型是布尔值模型的推广。拓扑斯是一种新引入的概念，它除了能够重构置换模型、力迫模型、布尔值模型外，也能提供相应的独立性结果。

第一节　布尔值模型

使用布尔值模型描述力迫模型的思想最早由索洛韦（R. M. Solovay）在 1965 年提出，他使用博雷尔集（Borel set）作为力迫条件构造模型，并声称力迫某个陈述的条件的组合是该陈述的"值"。福平卡（P. Vopěnka）独立地发现了和索洛韦相同的观点，只是福平卡最初的呈现很简洁，没有引起很大关注[①]。根据费尔格纳（U. Felgner）的说法，斯科特（D. Scott）、索洛韦和福平卡发现能把力迫理解为句子的一个布尔赋值[②]。但费尔格纳（U. Felgner）的根据是斯

① John L. Bell, *Set Theory, Boolean-valued Models and Independence Proofs*, Oxford: Oxford University Press, 2005, pp. xv–xvi.

② Ulrich Felgner, *Models of ZF-Set Theory*, New York: Springer, 1971, p. 77.

科特在 1967 年的课堂笔记，在该笔记中，斯科特证明休恩菲尔德（J. R. Shoenfield）构造力迫模型的方法是布尔值模型的方法。斯科特、索洛韦、休恩菲尔德等人都是在讨论会上讨论使用布尔值模型描述力迫模型，很多结果都没有发表，只有贝尔（J. L. Bell）整理的笔记。因此现在通常认为是斯科特、索洛韦和福平卡三人引入了布尔值模型。

本节按理论上的先后顺序而非时间上的先后顺序来介绍布尔值模型，首先介绍格理论，引出布尔代数，然后介绍格理论与逻辑的关系，说明布尔代数与经典逻辑对应，接着给出布尔值全域的构造，最后指出布尔值全域是 ZF 的模型[①]。

一 格理论

本小节依次介绍格（Lattice）、海廷代数（Heyting Algebra）、布尔代数（Boolean Algebra）的定义和基本性质。

首先介绍格。一个格是一个非空的偏序集 L，用 $\leq$ 表示它的偏序，L 的每个二元素子集 $\{x, y\}$ 都有一个上确界（也称并，Join）和一个下确界（也称交，Meet），分别用 $x \vee y$ 和 $x \wedge y$ 表示。令 1_L 表示 L 的顶元素（Top Element），即对所有 $x \in L$ 都有 $x \leq 1_L$；令 0_L 表示 L 的底元素（Bottom Element），即对所有 $x \in L$ 都有 $0_L \leq x$。通常情况下省略下标 L，用 1 和 0 分别表示格的顶元素和底元素。如果一个格既有顶元素也有底元素，那么这个格被称为有界格（Bounded Lattice）。如果一个格只包含一个元素，即 $1=0$，那么这个格是平凡的（Trivial）。如果 L 的一个子集包含 1 和 0，并且在 L 的并和交运算下封闭，那么该子集被称为 L 的一个子格。

在任意有界格中，下列等式成立：$x \vee 0 = x$；$x \wedge 1 = x$；$x \vee x = x$；x

① John L. Bell, *Set Theory, Boolean-valued Models and Independence Proofs*, Oxford: Oxford University Press, 2005, pp. 1-54. 张宏裕：《公理化集合论》，天津科学技术出版社 2000 年版，第 204—227 页。

$\wedge x = x$；$x \vee y = y \vee x$；$x \wedge y = y \wedge x$；$x \vee (y \vee z) = (x \vee y) \vee z$；$x \wedge (y \wedge z) = (x \wedge y) \wedge z$；$(x \vee y) \wedge y = y$；$(x \wedge y) \vee y = y$。

格具有方程特征。假定（L, $\vee$, $\wedge$, 0, 1）是一个代数结构，其中 $\vee$ 和 $\wedge$ 是二元运算，如果这些运算满足上面的等式，并且定义 L 上的关系 $\leq$ 为，$x \leq y$ 当且仅当 $x \vee y = y$，那么（L, $\leq$）是一个有界格，$\vee$ 和 $\wedge$ 分别是它的并运算和交运算，0 和 1 分别是它的底元素和顶元素。

任意线序集是一个格，在这样的格中，$x \wedge y = min\{x, y\}$，$x \vee y = max\{x, y\}$。对任意集合 X，它的幂集 $\wp(X)$ 是一个格，格的序是集合间的包含关系，在这样的格中，$X \vee Y = X \cup Y$，$X \wedge Y = X \cap Y$。一个幂集格的子格被称为集合的一个格（A Lattice of Sets）。

称一个格为分配格（Distributive Lattice），如果下列条件被满足：

(1) $x \wedge (y \vee z) = (x \wedge y) \vee (x \wedge z)$；

(2) $x \vee (y \wedge z) = (x \vee y) \wedge (x \vee z)$。

如果一个格的每个子格都有一个上确界和一个下确界，那么这个格被称为完全的（Complete）。

一个集合 X 的幂集格 $\wp(X)$ 是一个完全格，在 $\wp(X)$ 中，格的并运算和交运算分别是集合论中的并和交。

接下来介绍海廷代数。一个海廷代数是一个有界格（H, $\leq$），并且使得对任意 x, $y \in H$，满足 $(z \wedge x) \leq y$ 的 $z \in H$ 的集合有一个最大元素。因为这个最大元素唯一地被 x 和 y 决定，所以用 $(x \Rightarrow y)$ 指称它。$(x \Rightarrow y)$ 的特征被刻画为：

$$z \leq (x \Rightarrow y)，当且仅当，(z \wedge x) \leq y。$$

这就刻画了一个二元运算，即对任意元素 x 和 y 的对，指派给它一个值 $(x \Rightarrow y)$，这个二元运算被称为蕴涵，记符号为 $\Rightarrow$。对于单个元素 x，蕴涵指派给它的值为 $x^* = (x \Rightarrow 0)$，x^* 被称为伪补（Pseudocomplementation）。等价运算 $\Leftrightarrow$ 被定义为 $(x \Leftrightarrow y) = ((x \Rightarrow y) \wedge (y \Rightarrow x))$。

海廷代数的运算 $\Rightarrow$ 和 $\Leftrightarrow$ 满足下列性质：$(x \Rightarrow (y \Rightarrow z)) = ((x \wedge y) \Rightarrow z)$；$((x \Rightarrow y) = 1) \leftrightarrow (x \leq y)$；$((x \Leftrightarrow y) = 1) \leftrightarrow (x = y)$；$(y \leq z) \rightarrow$

$((x \Rightarrow y) \leq (x \Rightarrow z))$；$(x \wedge (x \Rightarrow y)) \leq y$；$(y \leq x^*) \leftrightarrow ((y \wedge x) = 0) \leftrightarrow (x \leq y^*)$；$x \leq x^{**}$；$x^{***} = x^*$；$(x \vee y)^* = (x^* \wedge y^*)$。其中→表示逻辑联结词蕴涵，↔表示逻辑联结词等值。

令 L 是一个有界格，$\Rightarrow$ 是 L 上的一个运算。那么 $\Rightarrow$ 使得 L 成为一个海廷代数，当且仅当，下列方程被满足：

(1) $(x \Rightarrow x) = 1$；

(2) $(x \wedge (x \Rightarrow y)) = (x \wedge y)$；

(3) $(y \wedge (x \Rightarrow y)) = y$；

(4) $(x \Rightarrow (y \wedge z)) = ((x \Rightarrow y) \wedge (x \Rightarrow z))$。

这个命题描述了海廷代数的方程特征。

一个完全海廷代数被定义为一个满足 $(x \wedge \bigvee_{i \in I} y_i) = \bigvee_{i \in I}(x \wedge y_i)$ 的完全格。

如果一个完全海廷代数 H 的一个子格在 H 的蕴涵运算下封闭，那么称这个子格是一个子代数。

令 L 是一个有界格。对任意 $a \in L$，如果元素 $b \in L$ 使得 $a \vee b = 1$ 且 $a \wedge b = 0$，那么元素 b 被称为元素 a 的补（Complement）。一般来说在海廷代数中一个元素的伪补不是它的补。

最后介绍布尔代数。对于一个海廷代数 H 来说下列两个条件是等价的：

(1) 伪补是补，即对所有 $x \in H$ 有 $x \vee x^* = 1$；

(2) 伪补的序是2，即对所有 $x \in H$ 有 $x^{**} = x$。

一个布尔代数就是一个满足这两个条件之一的海廷代数。

对任意布尔代数，下列等式成立：$(x \vee y) = (y \vee x)$；$(x \wedge y) = (y \wedge x)$；$(x \vee (y \vee z)) = ((x \vee y) \vee z)$；$(x \wedge (y \wedge z)) = ((x \wedge y) \wedge z)$；$((x \vee y) \wedge y) = y$；$((x \wedge y) \vee y) = y$；$x \wedge (y \vee z) = (x \wedge y) \vee (x \wedge z)$；$x \vee (y \wedge z) = (x \vee y) \wedge (x \vee z)$；$(x \vee x^*) = 1$；$(x \wedge x^*) = 0$；$(x \vee y)^* = (x^* \wedge y^*)$；$(x \wedge y)^* = (x^* \vee y^*)$；$(x^{**} = x)$。

布尔代数中的并、交、补运算被称为布尔运算。一个布尔代数 B

的一个子代数是 B 的一个在布尔运算下封闭的非空子集。

如果一个完全海廷代数是布尔代数，那么它是完全布尔代数。例如线序集 $2=\{0,1\}$ 的序为 $0<1$，它是一个完全布尔代数，这个布尔代数也被称为二元代数（Two-Element Algebra）。任意给定集合 X，它的幂集格 $\wp(X)$ 是一个完全布尔代数。一个幂集代数（即幂集格）的子代数被称为集合的一个域（A Field of Sets）。

本小节至此介绍了格、海廷代数、布尔代数。可知：（1）格+某些条件=海廷代数，海廷代数+某些条件=布尔代数；（2）海廷代数具有格的性质，布尔代数具有格和海廷代数的性质；(3）这里介绍格、海廷代数、布尔代数时是从偏序集出发进行介绍的，但是三者之所以被称为代数是因为它们具有方程特征。

二　格与逻辑的关系

海廷代数与直觉主义逻辑有紧密的联系，布尔代数与经典逻辑有紧密的联系。

简述直觉主义一阶逻辑的公理和推理规则如下。公理为：

$\varphi\to(\psi\to\varphi)$；

$(\varphi\to(\psi\to\chi))\to((\varphi\to\psi)\to(\varphi\to\chi))$；

$\varphi\to(\psi\to\varphi\wedge\psi)$；

$\varphi\wedge\psi\to\varphi$；$\varphi\wedge\psi\to\psi$；

$\varphi\to\varphi\vee\psi$；$\psi\to\varphi\vee\psi$；

$(\varphi\to\chi)\to((\psi\to\chi)\to(\varphi\vee\psi\to\chi))$；

$(\varphi\to\psi)\to((\varphi\to\neg\psi)\to\neg\varphi)$；

$\neg\varphi\to(\varphi\to\psi)$；

$\varphi(t)\to\exists x\varphi(x)$，$\forall x\varphi(x)\to\varphi(y)$，其中 x 在 φ 中自由，并且 t 对 φ 中的 x 自由；

$x=x$；$(\varphi(x)\wedge(x=y))\to\varphi(y)$。

推理规则：

φ，$\varphi \to \psi \vdash \psi$；

$\psi \to \varphi(x) \vdash \psi \to \forall x\varphi(x)$；$\varphi(x) \to \psi \vdash \exists x\varphi(x) \to \psi$；在这两个规则中，$x$ 在 ψ 中不自由[①]。

经典一阶逻辑的公理和推理规则不再给出。经典一阶逻辑的系统可以通过在直觉主义一阶逻辑系统中添加推理规则“$\neg\neg\varphi \vdash \varphi$”得到。在直觉主义一阶逻辑中，经典一阶逻辑的下列模式失效：

LEM（排中律）：$\varphi \vee \neg\varphi$；

LDN（双否律）：$\neg\neg\varphi \to \varphi$；

DEM（德谟根律）：$\neg(\varphi \wedge \psi) \to (\neg\varphi \vee \neg\psi)$。

海廷代数和直觉主义逻辑通过以下方式发生联系。给定直觉主义命题或一阶逻辑语言 L，令 T 是 L 中的一个一致的理论，定义 L 的公式集上的等价关系 $\approx$ 为：如果 $T \vdash (\varphi \leftrightarrow \psi)$，那么 $(\varphi \approx \psi)$。对每个公式 φ，令 $[\varphi]$ 表示它的 $\approx$-等价类。定义 $\approx$-等价类的集合 $H(T)$ 上的关系 $\leq$ 为：$[\varphi] \leq [\psi]$，当且仅当，$T \vdash (\varphi \to \psi)$。因此，$\leq$ 是 $H(T)$ 上的一个偏序，$(H(T), \leq)$ 是一个海廷代数，其中 $([\varphi] \Rightarrow [\psi]) = [\varphi \to \psi]$，类似地可以定义格的并、交、0 和 1。$H(T)$ 被称为由 T 决定的海廷代数。可以证明对任意海廷代数 H'，存在一个直觉主义理论 T 使得 H' 与 $H(T)$ 同构。

我们可以类似地从经典命题或一阶逻辑语言的一个一致的理论 T 出发，构造出一个布尔代数 $B(T)$，这个 $B(T)$ 是 T 的林登鲍姆代数（Lindenbaum Algebra）。可以证明对任意布尔代数都存在一个经典理论 T 使得该布尔代数与 $B(T)$ 同构。

海廷代数和布尔代数还可以分别为直觉主义逻辑和经典逻辑提供语义。首先讨论它们分别为直觉主义命题逻辑和经典命题逻辑提供语义。

令 L 是一个命题语言，Ω 是它的命题变元的集合，给定一个映射

① John L. Bell, *Set Theory*, *Boolean-valued Models and Independence Proofs*, Oxford: Oxford University Press, 2005, p. 13.

f: $\Omega \to H$ 是从 Ω 到一个海廷代数 H 的映射，我们可以将 f 扩张成为一个映射 $\varphi \to [\![\varphi]\!]$，它是从 L 的公式集到 H 的一个映射，扩张的方式如下：

$[\![\varphi \wedge \psi]\!] = [\![\varphi]\!] \wedge [\![\psi]\!]$；

$[\![\varphi \vee \psi]\!] = [\![\varphi]\!] \vee [\![\psi]\!]$；

$[\![\varphi \to \psi]\!] = ([\![\varphi]\!] \Rightarrow [\![\psi]\!])$；

$[\![\neg \varphi]\!] = [\![\varphi]\!]^*$；

其中 = 号左边的 $\wedge$ 和 $\vee$ 是逻辑联结词合取和析取，= 号右边的 $\wedge$ 和 $\vee$ 是海廷代数中的交运算和并运算。如果对于任意这样的 f 都有 $[\![\varphi]\!] = 1$，那么称公式 φ 是海廷有效的。可以证明公式 φ 是海廷有效的当且仅当 φ 是直觉主义命题逻辑的定理。

我们可以类似地定义布尔有效性，也可以证明一个公式是布尔有效的当且仅当它在经典命题逻辑中是可推导的。

接下来讨论完全海廷代数和完全布尔代数分别为直觉主义一阶逻辑和经典一阶逻辑提供语义。

令 L 是一个一阶语言，它唯一的非逻辑符号是一个二元谓词符号 P。一个海廷代数值 L-结构是一个四元组 $\mathcal{M} = (M, eq, Q, H)$，其中 M 是一个非空类，H 是一个完全海廷代数，eq 和 Q 是映射 $M \times M \to M$，且这两个映射满足：对所有 $m, n, m', n' \in M$ 有

$eq(m, m) = 1$；$eq(m, n) = eq(n, m)$；$(eq(m, n) \wedge eq(n, n')) \leq eq(m, n')$；$(Q(m, n) \wedge eq(m, m')) \leq Q(m', n)$；$(Q(m, n) \wedge eq(n, n')) \leq Q(m, n')$。

对 L 中的任意公式 φ 和 L 的变元的任意有穷序列 $x = < x_1, \cdots, x_n >$，φ 的所有自由变元都在 x 中。对任意海廷代数值 L-结构 $\mathcal{M}$，递归定义一个映射

$[\![\varphi]\!]^{\mathcal{M}_x}$: $M^n \to H$

如下：

$[\![x_p = x_q]\!]^{\mathcal{M}_x} = \langle m_1, \cdots, m_n \rangle \mapsto eq(m_p, m_q)$；

$[\![P_{x_px_q}]\!]^{\mathcal{M}_x} = \langle m_1, \cdots, m_n \rangle \mapsto Q(m_p, m_q)$；

$[\![\neg \varphi]\!]^{\mathcal{M}_x} = ([\![\varphi]\!]^{\mathcal{M}_x})^*$；

$[\![\varphi \wedge \psi]\!]^{\mathcal{M}_x} = [\![\varphi]\!]^{\mathcal{M}_x} \wedge [\![\psi]\!]^{\mathcal{M}_x}$，其他逻辑联结词的情形可类似地获得；

$[\![\exists y\varphi]\!]^{\mathcal{M}_x} = \langle m_1, \cdots, m_n \rangle \mapsto \bigvee_{m \in M} [\![\varphi(y/u)]\!]^{\mathcal{M}_{ux}}(m, m_1, \cdots, m_n)$；

$[\![\forall y\varphi]\!]^{\mathcal{M}_x} = \langle m_1, \cdots, m_n \rangle \mapsto \bigwedge_{m \in M} [\![\varphi(y/u)]\!]^{\mathcal{M}_{ux}}(m, m_1, \cdots, m_n)$。

其中："$\mapsto$"的意思是"映射到"，以$\langle m_1, \cdots, m_n \rangle \mapsto eq(m_p, m_q)$为例，$eq(m_p, m_q)$是$\langle m_1, \cdots, m_n \rangle$在映射下的值；$x$是变元的有穷序列$\langle x_1, \cdots, x_n \rangle$；$ux$是变元的有穷序列$\langle u, x_1, \cdots, x_n \rangle$；$\mathcal{M}_x$和$\mathcal{M}_{ux}$的下标不同，分别表示公式的全部自由变元出现在序列$x$中和$ux$中。称一个公式$\varphi$是$\mathcal{M}$-有效的，当且仅当，$[\![\varphi]\!]^{\mathcal{M}_x}$等于1。可以证明一个公式$\varphi$对所有$\mathcal{M}$都是$\mathcal{M}$有效的，当且仅当，$\varphi$在直觉主义一阶逻辑中是可证的。

对于完全布尔代数和经典一阶逻辑，我们也可以获得类似的结果，即一个公式φ在每个布尔代数值结构中都是有效的，当且仅当，该公式在经典一阶逻辑中是可证的。因此完全海廷代数和完全布尔代数分别能够为直觉主义一阶逻辑和经典一阶逻辑提供语义。

三　布尔值全域 $V^{(B)}$

ZF的布尔值模型的构造可分为三步：第一步，将ZF的自然模型中的每个集合都替换为它们的特征函数，这些特征函数的值域是布尔代数$2 = \{0, 1\}$；第二步，用完全布尔代数替换布尔代数2作为特征函数的值域，这里获得的特征函数的类是布尔值全域$V^{(B)}$；第三步，证明布尔值全域$V^{(B)}$是ZF的模型，该模型即为布尔值模型。

首先定义特征函数。给定ZF的自然模型，这里使用的自然模型是集合论全域V，即$V = \{x \mid x = x\}$。对V中的每个集合x，我们都能定

义一个特征函数 c_x，使得对于 c_x 的定义域 $dom(c_x)$ 有 $x \subseteq dom(c_x)$，对于 c_x 的值域 $ran(c_x)$ 有 $ran(c_x) \subseteq 2 = \{0, 1\}$；并且对于任意 $y \in dom(c_x)$，若 $y \in x$，则 $c_x(y)=1$，若 $y \notin x$，则 $c_x(y)=0$。因为 c_x 能够刻画集合 x 的所有性质，所以可以用 c_x 代替 x 来构造一个类 V 结构。但是 c_x 的定义域中的元素是集合，这使得我们难于处理特征函数之间的关系，我们希望 c_x 的定义域中的元素也是特征函数，因此进一步定义特征函数 c'_x 如下：

$V_\alpha^{(2)} = \{c'_x \mid Fun(c'_x) \wedge (ran(c'_x) \subseteq 2) \wedge \exists \xi < \alpha(dom(c'_x) \subseteq V_\xi^{(2)})\}$。

其中 $Fun(x)$ 表示 x 是一个函数；α 和 ξ 是自然模型 V 中的序数；2 是布尔代数 $\{0, 1\}$。c'_x 即是符合要求的特征函数。

其次构造 $V^{(2)}$。施归纳于 V 中的序数，定义 $V^{(2)}$ 如下：

$V_0^{(2)} = \emptyset$；

$V_{\alpha+1}^{(2)} = V_\alpha^{(2)} \cup V_\alpha^{(2)*}$，其中 $V_\alpha^{(2)*} = \{c'_x \mid Fun(c'_x) \wedge (dom(c'_x) \subseteq V_\alpha^{(2)}) \wedge ran(c'_x) \subseteq 2\}$；

$V_\gamma^{(2)} = \bigcup_{\alpha<\gamma} V_\alpha^{(2)}$，其中 γ 是极限序数；

$V^{(2)} = \bigcup_{\alpha \in ON} V_\alpha^{(2)}$，其中 ON 是 V 中所有序数的类。

可见 $V^{(2)}$ 中的元素是二值函数，我们称这种二值函数为二值集（Two-Valued Sets），可以证明 $V^{(2)}$ 与 V 同构。

至此完成了第一步，接下来介绍第二步，即使用任意完全布尔代数 B 替换 $V^{(2)}$ 中的布尔代数 2 构造 $V^{(B)}$。前文在给出 $V^{(2)}$ 的构造时使用的是施归纳于 V 的序数的方法，这里构造 $V^{(B)}$ 使用如下递归的方法：

$V_\alpha^{(B)} = \{c''_x \mid Fun(c''_x) \wedge (ran(c''_x) \subseteq B) \wedge \exists \xi < \alpha(dom(c''_x) \subseteq V_\xi^{(B)})\}$；

$V^{(B)} = \{c''_x \mid \exists \alpha(c''_x \in V_\alpha^{(B)})\}$。

c''_x 和 c'_x 一样，也是特征函数，二者的差异在于 $ran(c'_x) \subseteq 2$，但 $ran(c''_x) \subseteq B$。我们类似地将 $V^{(B)}$ 中的元素称为 B 值集。$V^{(B)}$ 是 V 的一

个布尔扩张（*Boolean Extension*），是我们寻找的布尔值全域。

四 $V^{(B)}$ 是 ZF 的模型

本小节进行第三步，证明 $V^{(B)}$ 是 ZF 的模型。

ZF 的模型的结构一般地被形式化地表述为 $\mathfrak{A} = < A, \in^{\mathfrak{A}} >$，用 $V^{(B)}$ 当作其中的 A，还需要说明 $\in^{\mathfrak{A}}$ 在布尔值模型中代表着什么。已知 $V^{(B)}$ 是从自然模型 V 出发生成的，在自然模型 V 中，$\in^{\mathfrak{A}}$ 是属于关系 $\in$，在布尔值模型 $V^{(B)}$ 中，$\in^{\mathfrak{A}}$ 的解释是：$\widehat{x} \in^{\mathfrak{A}} \widehat{y}$ 当且仅当 $[\![\widehat{x} \in \widehat{y}]\!] = 1$。以 ZF 的公式 $x \in y$ 为例：它在模型 $\mathfrak{A}$ 中成立，当且仅当 $\widehat{x} \in^{\mathfrak{A}} \widehat{y}$；根据 $\in^{\mathfrak{A}}$ 在布尔值模型 $V^{(B)}$ 中的解释，公式 $x \in y$ 在 $V^{(B)}$ 中成立，当且仅当，$[\![\widehat{x} \in \widehat{y}]\!] = 1$。（$\widehat{x}$ 和 $\widehat{y}$ 是 ZF 中的集合 x 和 y 在模型中的对应物的名字。）因此，称一个句子 φ 在 $V^{(B)}$ 中为真当且仅当 $[\![\varphi]\!] = 1$；称一个句子 φ 在 $V^{(B)}$ 中为假当且仅当 $[\![\varphi]\!] = 0$。现在"$[\![\cdot]\!]$"是唯一需要被定义的，下面定义 $[\![\cdot]\!]$（其中的"·"是一个占位符）。

每一个模型都被某种语言描述，为了刻画 $[\![\cdot]\!]$，首先要给出描述 $V^{(B)}$ 的语言。这里使用一阶语言 $L^{(B)}$ 来描述 $V^{(B)}$。$L^{(B)}$ 是从 ZF 的语言 L 出发，通过添加 $V^{(B)}$ 中元素的名字得到的。为了方便，这里将表达"$V^{(B)}$ 的元素"的符号和表达"$V^{(B)}$ 的元素在 $L^{(B)}$ 中的名字"的符号等同，对 $u \in V^{(B)}$ 而言，u 既是 $V^{(B)}$ 中的一个元素，也是该元素在 $L^{(B)}$ 中的名字。为了和 ZF 的语言 L 区分，这里将 L 中的公式和句子分别称为 L-公式和 L-句子；将 $L^{(B)}$ 中的公式和句子称为 B-公式和 B-句子。

$[\![\cdot]\!]$ 是一个映射，是一个从所有 B-句子的类到完全布尔代数 B 的映射。$[\![\cdot]\!]$ 也是对于特定的完全布尔代数 B 而言的，因此将 $[\![\cdot]\!]$ 记为 $[\![\cdot]\!]^B$。定义映射 $[\![\cdot]\!]^B$ 的方法是：首先给出 $[\![\cdot]\!]^B$ 对所有原子 B-句子的指派，然后施归纳于句子的结构，就可以得到它对所有 B-句子的指派。对任意 $u, v \in V^{(B)}$，$L^{(B)}$ 的原子公式是 $u \in v$ 和 $u = v$，因为将要定义的是模型 $V^{(B)}$ 上的关系，所以可以使这种关系满足 ZF 的某些定理。

我们期望外延公理在 $V^{(B)}$ 中成立，因此有

$[\![u=v]\!]^B=[\![\forall x\in u(x\in v)\wedge\forall x\in v(x\in u)]\!]^B$。

我们还期望逻辑真理 $(u\in v)\leftrightarrow\exists y\in v(u=y)$ 在 $V^{(B)}$ 中成立，因此有

$[\![u\in v]\!]^B=[\![\exists y\in v(u=y)]\!]^B$。

但是这两个式子中都包含受囿公式（Restricted Formulas），例如 $\forall x\in u(x\in v)$ 、$\exists y\in v(u=y)$ 。受囿公式的一般形式是 $\exists x\in u\varphi(x)$ 和 $\forall x\in u\varphi(x)$ ，关于受囿公式，我们期望 $\varphi(x)$ 在 $[\![\cdot]\!]^B$ 下的值仅依赖于 $dom(u)$ 中的 x ，并且在特征函数中对 $x\in dom(u)$ 有 $x\in u$ 在 $[\![\cdot]\!]^B$ 下的值是 $u(x)$ 。考虑到这些因素，对受囿公式的处理如下：

$[\![\exists x\in u\varphi(x)]\!]^B=\bigvee_{x\in dom(u)}(u(x)\wedge[\![\varphi(x)]\!]^B)$；

$[\![\forall x\in u\varphi(x)]\!]^B=\bigwedge_{x\in dom(u)}(u(x)\Rightarrow[\![\varphi(x)]\!]^B)$。

将对受囿公式的处理带入前面的两个公式中，得到：

$[\![u\in v]\!]^B=\bigvee_{y\in dom(v)}(v(y)\wedge[\![u=y]\!]^B)$；

$[\![u=v]\!]^B=(\bigwedge\limits_{x\in dom(u)}(u(x)\Rightarrow[\![x\in v]\!]^B))\wedge(\bigwedge\limits_{y\in dom(v)}(v(y)\Rightarrow[\![y\in u]\!]^B))$。

观察这两个等式，初看会以为 $[\![\in]\!]^B$ 的定义依赖于 $[\![=]\!]^B$ 的定义，而 $[\![=]\!]^B$ 的定义又依赖于 $[\![\in]\!]^B$ 的定义；但仔细观察可发现，在第一个等式中 $[\![=]\!]^B$ 中元素的秩小于 $[\![\in]\!]^B$ 中元素的秩，在第二个等式中 $[\![\in]\!]^B$ 中的元素的秩小于 $[\![=]\!]^B$ 中元素的秩。$V^{(B)}$ 中元素 u 的秩是指满足 $u\in V_{\alpha+1}^{(B)}$ 的最小的 α 。可见这两个等式对 $[\![u\in v]\!]^B$ 和 $[\![u=v]\!]^B$ 的定义使用的是递归定义，然而这种递归定义需要借助于 $V^{(B)}$ 上的一个良基关系。

定义 $V^{(B)}$ 上的一个良基关系如下。令 $x, y, u, v\in V^{(B)}$ ，则：

$<x, y><<u, v>$ ，当且仅当，或者“ $x\in dom(u)$ 且 $y=v$ ”或者“ $x=u$ 且 $y\in dom(v)$ ”。

可以证明 $<$ 是一个良基关系。通过对 $<$ 应用递归可以获得一个递归函数，通过该递归函数可以获得 $[\![u\in v]\!]^B$ 和 $[\![u=v]\!]^B$ 的定义。

本小节至此完成了映射$[\![\cdot]\!]^B$对所有原子 B –句子的指派，接下来施归纳于 B –句子的结构得到$[\![\cdot]\!]^B$对所有 B –句子的指派。对任意 B –句子 φ 和 ψ 有：

$[\![\neg\varphi]\!]^B=([\![\varphi]\!]^B)^*$；

$[\![\varphi\wedge\psi]\!]^B=[\![\varphi]\!]^B\wedge[\![\psi]\!]^B$；

$[\![\exists x\varphi(x)]\!]^B=\bigvee_{u\in V^{(B)}}[\![\varphi(u)]\!]^B$。

其他逻辑联结词和量词的情形可被上述情形定义。本小节至此完成了映射$[\![\cdot]\!]^B$对所有 B –句子的指派，这便成功定义了映射$[\![\cdot]\!]^B$。

本小节至此给出了布尔值模型 $V^{(B)}$，它的论域为 $V^{(B)}$，它对 $\in^{\mathfrak{A}}$ 的解释是：$\widehat{x}\in^{\mathfrak{A}}\widehat{y}$ 当且仅当$[\![\widehat{x}\in\widehat{y}]\!]=1$。

可以证明 $V^{(B)}$ 是 ZF 的一个模型，证明的方法是证明 ZF 的公理的每个实例都在 $V^{(B)}$ 中为真①。

布尔值模型是力迫模型的一种重构，它们都可用于证明于 AC 相对于 ZF 的一致性和独立性，GCH 相对于 $ZF+AC$ 的一致性和独立性。关于布尔值模型和力迫模型的区别，贝尔说道："力迫和布尔值模型是相同的东西……从心理学上讲，布尔值模型更加自然，但是当面对具体的模型（和恰当模型的构造）时，我们常常不得不更加靠近力迫条件"②。

第二节　广义代数值模型

广义代数值模型是布尔值模型的一种推广，本节首先概述布尔值模型的各种推广，然后介绍广义代数值模型，对广义代数值模型的介绍分

① John L. Bell, *Set Theory, Boolean-valued Models and Independence Proofs*, Oxford: Oxford University Press, 2005, pp. 27–45.

② John L. Bell, *Set Theory, Boolean-valued Models and Independence Proofs*, Oxford: Oxford University Press, 2005, p. xvi.

为三部分：蕴涵代数、广义代数值模型的一般构造、特殊的广义代数值模型 $V^{(PS_3)}$ 和它在弗协调集合论中的应用①。

一　布尔值模型的推广

布尔值模型的推广有两个方向：第一个方向是将布尔值模型从 *ZF* 推广到其他的公理化集合论，例如李娜教授分别将布尔值模型推广到 *NBG* 系统（von Neumann-Bernays-Gödel Axiomatic Class-Set Theory）②、聚合公理系统 *COG* ③、道义逻辑 *D* ④、含有原子的集合论⑤、模态命题逻辑（K、D、T、S_1、S_2、S_3）⑥；第二个方向是将布尔值模型推广到海廷代数、格、三值代数。下面介绍布尔值模型在第二个方向上的推广。

从前文关于格理论的介绍可知：格+一些限制条件=海廷代数；海廷代数+另一些限制条件=布尔代数。使用布尔代数构造的 $V^{(B)}$ 是 *ZF* 的模型。一种自然的想法是：用海廷代数替换布尔代数构造模型会怎么样？用格替换布尔代数构造模型会怎么样？用海廷代数 H 替换布尔代数 B 构造的 $V^{(H)}$ 是直觉主义 *ZF*（Intuitionistic *ZF*）的模型；用恰当的格替换布尔代数可以得到量子集合论（Quantum Set Theory）或模糊集合论（Fuzzy Set Theory）的模型，例如，格可以用于构造模糊集合论的模型⑦。使用

① Benedikt Löwe and Sourav Tarafder, "Generalized Algebra-valued Models of Set Theory", *The Review of Symbolic Logic*, Vol. 8, No. 1, March 2015, pp. 192-205.

② 李娜：《公理系统 GB 的布尔值模型》，《河南大学学报（自然科学版）》1989 年第 4 期。

③ 李娜：《聚合公理系统 COG 的布尔值模型》，《河南大学学报（自然科学版）》1993 年第 2 期。

④ 李娜：《道义逻辑 D——系统的一种布尔值模型》，《河南大学学报（自然科学版）》2002 年第 2 期。

⑤ 李娜：《集合论含有原子的自然模型和布尔值模型》，北京师范大学出版社 2011 年版。

⑥ 李娜：《关于模态命题系统的一种布尔值模型》，《南京大学学报（数学半年刊）》2001 年第 1 期。李娜、李季：《严格蕴涵系统 S3 的协调性》，《南京大学学报（数学半年刊）》2005 年第 1 期。

⑦ 张锦文：《一类格值集合模型》，《华中工学院学报》1980 年第 1 期。张锦文：《正规弗晰集合结构与布尔值模型》，《华中工学院学报》1979 年第 2 期。张锦文将"fuzzy"译为"弗晰"，在本文中译为"模糊"。

合理蕴涵代数（Reasonable Implication Algebras）替换布尔代数可以得到 ZF 的广义代数值模型①。下面按照直觉主义集合论的模型、量子集合论的模型、广义代数值模型这个顺序介绍此推广过程。

1973 年，迈希尔（J. Myhill）构造了基于直觉主义逻辑的集合论系统 IZF，即直觉主义 ZF；和 ZFC 相比，因为直觉主义逻辑拒绝排中律，又因为选择公理和基础公理蕴涵排中律，所以 IZF 舍弃了选择公理和基础公理②。在使用同一语言的情况下，从形式上看 IZF 和 ZF 有相同的外延公理、对公理、并公理、分离公理、无穷公理和幂公理；二者的不同之处在于 IZF 使用集合归纳公理模式（Axiom Schema of Set Induction）代替基础公理。此外，迈希尔使用收集公理模式（Axiom Schema of Collection）代替替换公理模式，这样做的一个后果是存在两个直觉主义 ZF，即使用替换公理模式的 IZF^1 和使用收集公理模式的 IZF^2，IZF^2 的表达力比 IZF^1 强③。集合归纳公理模式（简称 Ind）和收集公理模式（简称 Coll）的形式如下：

（Ind）$\forall x(\forall y \in x\varphi(y) \to \varphi(x)) \to \forall x\varphi(x)$；

（Coll）$\forall y \in x \exists z\varphi \to \exists w \forall y \in x \exists z \in w\varphi$。

在假定排中律的情况下，Ind 等价于基础公理，Coll 等价于替换公理。1979 年，格雷森使用海廷代数构造了 IZF 的海廷值模型④。IZF 的海廷值模型的构造过程和上节中的布尔值模型的构造过程类似，只不过

---

① Benedikt Löwe and Sourav Tarafder, "Generalized Algebra-valued Models of Set Theory", *The Review of Symbolic Logic*, Vol. 8, No. 1, March 2015, pp. 192–205.

② John Myhill, "Some Properties of Intuitionistic Zermelo-Fraenkel Set Theory", In Adrian R. D. Mathias and Hartley Rogers, eds., *Cambridge Summer School in Mathematical Logic. Lecture Notes in Mathematics*, Vol. 337, Berlin, Heidelberg: Springer, 1973, pp. 206–231.

③ Robin J. Grayson, " Heyting-valued Models for Intuitionistic Set Theory", in Michael Fourman, Christopher Mulvey and Dana Scott, eds., *Applications of Sheaves*, Lecture Notes in Mathematics, vol 753. Springer, 1979, pp. 402–414.

④ Robin J. Grayson, " Heyting-valued Models for Intuitionistic Set Theory", in Michael Fourman, Christopher Mulvey and Dana Scott, eds., *Applications of Sheaves*, Lecture Notes in Mathematics, Vol 753. Springer, 1979, pp. 402–414.

把完全布尔代数换成完全海廷代数。

1936 年，伯克霍夫（G. Birkhoff）和冯·诺依曼引入了量子逻辑（Quantum Logic）①。量子逻辑不同于经典逻辑的公理系统，它只是量子物理理论的一种逻辑结构，可被视为一个希尔伯特空间（Hilbert Space）的所有封闭线性子空间（Closed Linear Subspaces）的格。因为量子逻辑是格，所以基于量子逻辑构造量子集合论（Quantum Set Theory）的工作实际上是使用量子逻辑构造集合的格值全域。构造格值全域的过程类似于构造布尔值全域的过程，这项工作于 1981 年由竹内外史完成，其他人也有类似的工作②。2009 年，小泽正直（M. Ozawa）为量子集合论构造了格值模型③。小泽正直的工作实际上是将竹内外史的格值全域推广到正交模格（Orthomodular Lattice），即使用正交模格代替竹内外史使用的量子逻辑构造格值全域。

2015 年，洛维（B. Löwe）和塔拉法德（S. Tarafder）将布尔值模型推广到三值代数（Three-Valued Algebra）构造了广义代数值模型（Generalized Algebra-Valued Model）④。构造 *ZF* 的广义代数值模型的基本思路是：第一，给出蕴涵代数的定义，蕴涵代数是一种无否定代数（即不包含否定运算的代数），并且讨论蕴涵代数的两个性质，合理性和蕴涵性，并给出蕴涵代数的一个例子 PS_3，PS_3 是合理的且演绎的；第二，介绍如何构造模型 $V^{(\mathcal{A})}$，其中 $\mathcal{A}$ 是蕴涵代数，如果 $\mathcal{A}$ 是合理的且演绎的，那么除基础公理外，*ZF* 的其他公理或公理模式在 $V^{(\mathcal{A})}$ 中有

---

① Garrett Birkhoff and John Von Neumann, "The Logic of Quantum Mechanics", *Annals of Mathematics*, Vol. 37, No. 4, 1936, pp. 823–843.

② Gaisi Takeuti, "Qunatum Set Theory", in Enrico G. Beltrametti and Bas C. van Fraassen, eds., *Current Issues in Quantum Logic*, Springer, 1981, pp. 303–322. Satoko Titani, "A lattice-valued Set Theory", *Archive for Mathematical Logic*, Vol. 38, No. 6, 1999, pp. 395–421.

③ Masanao Ozawa, "Orthomodular-valued Models for Quantum Set Theory", *Physics*, No. 8, 2009, pp. 1–27.

④ Benedikt Löwe and Sourav Tarafder, "Generalized Algebra-valued Models of Set Theory", *The Review of Symbolic Logic*, Vol. 8, No. 1, March 2015, pp. 192–205.

效；第三，使用 PS_3 构造模型 V^{PS_3} ，基础公理在 V^{PS_3} 中是有效的，可以证明 V^{PS_3} 是 ZF 的模型。接下来详细介绍这种广义代数值模型。

二 蕴涵代数

本小节首先给出蕴涵代数的定义，然后指出蕴涵代数可以为命题逻辑提供语义，再说明一阶逻辑的每个公式都等于一个无否定公式，最后指出蕴涵代数是一种广义代数。

蕴涵代数的定义。前文在介绍的格的时候，曾指出格具有方程特征。以方程的形式给出完全分配格（A，$\wedge$，$\vee$，0，1），并且要求它是有界格，它的顶元素是1，它的底元素是0。对于所有这样的格，将 $x \wedge y = x$ 缩写为 $x \leq y$ 。如果向这样的格添加一个二元运算 $\Rightarrow$ ，那么所得的结构被称为蕴涵代数（Implication Algebra）。如果继续向蕴涵代数中添加一个一元运算“ * ”，那么所得的结构被称为蕴涵否定代数（Implication-Negation Algebra）。

蕴涵代数可为命题逻辑提供语义。前文在介绍格与逻辑的关系时曾指出海廷代数可以为直觉主义逻辑提供语义，布尔代数可以为经典逻辑提供语义，这里要给出的也是类似的结果。如果一个命题逻辑的语言包含逻辑联结词 $\wedge$ 、$\vee$ 、$\rightarrow$ 和常元 $\bot$ ，还包含可数多个变元，但不包含否定联结词 $\neg$ ，那么这个语言被称为无否定语言（Negation-Free Language），令 L_{Prop} 指称它。$L_{Prop,\neg}$ 表示在 L_{Prop} 中添加了否定符号 $\neg$ 。

令 $\mathcal{A}=(A,\ \wedge,\ \vee,\ 0,\ 1)$ 是任意蕴涵代数，它能为 L_{Prop} 中的理论提供语义。$\mathcal{A}$ 为 L_{Prop} 中的理论提供语义的方法是：首先给出一个映射 f，f 将 L_{Prop} 的变元映射到 A 中的元素；然后施归纳于公式的结构，f 能够被扩张成为一个从 L_{Prop} 的公式集到 A 的映射 F ；最后定义 L_{Prop} 的公式在 $\mathcal{A}$ 中的有效性。具体的过程可参见第一节第二小节中海廷代数为直觉主义逻辑提供语义。类似地可得蕴涵否定代数能为 $L_{Prop,\neg}$ 提供语义。

蕴涵代数不仅能为 L_{Prop} 中的命题逻辑提供语义，它还能决定 L_{Prop}

中的命题逻辑。任意给定蕴涵代数 $\mathcal{A}=(A, \wedge, \vee, 0, 1)$，令 D 是 A 上的一个滤子。称一个集合 $D\subseteq A$ 是一个滤子，要求 D 满足以下条件：(i) $1\in D$；(ii) $0\notin D$；(iii) 如果 $x\in D$ 且 $y\in D$，那么 $x\wedge y\in D$；(iv) 如果 $x\in D$ 且 $x\leq y$，那么 $y\in D$。$\mathcal{A}$ 和 D 一起决定了语言 L_{Prop} 中的一个理论，原因如下：对 L_{Prop} 的公式的一个集合 Γ 和 L_{Prop} 的每个公式 φ，有

$\Gamma\vdash_{\mathcal{A}, D}\varphi$，当且仅当，如果对所有 $\psi\in\Gamma$ 都有 $F(\psi)\in D$，那么 $F(\varphi)\in D$。

其中 F 是一个从 L_{Prop} 的公式集到 A 的映射，$F(\psi)$ 表示公式 ψ 在映射 F 下的值。在蕴涵否定代数和 $L_{Prop,\neg}$ 之间也存在类似的结果。

一阶逻辑的每个公式都等价于一个无否定公式。假定一阶语言 L 的逻辑联结词为 $\wedge$、$\vee$、$\rightarrow$，还包括常元 $\perp$，它是通常的一阶语言的无否定部分。如果 L 的公式的一个类在 $\wedge$、$\vee$、$\rightarrow$、$\forall$、$\exists$ 下封闭，那么该类被称为无否定封闭的（Negation-Free Closed）。令 NFF 指称原子公式的无否定闭包，NFF 中的公式被称为无否定公式。因为 $\neg x$ 能够被定义为 $x\rightarrow\perp$，所以每一个一阶公式都等价于一个无否定公式。

定义蕴涵代数的合理性和演绎性。称一个蕴涵代数 $\mathcal{A}=(A, \wedge, \vee, 0, 1)$ 是合理的，如果它满足下列条件：

(1) $(x\wedge y)\leq z$ 蕴涵 $x\leq(y\Rightarrow z)$；

(2) $y\leq z$ 蕴涵 $(x\Rightarrow y)\leq(x\Rightarrow z)$；

(3) $y\leq z$ 蕴涵 $(z\Rightarrow x)\leq(y\Rightarrow x)$。

称一个合理蕴涵代数是演绎的，如果它满足

$((x\wedge y)\Rightarrow z)=(x\Rightarrow(y\Rightarrow z))$。

容易证明所有的布尔代数和海廷代数都是合理的且演绎的蕴涵代数。

蕴涵代数是完全格，而海廷代数和布尔代数既是完全格又都是合理的演绎的蕴涵代数。因此得出如下关系：格+某些条件=蕴涵代数；蕴

涵代数+某些条件=合理的演绎的蕴涵代数；合理的演绎的蕴涵代数+某些条件=海廷代数；海廷代数+某些条件=布尔代数。类似于海廷代数能够为直觉主义逻辑提供语义和布尔代数能够为经典逻辑提供语义，蕴涵代数也能够为命题逻辑提供语义。因此我们有理由说蕴涵代数是一种比海廷代数和布尔代数更广义的代数，它能够被用于构造模型。

三 广义代数值模型的构造

广义代数值模型的构造过程类似于布尔值模型的构造过程，因此这里只给出广义代数值全域 $V^{(\mathcal{A})}$ 的构造和映射 $[\![\cdot]\!]^{\mathcal{A}}$ 的定义，其他部分可参考布尔值模型的构造过程。

给定 ZF 的自然模型 V 和蕴涵代数 $\mathcal{A}=(A, \wedge, \vee, 0, 1)$，其中 $V=\{x \mid x=x\}$。递归的构造 $V^{(\mathcal{A})}$ 如下：

$V_{\alpha}^{(\mathcal{A})}=\{x \mid Fun(x)$ 且 $ran(x) \subseteq A$，且存在一个序数 $\xi<\alpha$ 使得 $dom(x) \subseteq V_{\xi}^{(\mathcal{A})}\}$；

$V^{(\mathcal{A})}=\{x \mid$ 存在序数 α 使得 $x \in V_{\alpha}^{(\mathcal{A})}\}$。

其中序数 α 和序数 ξ 都是自然模型 V 中的序数，本质上是要依赖 V 的良基结构进行递归定义。

接下来给出映射 $[\![\cdot]\!]^{\mathcal{A}}$ 的定义。令 $L^{(\mathcal{A})}$ 是在一阶语言的无否定部分 L 中添加 $V^{(\mathcal{A})}$ 的元素的名字得到的。和布尔值模型的情形类似，这里也不在符号上区分 $V^{(\mathcal{A})}$ 的元素和它们在 $L^{(\mathcal{A})}$ 中的名字。令 NFF 是 $L^{(\mathcal{A})}$ 中原子公式的无否定闭包。令 $u, v \in V^{(\mathcal{A})}$，$\varphi, \psi \in NFF$，定义映射 $[\![\cdot]\!]^{\mathcal{A}}$ 如下：

$[\![\perp]\!]^{\mathcal{A}}=0$；

$[\![u \in v]\!]^{\mathcal{A}}=\bigvee_{x \in dom(v)}(v(x) \wedge [\![x=u]\!]^{\mathcal{A}})$；

$[\![u=v]\!]^{\mathcal{A}}=(\bigwedge_{x \in dom(u)}(u(x) \Rightarrow [\![x \in v]\!]^{\mathcal{A}})) \wedge (\bigwedge_{y \in dom(v)}(v(y) \Rightarrow [\![y \in u]\!]^{\mathcal{A}}))$；

$[\![\varphi \wedge \psi]\!]^{\mathcal{A}}=[\![\varphi]\!]^{\mathcal{A}} \wedge [\![\psi]\!]^{\mathcal{A}}$；

$[\![\varphi \vee \psi]\!]^{\mathcal{A}}=[\![\varphi]\!]^{\mathcal{A}} \vee [\![\psi]\!]^{\mathcal{A}}$；

$[\![\varphi \to \psi]\!]^{\mathcal{A}} = ([\![\varphi]\!]^{\mathcal{A}} \Rightarrow [\![\psi]\!]^{\mathcal{A}})$；

$[\![\forall x\varphi(x)]\!]^{\mathcal{A}} = \bigwedge_{u \in V^{(\mathcal{A})}} [\![\varphi(u)]\!]^{\mathcal{A}}$；

$[\![\exists x\varphi(x)]\!]^{\mathcal{A}} = \bigvee_{u \in V^{(\mathcal{A})}} [\![\varphi(u)]\!]^{\mathcal{A}}$。

如果D是A上的一个滤子，σ是$L^{(\mathcal{A})}$的一个句子，那么称σ在$V^{(\mathcal{A})}$中是D-有效的，当且仅当，$[\![\sigma]\!]^{\mathcal{A}} \in D$；记作$V^{(\mathcal{A})} \vdash_D \sigma$。

四　广义代数值模型 V^{PS_3}

使用蕴涵代数构造的广义代数值模型并非都是ZF的模型，一个广义代数值模型是否是ZF的模型，取决于该模型使用的蕴涵代数。下面说明这一点。

给定两个具体的蕴涵代数，$l_3 = (\{0, \frac{1}{2}, 1\}, \wedge, \vee, \Rightarrow, 0, 1)$，$PS_3 = (\{0, \frac{1}{2}, 1\}, \wedge, \vee, \Rightarrow, 0, 1)$。$l_3$的运算如表3.1、表3.2、表3.3。

表3.1　l_3 的 ∧ 运算

∧	1	1/2	0
1	1	1/2	0
1/2	1/2	1/2	0
0	0	0	0

表3.2　l_3 的 ∨ 运算

∨	1	1/2	0
1	1	1	1
1/2	1	1/2	1/2
0	1	1/2	0

表 3.3　　l_3 的 ⇒ 运算

⇒	1	1/2	0
1	1	1/2	0
1/2	1	1	1/2
0	1	1	1

PS_3 的运算如表 3.4、表 3.5、表 3.6。

表 3.4　　PS_3 的 ∧ 运算

∧	1	1/2	0
1	1	1/2	0
1/2	1/2	1/2	0
0	0	0	0

表 3.5　　PS_3 的 ∨ 运算

∨	1	1/2	0
1	1	1	1
1/2	1	1/2	1/2
0	1	1/2	0

表 3.6　　PS_3 的 ⇒ 运算

⇒	1	1/2	0
1	1	1	0
1/2	1	1	0
0	1	1	1

其中蕴涵代数 l_3 是合理的，但不是演绎的。蕴涵代数 PS_3 是合理的也是演绎的，但 PS_3 不是海廷代数。使用 l_3 和 PS_3 可以分别构造广义代

数值模型 $V^{(l_3)}$ 和 $V^{(PS_3)}$ 。可以证明 $V^{(l_3)}$ 不是 ZF 的模型，$V^{(PS_3)}$ 是 ZF 的模型[①]。

从上面的介绍可以得出如下结论。如果蕴涵代数 $\mathcal{A}$ 和它的滤子 D 决定的逻辑是 L，那么使用蕴涵代数 $\mathcal{A}$ 构造的模型 $V^{(\mathcal{A})}$ 是基于 L 的集合论的模型。在海廷代数和布尔代数的情形中也有类似的结果，这也从另一个角度解释了海廷代数和布尔代数分别能够为直觉主义集合论和 ZF 集合论提供模型的原因。

第三节　拓扑斯

拓扑斯（Topos）是一种范畴（Category），定义拓扑斯需要使用范畴的定义。范畴是一种比集合更加广义的概念，集合可以构成范畴，群（Groups）也可以构成范畴，拓扑空间（Topological Spaces）也可以构成范畴。拓扑斯在逻辑中的应用分为两个方面，一方面它能够与逻辑中的“理论”对应，为某个逻辑系统提供语义；另一方面它能够为集合论提供模型。与拓扑斯在逻辑中的应用相关的是初等拓扑斯（Elementary Topoi）和格罗滕迪克拓扑斯（Grothendieck Topoi）[②]。

格罗滕迪克拓扑斯是一种初等拓扑斯。因为拓扑斯是一种范畴，所以本节依次介绍范畴、初等拓扑斯、格罗滕迪克拓扑斯、作为拓扑斯的布尔值模型[③]。

一　范畴

一个范畴 C 包含两个类，C -对象（Object）的收集 $Ob(C)$，C -射

---

① Benedikt Löwe and Sourav Tarafder, “Generalized Algebra-valued Models of Set Theory”, *The Review of Symbolic Logic*, Vol. 8, No. 1, March 2015, pp. 192-205.

② Topoi 是 topos 的复数形式，在有些文献中，topos 的复数形式也用 toposes。

③ John L. Bell, *Set Theory, Boolean-valued Models and Independence Proofs*, Oxford: Oxford University Press, 2005, Appendix. Andreas Blass and Andre Ščedrov, *Freyd's Models for the Independence of the Axiom of Choice*, American Mathematical Society, 1989, pp. 29-62.

(Arrow) 的收集 $Arr(C)$ ，并且满足以下条件：

(1) 每个 C -射 f 被一对 C -对象确定，这对 C -对象是 $dom(f)$ 和 $cod(f)$ ，它们分别被称为 f 的定义域和上域（Codomain）。为了说明对象 X 和 Y 分别是 f 的定义域和上域，这里将 f 记作 f: $X \rightarrow Y$ 或 $X \xrightarrow{f} Y$ 。定义域为 X 且上域为 Y 的所有 C -射的收集被记作 $C(X, Y)$ 。

(2) 每个对象 X 决定一个 C -射 1_X: $X \rightarrow X$ ，这个 C -射被称为 X 上的恒等射（Identity Arrow）。

(3) 满足 $cod(f) = dom(g)$ 的每对 C -射 f 和 g 构成一个 C -射 $g \circ f$: $dom(f) \rightarrow cod(g)$ ，$g \circ f$ 被称为 f 和 g 的复合（Composite）。因此 f: $X \rightarrow Y$ 和 g: $Y \rightarrow Z$ 的复合是 $g \circ f$: $X \rightarrow Z$ 。$g \circ f$ 有时记作 $X \xrightarrow{f} Y \xrightarrow{g} Z$ 。满足 $cod(f) = dom(g)$ 的 f 和 g 被称为可复合的（Composable）。

(4) 结合律。对于可复合的射 (f, g) 和 (g, h) 有 $h \circ (g \circ f) = (h \circ g) \circ f$。

(5) 恒等律。对任意射 f: $X \rightarrow Y$ 有 $f \circ 1_X = f = 1_Y \circ f$。

范畴的一个最基本的例子是集合的范畴 Set ，它的对象是所有集合，它的射是集合之间的所有映射。

从范畴出发定义拓扑斯需要用到范畴中的一些基本概念。因为这些基本概念数量多且大都使用图表，所以这里只介绍下文中使用到的概念。对于这些下文中使用到的概念，有些需要给出它们的定义，而有些只需要给出它们的名字即可。

下面是一些需要给出定义的概念。

交换图表（Commutative Diagram）。如果对象和射的图表使得通过复合（Composing）连通道路（Connected Path）的任意射得到的射仅依赖于道路的端点，那么这样的图表是交换图表。

终对象（Terminal Object）。如果对象 1 使得对任意对象 X ，存在一个唯一的射 $X \rightarrow 1$，那么对象 1 是终对象。在集合的范畴 Set 中，终对象是 $\{0\}$ 。

首一射（Monic Arrow）。如果射$f: X \to Y$使得对任意射g，$h: Z \to X$都有$f∘g = f∘h$蕴涵$g = h$，那么射$f: X \to Y$是首一的。在集合的范畴*Set*中，如果射是单射，那么它就是首一的①。

一个对象X的子对象。对象X的子对象是一个对$\langle f, Y\rangle$，其中f是一个首一射$Y \to X$。

真值对象（Truth Value Object）或子对象分类器（Subobject Classifier）。带有射$true$：$1 \to \Omega$的对象Ω使得每一个首一射m：• → ◆ 都能被唯一地扩张成为一个如图3.1的拉回图表（Pullback Diagram），

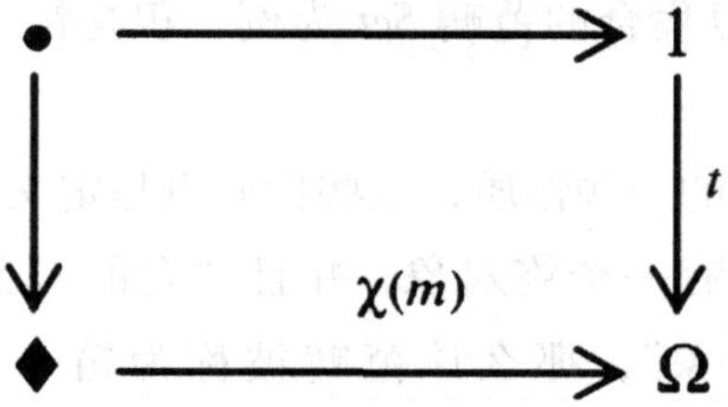

图3.1 拉回图表

其中$\chi(m)$是首一射m的特征射（Characteristic Arrow）。在集合的范畴*Set*中，Ω是集合$2 = \{0, 1\}$，$t(0) = 1$，$\chi(m)$是m的象的特征函数。

以集合的范畴*Set*为例来说明真值对象。已知$\Omega = \{0, 1\}$，$1 = \{0\}$，此时 • 和 ◆ 都是集合。因为m是首一射，所以 • 的基数小于等于 ◆ 的基数。从子对象的定义可知对$\langle m, \bullet\rangle$是 ◆ 的一个子对象，对$\langle m, \bullet\rangle$确定了 ◆ 的一个子集，即$\{m(x) \mid x \in \bullet\}$。因为从 • 到 ◆ 的不同的射可以在 ◆ 中有相同的象的集合，所以不同的射m可以决定 ◆ 的同一个子集。进一步得 ◆ 的每一个子集都对应着射m的一个类。◆ 的每一个子集都决定一个$\chi(m)$，方法是让该子集的元素在Ω中取值为1，

① 在John L. Bell的《Set Theory: Boolean-Valued Models and Independence Proofs》一书第170页，谈到集合的范畴时，说该范畴的首一射是一一映射，但实际上只需要是单射就可以了，因此这里使用单射。

让那些属于 ◆ 但不属于该子集的元素在 Ω 中取值为 0。这种做法就是特征函数的做法，和前面第一节第三小节中的特征函数的定义一样。综合来看，每一个$\chi(m)$ 都对应着射 m 的一个类，因此称$\chi(m)$ 是首一射 m 的特征射。从特征函数在 Ω 中取值的角度看，Ω 是真值对象。从另一个角度看，每一个$\chi(m)$ 都对应着射 m 的一个类，而 $\langle m, \bullet\rangle$ 是 ◆ 的子对象，Ω 是子对象分类器，即通过 Ω，◆ 的子对象被分为不同的类。

只需要给出名字的概念有：积（Product），有穷积（Finite Products），幂对象（Power Objects），等化子（Equalizer），对象 X 和 Y 的指数对象 Y^X 。以集合的范畴 *Set* 为例，积是笛卡尔积，幂对象是给定集合的幂集。

下面给出范畴的一些性质，这些性质也是定义拓扑斯所需要的。

如果一个范畴有一个终对象，并且“它的对象构成的任意对”有“积”和“指数对象”，那么该范畴被称为笛卡尔封闭的（Cartesian Closed）。

如果一个范畴有终对象和等化子，并且“它的对象构成的任意对”有“积”，那么该范畴被称为有穷完全的（Finitely Complete）。

一个范畴是有穷完全的等价于它有“有穷积”和“等化子”。

如果一个范畴 C 的对象的收集 $Ob(C)$ 和它的射的收集 $Arr(C)$ 都是集合，而不是真类，则称这个范畴是小的；否则称这个范畴为大的。

二 初等拓扑斯

如果一个范畴有终对象、积、真值对象和幂对象，那么该范畴是一个初等拓扑斯①。

① 这里使用的初等拓扑斯定义来自 John L. Bell 的《Set Theory: Boolean-Valued Models and Independence Proofs》第 175 页，但是 Andreas Blass 和 Andre Ščedrov 在《Freyd's models for the independence of the axiom of choice》一书中第 29-30 页给出的定义是：如果一个范畴有有穷积和幂对象，那么该范畴是一个初等拓扑斯。这两个定义差别在于真值对象，John L. Bell 的定义要求初等拓扑斯有真值对象，而 Andreas Blass 和 Andre Ščedrov 的定义则没有这个要求，本文采用 John L. Bell 的定义。

集合的范畴是一个初等拓扑斯，它的对象是集合，它的射是集合间的映射，它的终对象是 {0} ，它的积是笛卡尔积，它的幂对象是幂集，它的真值对象是 {0，1} 。带原子的集合论 *ZFA* 的任意模型是一个初等拓扑斯，对象是模型的集合，射 $x \to y$ 是模型中从 x 到 y 的映射。*ZF* 的带插入原理（Patching Principle）的任意布尔值模型也是一个初等拓扑斯[①]。

初等拓扑斯在逻辑中的应用是它能够与逻辑中的“理论”对应，简单地说，它能够为逻辑提供语义。根据范畴的定义，对象 X 的子对象是一个对 $\langle f, Y\rangle$ ，其中 f: $Y \to X$ 是首一射。如果把 $\{f(y) \mid y \in Y\}$ 视为对象 X 的子对象，那么根据第三节第一小节中的说明，该子对象与 $(X \to \Omega)$ 一一对应。根据这种对应，我们可以把子对象上的运算转换为 Ω 上的射，如下：

$$\wedge,\ \vee,\ \Rightarrow,\ \Leftrightarrow:\ \Omega \times \Omega \to \Omega;$$

$$\neg:\ \Omega \to \Omega;$$

$$\text{真，假}: 1 \to \Omega。$$

可见对象上的二元运算可以被转换为 $\Omega \times \Omega \to \Omega$ ；对象上的一元运算可以被转换为 $\Omega \to \Omega$ ；真和假被转换为 $1 \to \Omega$ ，已知 $1 = \{0\}$ ，$\Omega = \{0, 1\}$ ，0 在 Ω 中的值为 1 时为真，0 在 Ω 中的值为 0 时为假。单从 Ω 的角度看，这定义了一个海廷代数，因为这些运算都可以在初等拓扑斯内被定义，所以这样的海廷代数又被称为内海廷代数。如果 $\neg\neg$ 等同于 =，那么这样的内海廷代数是内布尔代数，也称该初等拓扑斯是布尔的。

在一般的初等拓扑斯中，因为内海廷代数的存在，直觉主义逻辑的规则是有效的；在布尔拓扑斯中，经典逻辑的规则是有效的。这体现了可靠性，也体现了完全性的一面，即直觉主义逻辑中的演绎性“$\Phi \vdash \varphi$”

① Andreas Blass and Andre Ščedrov, *Freyd's Models for the Independence of the Axiom of Choice*, American Mathematical Society, 1989, p. 21.

等同于语义关系"Φ在其中为真的所有初等拓扑斯满足φ"。

本小节至此介绍了初等拓扑斯能够为逻辑提供语义。拓扑斯在一般情况下指的就是初等拓扑斯。

三 格罗滕迪克拓扑斯

格罗滕迪克拓扑斯是格罗滕迪克和他的学派所研究的层（Sheaf）的范畴，他们最初的目的是发展代数几何学（Algebraic Geometry）中的广义上同调理论（General Cohomology Theories）。劳威尔（F. W. Lawvere）和蒂尔尼（M. Tierney）发展了更为广义的初等拓扑斯概念①。正如前面所说，格罗滕迪克拓扑斯也是一种初等拓扑斯。格罗滕迪克拓扑斯是层的拓扑斯，层被预层（Presheaf）定义，预层被函子（Functor）定义，因此下面按照函子、预层、层的顺序来介绍格罗滕迪克拓扑斯。

首先介绍函子。函子是范畴间的映射。给定一个函子F：$C \to D$，它是从范畴C到范畴D的一个映射，对范畴C中的对象A，$F(A)$是范畴D中的对象，对范畴C中的射f：$A \to B$，$F(f)$：$F(A) \to F(B)$是范畴D中的射，并且F保存交换图表，即它保存满足交换图表的性质和定义。上面所提及的定义，例如终对象、幂对象、积、真值对象、首一射、子对象、积、有穷积等都满足交换图表。以首一射为例，如果范畴C中的射f：$x \to y$是首一的，那么该射在范畴D中的象$F(f)$：$F(x) \to F(y)$也是首一射。其他定义的情形可以类似地解释。

函子具有复合性质。给定两个函子，F：$C \to D$和G：$D \to E$，它们复合产生新的函子$G \circ F$：$C \to E$。对每一个范畴C，它都伴随着一个恒等函子1_C：$C \to C$。

自然变换（Natural Transformation）是函子间的映射。给定两个函

① Andreas Blass and Andre Ščedrov, *Freyd's Models for the Independence of the Axiom of Choice*, American Mathematical Society, 1989, p. 32.

子 F，G：$C \to D$，并且它们都是从范畴 C 到范畴 D 的映射，自然变换 η 是将范畴 C 中的对象映射到范畴 D 中的射，并且满足下列条件：

（1）对范畴 C 中的每个对象 A，$\eta(A)$ 是范畴 D 中的射 $F(A) \to G(A)$；

（2）对范畴 C 中的每个射 f：$A \to A'$，满足如图 3.2 的是交换图表。

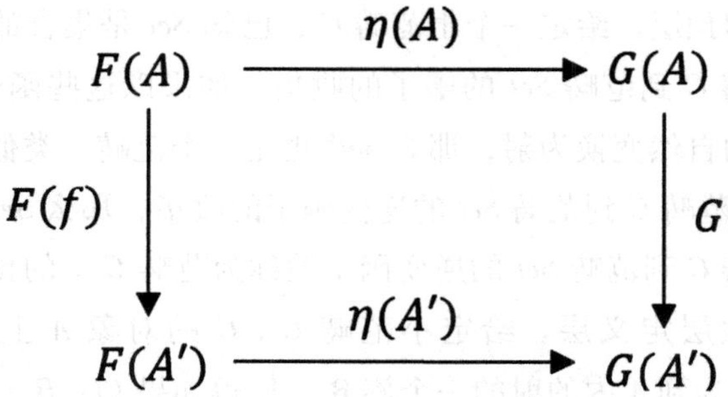

图 3.2　交换图表

如果每个 $\eta(A)$ 都是一个同构，那么称 η 是一个自然同构（Natural Isomorphism）。

一个函子 F：$C \to D$ 是一个等价（Equivalence），如果它满足下列条件：

（1）忠实的（Faithful），$(F(f) = F(g))$ 蕴涵 $(f = g)$；

（2）满的（Full），对任意 h：$F(A) \to F(B)$，存在一个 f：$A \to B$ 使得 $h = F(f)$；

（3）稠密的（Dense），对任意 D-对象 B，存在一个 C-对象 A 使得 $B \cong F(A)$。

其中 $B \cong F(A)$ 表示 B 和 $F(A)$ 同构，但这个同构不是自然同构，而是对象同构，即对从 B 到 $F(A)$ 的任意射 f，都存在一个从 $F(A)$ 到 B 的射 g，使得 $g \circ f = 1_B$，且 $f \circ g = 1_{F(A)}$。

一个函子 F：$C \to D$ 是一个从 C 到 D 的逆变函子（Contravariant

Functor)，如果它满足下列条件：

（1）对范畴 C 中的每个对象 A，$F(A)$ 是范畴 D 中的一个对象；

（2）对范畴 C 中的每个射 f：$A \to B$，$F(f)$：$F(B) \to F(A)$ 是范畴 D 中的一个射，并且满足：（i）对范畴 C 中的每个对象 A 有 $F(1_A) = 1_{F(A)}$；（ii）对范畴 C 中的所有射 f：$A \to B$ 和 g：$B \to E$ 都有 $F(g \circ f) = F(f) \circ F(g)$。

接下来介绍预层。给定一个小范畴 C，已知 Set 是集合的范畴。令 Set^C 表示从范畴 C 到范畴 Set 的函子的收集。如果以这些函子为对象，以这些函子间的自然变换为射，那么 Set^C 也是一个范畴。类似地，如果用 $Set^{C^{op}}$ 表示从范畴 C 到范畴 Set 的逆变函子的收集，那么 $Set^{C^{op}}$ 也是一个范畴。从范畴 C 到范畴 Set 的逆变函子被称为范畴 C 上的预层。

接下来用预层定义层。给定小范畴 C，C 的对象 A 上的一个筛（Sieve）被定义为到 A 内的射的一个族 R，使得如果 $(f$：$B \to A) \in$ R，且 g：$E \to B$ 是任意射，那么 $(f \circ g$：$E \to A) \in$ R。令 $Sieve(A)$ 表示对象 A 上的所有筛的集合。

给定小范畴 C，C 的对象 A 上的所有覆盖筛（Covering Sieves）的集合是 $Sieve(A)$ 的一个子集 $J(A)$，并且 $J(A)$ 满足：

（1）如果 R 和 R′ 是对象 A 上的筛，且 R ⊆ R′，且 R ∈ J(A)，那么 R′ ∈ J(A)；

（2）$J(A)$ 中的元素的有穷交也是 $J(A)$ 的元素①。

一个小范畴 C 上的一个格罗滕迪克拓扑（Grothendieck Topology）J 是覆盖筛的一个收集，对范畴 C 的每个对象 A，$J(A)$ 是 J 的元素。小范畴 C 加上格罗滕迪克拓扑 J 被称为一个广拓扑（Site），记作 $\langle C, J \rangle$。

一个广拓扑 $\langle C, J \rangle$ 上的一个层是范畴 C 上的满足下列性质的预层 F：如果 R ∈ J(A)，并且如果对 R 中的每个射 g：$B \to E$，令 $x_g \in F(B)$，并且对任意 f：$A \to B$，令 $x_{gf} = F(f)(x_g)$，那么存在唯一的 x

① 一句题外话，$J(A)$ 和 $Sieve(A)$ 的关系，类似于滤子和偏序集的关系。

$\in F(E)$ 使得对每个 $g \in \mathrm{R}$ 有 $x_g = F(g)(x)$ 。

层是具有某些性质的预层。给定小范畴 C，给定 C 的一个对象 A，到对象 A 内的所有射的收集被称为 A 的最大筛。最大筛是一个覆盖筛。已知 $J(A)$ 是 A 的覆盖筛的集合，但是 $J(A)$ 中的筛不一定都是最大筛。层与预层的差异反映的正是“$J(A)$ 中的筛不一定都是最大筛”。如果 $J(A)$ 中的筛都是最大筛，那么范畴 C 上的所有预层都是层。

本小节至此介绍了层的定义。广拓扑 $\langle C, J\rangle$ 上的层的范畴是一个拓扑斯，记作 $Sh\langle C, J\rangle$ 或 $(Set^{C^{op}})_J$，具有这种形式的拓扑斯被称为格罗滕迪克拓扑斯。因为 J 是通过指定范畴 C 上的覆盖筛来获得的，所以将 $Sh\langle C, J\rangle$ 简写为 $Sh(C)$ 。

四　作为拓扑斯的布尔值模型

作为拓扑斯的布尔值模型包含两层意思：第一层意思是布尔值模型 $V^{(B)}$ 本身可以作为拓扑斯，即带插入原理的任意布尔值模型是一个初等拓扑斯；第二层意思是从布尔代数 B 出发，可以构造层的范畴，即构造一个格罗滕迪克拓扑斯。本节主要介绍第二层意思，首先说明偏序集是一个范畴，能够被用于构造格罗滕迪克拓扑斯，然后给出使用布尔代数构造的格罗滕迪克拓扑斯。

偏序集是一个范畴。令 P 是一个偏序集，它的序是 $\leq$。P 作为一个范畴，范畴的对象是 P 的元素，范畴的射定义为：令 p，q 是 P 的元素，无论何时有 $p \leq q$，则恰存在一个射 $p \to q$ 。

因为 P 是一个偏序集，所以它作为范畴也是一个小范畴，可以构造出 P 的格罗滕迪克拓扑斯 $Sh(P)$ 。根据前文介绍过的格理论，格、海廷代数、布尔代数都是偏序集，它们当然都可以用于构造格罗滕迪克拓扑斯①。

① John L. Bell, *Set Theory, Boolean-valued Models and Independence Proofs*, Oxford: Oxford University Press, 2005, pp. 177–179.

接下来介绍布尔代数的格罗滕迪克拓扑斯。作为一个偏序集，布尔代数 B 能被视为一个范畴，范畴的对象是 B 的元素，射 $b \to c$ 被定义为 $b \leq c$。这个范畴上的一个预层 F 是从布尔代数 B 到集合的范畴 Set 的一个函子，这个函子由序对构成，每一个序对的第一个元素是布尔代数 B 的元素，第二个元素是集合的范畴 Set 的元素，因此预层 F 是被布尔代数 B 标号的集合 F_b 的一个族，其中 b 是 B 的任意元素，此外，该族伴随着如下的限制映射：令 a，b，c 是布尔代数 B 的元素，并且 $a \leq b \leq c$，令 $x \in F_c$，定义 $F_c \to F_b$ 为 $x \mapsto x \upharpoonright b$，即 $x \upharpoonright b$ 是 x 在映射 $F_c \to F_b$ 下的值，并且该映射满足 $((x \upharpoonright b) \upharpoonright a) = (x \upharpoonright a)$ 和 $x = (x \upharpoonright c)$。$B$ 的一个对象 b 上的筛 R 是 $\{a \in B \mid a \leq b\}$ 的一个向下封闭子集。称 R 是 b 的一个覆盖筛，当且仅当，R 的上确界为 b。这就定义了一个格罗滕迪克拓扑，这样的格罗滕迪克拓扑被称为 B 上的典范拓扑（Canonical Topology）。如此便可构造出 B 的格罗滕迪克拓扑斯 $Sh(B)$。

希格斯（D. Higgs）证明了 $Sh(B)$ 等价于 $V^{(B)}$，即布尔代数 B 的格罗滕迪克拓扑斯等价于初等拓扑斯 $V^{(B)}$。

之所以本章在说明了 $V^{(B)}$ 可以作为初等拓扑斯之后又介绍了布尔代数 B 的格罗滕迪克拓扑斯，是因为：第一，拓扑斯能够使用不止一种方法对布尔值模型进行重构；第二，利用层的性质，布尔代数 B 的格罗滕迪克拓扑斯能被用于获得某些假设的独立性，这也契合了集合论的模型诞生的动机，但初等拓扑斯 $V^{(B)}$ 没有这个作用。

本章小结

本章介绍了 ZF 的非经典模型，包括布尔值模型、广义代数值模型、拓扑斯。本章从格理论出发介绍了格、海廷代数、布尔代数之间的关系，布尔值模型的详细构造过程，布尔值模型的推广，洛维和塔拉法德为 ZF 构造的广义代数值模型。本章通过指出格、海廷代数、布尔代数、广义代数之间的联系和区别，展示了布尔代数是如何被推广到海廷值模型和广义代数值模型的。

本章还介绍了拓扑斯的定义，初等拓扑斯和格罗滕迪克拓扑斯，说明了它们与逻辑、模型之间的关系，指出了布尔值模型能够被拓扑斯重构。

第四章　弗协调集合论 *ZQST*

在一个逻辑系统中，如果对任意 φ 和 ψ 有 $\{\varphi, \neg\varphi\} \vDash \psi$，那么称该逻辑的后承关系是爆炸的，其中 $\vDash$ 不仅指语义后承，而且指语法后承。经典逻辑的后承关系是爆炸的。如果一个逻辑系统的后承关系不是爆炸的，那么该逻辑系统是一个弗协调逻辑。弗协调逻辑是满足该性质的所有逻辑的统称。根据张清宇的研究，当前弗协调逻辑的研究有三个方向：正加进路，弃合进路，相干进路①。正加进路的代表是巴西逻辑学家科斯塔的 C_n 系统。张清宇在 1995 年发表了弗协调命题逻辑系统 Z_n②。Z_n 的构造思想和 C_n 系统的构造思想是相同的，也是正加进路的研究，因此 Z_n 是一个类 C_n 系统。

本章的内容包括：第一，介绍张清宇的弗协调命题逻辑系统 Z_n；第二，基于 Z_n 构造弗协调一阶谓词逻辑 ZQ；第三，基于 ZQ 构造弗协调集合论 $ZQST$；第四，在 $ZQST$ 中讨论序数和基数。

第一节　弗协调命题逻辑系统 Z_n

张清宇在他的论文《弗协调逻辑系统 Z_n 和 Z_nUS》中对 Z_n 的语法

---

① 张清宇：《弗协调逻辑》，中国社会出版社 2003 年版。杜国平：《不协调理论的逻辑基础——读张清宇先生的〈弗协调逻辑〉》，《哲学动态》2007 年第 10 期。

② 张清宇：《弗协调逻辑系统 Z_n 和 Z_nUS》，载中国社会科学院哲学所逻辑室编《理有固然：纪念金岳霖先生百年诞辰》，社会科学文献出版社 1995 年版，第 158—179 页。

和语义有完整的介绍，因此这里无需完整地重述该内容。本节介绍 Z_n 的目的是便于在下文中构造 ZQ 和 $ZQST$。

一 Z_n 的语法系统

令 $L(Z_n)$ 表示 Z_n 的语言，$L(Z_n)$ 的初始符号如下：

（1）可数无穷多个命题变项 p_0，p_1，…，p_n，…；$n \in \omega$；

（2）恒假命题常项 $\bot$；

（3）蕴涵符号 $\supset$；

（4）弗协调否定符号 $\neg$；

（5）括号。

定义 4.1

命题变项和恒假命题常项是 $L(Z_n)$ 的原子公式。

定义 4.2

$L(Z_n)$ 的全体公式所形成的集合是满足下列条件的最小集合 F：

（1）如果 φ 是原子公式，那么 $\varphi \in F$；

（2）如果 $\varphi \in F$，那么 $\neg \varphi \in F$；

（3）如果 φ，$\psi \in F$，那么 $(\varphi \supset \psi) \in F$。

令 φ，ψ，χ 表示任意公式。

定义 4.3

一些被定义的逻辑联结词如下：

$\sim \varphi$ 被定义为 $(\varphi \supset \bot)$；

$\varphi \vee \psi$ 被定义为 $(\sim \varphi \supset \psi)$；

$\varphi \wedge \psi$ 被定义为 $\sim(\varphi \supset \sim \psi)$；

$\varphi \equiv \psi$ 被定义为 $(\varphi \supset \psi) \wedge (\psi \supset \varphi)$。

定义 4.4

一元联结词 $\neg^{(n)}$ 的定义如下：

φ^0 被定义为 $\neg(\varphi \wedge \neg \varphi)$；

φ^1 被定义为 φ^0；

φ^{k+1} 被定义为 $\neg(\varphi^{k} \wedge \neg \varphi^{k})$；

$\varphi^{(n)}$ 被定义为 $\varphi^{1} \wedge \varphi^{2} \wedge \cdots \wedge \varphi^{n}$；

$\neg^{(n)}\varphi$ 被定义为 $\neg \varphi \wedge \varphi^{(n)}$。

关于初始联结词和被定义联结词的结合力说明：一元联结词的结合力强于二元联结词，在一元联结词之间和二元联结词之间都使用右结合原则。

各种括号之间没有区别，括号的省略也如通常的约定。为了便于阅读，本书是适当地省略括号，而不是严格地省略括号。

Z_n 的公理模式如下：

(A1) $\varphi \supset \psi \supset \varphi$；

(A2) $(\varphi \supset \psi) \supset (\varphi \supset \psi \supset \chi) \supset (\varphi \supset \chi)$；

(A3) $\sim \sim \varphi \supset \varphi$；

(A4) $\sim \varphi \supset \neg \varphi$；

(A5) $\neg \neg \varphi \supset \varphi$；

(A6) $\varphi^{(n)} \supset \neg \varphi \supset \sim \varphi$；

(A7) $\psi^{(n)} \supset (\varphi \supset \psi) \supset (\varphi \supset \neg \psi) \supset \neg \varphi$；

(A8) $(\varphi^{(n)} \wedge \psi^{(n)}) \supset (\varphi \wedge \psi)^{(n)}$。

Z_n 的推理规则：

MP：从 φ 和 $\varphi \supset \psi$ 推出 ψ。

推导和证明的定义如通常约定。

在张清宇的 Z_n 中，$0 \leqslant n \leqslant \omega$。他规定：$Z_0$ 是经典命题逻辑系统；Z_ω 是由（A1）、（A2）、（A3）、（A4）、（A5）和 MP 规则构成的系统；当 $1 \leqslant n < \omega$ 时，Z_n 的公理模式（A6）、（A7）、（A8）的上标中的 n 就是 Z_n 的下标 n。因此 Z_n 是弗协调命题逻辑系统的一个收集。此后本章考虑的 Z_n 中 n 的取值范围是 $1 \leqslant n < \omega$。

此后本书把初始符号 $\neg$ 称作弗协调否定，也称作弱否定；把 $\sim$ 称作强否定。在 Z_n 中有一条定理描述二者之间的关系，即 $\vdash_{Z_n} \sim \varphi \equiv \neg^{(n)}\varphi$。

二 对 Z_n 的分析

这里讨论的是 Z_n 和经典命题逻辑的关系：第一，如果把经典命题逻辑系统的否定理解为强否定，那么 Z_n 包含经典命题逻辑系统；第二，如果把经典命题逻辑系统的否定理解为弱否定，那么经典命题逻辑系统包含 Z_n；第三，Z_n 的公理（A7）不是必要的。

（一）Z_n 包含经典命题逻辑系统

如果把经典命题逻辑系统中的否定理解为 Z_n 中的强否定 ~，那么从语法上看 Z_n 包含经典命题逻辑系统。使用 $L(Z_n)$ 将通常的经典命题逻辑系统描述如下：

（公理模式 1）$\varphi \supset \psi \supset \varphi$；

（公理模式 2）$(\varphi \supset \psi \supset \chi) \supset (\varphi \supset \psi) \supset (\varphi \supset \chi)$；

（公理模式 3）$(\sim \varphi \supset \psi) \supset (\sim \varphi \supset \sim \psi) \supset \varphi$；

（推理规则）MP。

这个经典命题逻辑系统等价于如下系统：

（公理模式 1′）$\varphi \supset \psi \supset \varphi$；

（公理模式 2′）$(\varphi \supset \psi \supset \chi) \supset (\varphi \supset \psi) \supset (\varphi \supset \chi)$；

（公理模式 3′）$(\varphi \supset \sim \psi) \supset (\varphi \supset \psi) \supset \sim \varphi$；

（公理模式 4′）$\sim \sim \varphi \supset \varphi$；

（推理规则）MP①。

可以看出（公理模式 1′）和 Z_n 的（A1）相同，（公理模式 4′）和 Z_n 的（A3）相同，并且经典命题逻辑系统的推理规则和 Z_n 的推理规则也是相同的。如果能够证明（公理模式 2′）和（公理模式 3′）是 Z_n 的定理，那么就证明了 Z_n 包含经典命题逻辑系统。

首先证明（公理模式 2′）是 Z_n 的定理。

(1) $(\varphi \supset \psi) \supset (\varphi \supset \psi \supset \chi) \supset (\varphi \supset \chi)$；（A2）

---

① 李小五：《现代逻辑学讲义（数理逻辑）》，中山大学出版社 2005 年版，第 65–71 页。

(2) $[(\varphi \supset \psi) \supset (\varphi \supset \psi \supset \chi) \supset (\varphi \supset \chi)] \supset [(\varphi \supset \psi) \supset (\varphi \supset \psi \supset \chi)] \supset [(\varphi \supset \psi) \supset (\varphi \supset \psi \supset \chi) \supset (\varphi \supset \chi)]$；(A1)

(3) $[(\varphi \supset \psi) \supset (\varphi \supset \psi \supset \chi)] \supset [(\varphi \supset \psi) \supset (\varphi \supset \psi \supset \chi) \supset (\varphi \supset \chi)]$；(1)，(2)，MP

(4) $\{[(\varphi \supset \psi) \supset (\varphi \supset \psi \supset \chi)] \supset [(\varphi \supset \psi) \supset (\varphi \supset \psi \supset \chi) \supset (\varphi \supset \chi)]\} \supset \{[(\varphi \supset \psi) \supset (\varphi \supset \psi \supset \chi)] \supset [(\varphi \supset \psi) \supset (\varphi \supset \psi \supset \chi) \supset (\varphi \supset \chi)] \supset [(\varphi \supset \psi) \supset (\varphi \supset \chi)]\} \supset \{[(\varphi \supset \psi) \supset (\varphi \supset \psi \supset \chi)] \supset [(\varphi \supset \psi) \supset (\varphi \supset \chi)]\}$；(A2)

(5) $\{[(\varphi \supset \psi) \supset (\varphi \supset \psi \supset \chi)] \supset [(\varphi \supset \psi) \supset (\varphi \supset \psi \supset \chi) \supset (\varphi \supset \chi)] \supset [(\varphi \supset \psi) \supset (\varphi \supset \chi)]\} \supset \{[(\varphi \supset \psi) \supset (\varphi \supset \psi \supset \chi)] \supset [(\varphi \supset \psi) \supset (\varphi \supset \chi)]\}$；(3)，(4)，MP

(6) $[(\varphi \supset \psi) \supset (\varphi \supset \psi \supset \chi)] \supset [(\varphi \supset \psi) \supset (\varphi \supset \psi \supset \chi) \supset (\varphi \supset \chi)] \supset [(\varphi \supset \psi) \supset (\varphi \supset \chi)]$；(A2)

(7) $[(\varphi \supset \psi) \supset (\varphi \supset \psi \supset \chi)] \supset [(\varphi \supset \psi) \supset (\varphi \supset \chi)]$；(6)，(5)，MP

(8) $\{[(\varphi \supset \psi) \supset (\varphi \supset \psi \supset \chi)] \supset [(\varphi \supset \psi) \supset (\varphi \supset \chi)]\} \supset \{[(\varphi \supset \psi \supset \chi)]\} \supset \{[(\varphi \supset \psi) \supset (\varphi \supset \psi \supset \chi)] \supset [(\varphi \supset \psi) \supset (\varphi \supset \chi)]\}$；(A1)

(9) $\{[(\varphi \supset \psi \supset \chi)]\} \supset \{[(\varphi \supset \psi) \supset (\varphi \supset \psi \supset \chi)] \supset [(\varphi \supset \psi) \supset (\varphi \supset \chi)]\}$；(7)，(8)，MP

(10) $\{[(\varphi \supset \psi \supset \chi)] \supset [(\varphi \supset \psi) \supset (\varphi \supset \psi \supset \chi)]\} \supset \{[(\varphi \supset \psi \supset \chi)] \supset [(\varphi \supset \psi) \supset (\varphi \supset \psi \supset \chi)] \supset [(\varphi \supset \psi) \supset (\varphi \supset \chi)]\} \supset \{[(\varphi \supset \psi \supset \chi)] \supset [(\varphi \supset \psi) \supset (\varphi \supset \chi)]\}$；(A2)

(11) $\{[(\varphi \supset \psi \supset \chi)] \supset [(\varphi \supset \psi) \supset (\varphi \supset \psi \supset \chi)]\}$；(A1)

(12) $\{[(\varphi \supset \psi \supset \chi)] \supset [(\varphi \supset \psi) \supset (\varphi \supset \psi \supset \chi)] \supset [(\varphi \supset \psi) \supset (\varphi \supset \chi)]\} \supset \{[(\varphi \supset \psi \supset \chi)] \supset [(\varphi \supset \psi) \supset (\varphi \supset \chi)]\}$；(11)，(10)，MP

(13) $\{[(\varphi \supset \psi \supset \chi)] \supset [(\varphi \supset \psi) \supset (\varphi \supset \chi)]\}$；(9)，

(12)，MP

可见（公理模式 2′）是 Z_n 的定理。

然后证明（公理模式 3′）是 Z_n 的定理。

(1) $(\varphi \supset \psi \supset \bot) \supset (\varphi \supset \psi) \supset (\varphi \supset \bot)$；（公理模式 2′），即是 Z_n 的定理

(2) $(\varphi \supset \sim \psi) \supset (\varphi \supset \psi) \supset \sim \varphi$；(1)，$\sim \varphi$ 和 $\sim \psi$ 的定义

可见（公理模式 3′）是 Z_n 的定理。

综合起来，如果把经典命题逻辑系统中的否定理解为强否定，那么从语法上看 Z_n 包含经典命题逻辑系统。

（二）经典命题逻辑系统包含 Z_n

如果把经典命题逻辑系统中的否定理解为弱否定，即弗协调否定，那么从语法上看经典命题逻辑系统包含 Z_n。使用 $L(Z_n)$ 将通常的经典命题逻辑系统描述如下：

（公理模式 1″）$\varphi \supset \psi \supset \varphi$；

（公理模式 2″）$(\varphi \supset \psi \supset \chi) \supset (\varphi \supset \psi) \supset (\varphi \supset \chi)$；

（公理模式 3″）$(\varphi \supset \neg \psi) \supset (\varphi \supset \psi) \supset \neg \varphi$；

（公理模式 4″）$\neg \neg \varphi \supset \varphi$；

（推理规则）MP。

可见（公理模式 1″）和（A1）相同，（公理模式 2″）和（A2）等价，（公理模式 3″）蕴涵（A7），（公理模式 4″）和（A5）相同。

首先规定 $\vdash_{Z_n} \varphi$ 表示 φ 是 Z_n 的定理，$\vdash \varphi$ 表示 φ 是经典命题逻辑系统的定理。

已知 $\vdash_{Z_n} \sim \varphi \equiv \neg^{(n)} \varphi$，并且已知在经典命题逻辑系统中没有符号 $\sim$。如果在经典命题逻辑系统中把 $\neg^{(n)} \varphi$ 定义为 $\sim \varphi$，即 $\sim \varphi = \neg^{(n)} \varphi$，那么可以证明（A3）、（A4）、（A6）、（A8）是经典命题逻辑系统的定理，过程如下。

因为 $\varphi^0 = \neg (\varphi \wedge \neg \varphi)$，并且 $\vdash \neg (\varphi \wedge \neg \varphi)$，所以 $\vdash \varphi^0$；进一步地因为 $\varphi^1 = \varphi^0$，所以 $\vdash \varphi^1$。因为 $\vdash \neg (\varphi^1 \wedge \neg \varphi^1)$，并且 $\varphi^2 =$

$\neg(\varphi^1 \wedge \neg\varphi^1)$，所以$\vdash \varphi^2$。类似地可得$\vdash \varphi^n$，其中$1 \leq n < \omega$。使用经典命题逻辑系统的合取引入规则可得$\vdash \varphi^{(n)}$，其中$1 \leq n < \omega$。

因为$\neg^{(n)}\varphi = \neg\varphi \wedge \varphi^{(n)}$，所以使用经典命题逻辑系统的合取消去规则可以得到$\vdash \neg^{(n)}\varphi \supset \neg\varphi$，即$\vdash \sim\varphi \supset \neg\varphi$。因此（A4）是经典命题逻辑系统的定理。

下面证明（A3）是经典命题逻辑系统的定理。

第一步，施归纳于n上证明$\vdash \neg\varphi^n \supset \varphi$。当$n = 1$时，已知$\neg\varphi^1 = \neg\neg(\varphi \wedge \neg\varphi)$；应用公理模式4″得$\vdash \neg\varphi^1 \supset (\varphi \wedge \neg\varphi)$；根据合取消去规则得$\vdash (\varphi \wedge \neg\varphi) \supset \varphi$；根据经典命题逻辑系统中$\supset$的传递性得$\vdash \neg\varphi^1 \supset \varphi$。归纳假设当$n = k$时成立，即$\vdash \neg\varphi^k \supset \varphi$。当$n = k + 1$时，已知$\neg\varphi^{k+1} = \neg\neg(\varphi^k \wedge \neg\varphi^k)$；应用公理模式4″得$\vdash \neg\varphi^{k+1} \supset (\varphi^k \wedge \neg\varphi^k)$；根据合取消去规则得$\vdash (\varphi^k \wedge \neg\varphi^k) \supset \neg\varphi^k$；根据归纳假设得$\vdash \neg\varphi^k \supset \varphi$；根据经典命题逻辑系统中$\supset$的传递性得$\vdash \neg\varphi^{k+1} \supset \varphi$。因此对$1 \leq n < \omega$有$\vdash \neg\varphi^n \supset \varphi$。

第二步，因为已证（A4）是经典命题逻辑系统的定理，所以根据（A4）可以得到$\vdash \sim\sim\varphi \supset \neg\sim\varphi$。因为已知$\neg\sim\varphi = \neg(\neg\varphi \wedge \varphi^{(n)})$和$\varphi^{(n)} = \varphi^1 \wedge \cdots \wedge \varphi^n$，并且在经典命题逻辑系统中有$\vdash \neg(\varphi \wedge \psi) \supset \neg\varphi \vee \neg\psi$，所以$\vdash \neg(\neg\varphi \wedge \varphi^{(n)}) \supset (\neg\neg\varphi \vee \neg\varphi^{(n)})$和$\vdash \neg\varphi^{(n)} \supset (\neg\varphi^1 \vee \cdots \vee \neg\varphi^n)$。因为已证$\vdash \neg\varphi^1 \supset \varphi, \cdots, \vdash \neg\varphi^n \supset \varphi$，所以可得$\vdash (\neg\varphi^1 \vee \cdots \vee \neg\varphi^n) \supset \varphi$。根据经典命题逻辑系统中$\supset$的传递性可以得到$\vdash \neg\varphi^{(n)} \supset \varphi$。根据公理模式4″得$\vdash \neg\neg\varphi \supset \varphi$。因此$\vdash (\neg\neg\varphi \vee \neg\varphi^{(n)}) \supset \varphi$。根据经典命题逻辑系统中$\supset$的传递性得$\vdash \sim\sim\varphi \supset \varphi$。

因此（A3）是经典命题逻辑系统的定理。

因为$\vdash \varphi \supset \psi \supset (\varphi \wedge \psi)$，所以$\vdash \varphi^{(n)} \supset \neg\varphi \supset (\varphi^{(n)} \wedge \neg\varphi)$。根据合取的交换律得$\vdash (\varphi^{(n)} \wedge \neg\varphi) \supset (\neg\varphi \wedge \varphi^{(n)})$。已知$\vdash (\varphi \supset \psi) \supset [(\gamma \supset \varphi) \supset (\gamma \supset \psi)]$，连续使它和MP规则得$\vdash \varphi^{(n)} \supset \neg\varphi \supset (\neg\varphi \wedge \varphi^{(n)})$，即$\vdash \varphi^{(n)} \supset \neg\varphi \supset \sim\varphi$。因此公理（A6）是经典命题

逻辑系统的定理。

因为前文已证 $\vdash \varphi^{(n)}$，所以 $\vdash (\varphi \wedge \psi)^{(n)}$。使用蕴涵引入规则得 $\vdash (\varphi^{(n)} \wedge \psi^{(n)}) \supset (\varphi \wedge \psi)^{(n)}$，即（A8）是经典命题逻辑系统的定理。

综上所述，如果把经典命题逻辑系统的否定理解为弱否定，并且在经典命题逻辑系统中定义 $\sim\varphi = \neg^{(n)}\varphi$，那么从语法上看 Z_n 的所有公理都是经典命题逻辑系统的定理，因此经典命题逻辑系统包含 Z_n。

（三）评论

（一）“Z_n 包含经典命题逻辑系统”和（二）“经典命题逻辑系统包含 Z_n”并不矛盾，它们只是说明了两种情况：第一，如果把 Z_n 的强否定 ~ 视作经典命题逻辑中的否定，那么从语法上看经典命题逻辑系统的定理都是 Z_n 的定理；第二，如果把 Z_n 的弱否定 ¬ 视作经典命题逻辑系统中的否定，那么从语法上看 Z_n 的定理都是经典命题逻辑系统的定理。这在 Z_n 中带来两个结果：第一，在强否定 ~ 的辖域中可以使用经典命题逻辑系统的否定的所有性质；第二，在弱否定 ¬ 的辖域中不能使用经典命题逻辑系统的否定的性质，例如等价置换对 ¬ 的辖域是不成立的。

一些可能的疑惑：当经典逻辑包含弗协调逻辑的时候，经典逻辑是弗协调的吗？为什么会出现这样的情况？经典逻辑不是弗协调的，之所以出现这样的情况是因为否定是分层的（或者说分阶的）。定义 4.4 定义了 $\neg^{(1)}\varphi$，$\neg^{(2)}\varphi$，$\neg^{(3)}\varphi$，$\cdots\neg^{(n)}\varphi\cdots$，它们是否定的一个分层。如果 $\neg\varphi$ 是第一层，$\neg^{(1)}\varphi$（即 $\neg\varphi \wedge \varphi^{(1)}$）是第二层，$\neg^{(2)}\varphi$ 是第三层，以此类推。如何理解不同层的否定呢？如果 $*$ 是第一层否定，那么 $*\varphi$ 等于 $\neg\varphi$；如果 $*$ 是第二层否定，那么 $*\varphi$ 等于 $\neg\varphi \wedge \varphi^{(1)}$；如果 $*$ 是第三层否定，那么 $*\varphi$ 是 $\neg^{(2)}\varphi$（即 $\neg\varphi \wedge \varphi^{(2)}$），其他情形类似地理解。不同层的否定的力量是不同的；如果前一层的否定满足某条规则，那么后面层的否定也都满足这条规则，逆之不成立。以第一层否定和第二层否定为例进行说明：如果第一层否定满足某条规则，那么第二层的否定也满足这条规则；反过来不成立，例如第二层的否定满足不矛盾律，但第一层的否定不满足不矛盾律。在（一）中，从语法上看弗协调逻辑包含经典逻辑，此时弗协调逻辑的否定是第一层的否定，而经典逻辑的否定是第二层的否定。在（二）中，从语法上看经典逻辑包含弗协调逻辑，此时经典逻辑的否定和弗协调逻辑的否定都是第一层的否定。两者使用同一层的否定时，谁的公理强，谁的定理就多，经典逻辑的公理强于弗协调逻辑的公理。

在 Z_n 中处理 ⊃ 、∧ 、∨ 这三个逻辑联结词的辖域时都可以使用经典命题逻辑系统的蕴涵、合取、析取的性质，因为 Z_n 和经典命题逻辑系统关于 ⊃ 的描述是一样的，Z_n 中的 ∧ 和 ∨ 是用 ⊃ 和强否定 ~ 定义的。

（四）Z_n 中的公理（A7）不是必要的

规定 $\vdash_{Z_n}\varphi$ 表示 φ 是 Z_n 的定理，$\vdash\varphi$ 表示 φ 是经典命题逻辑系统的定理。

第一步，在 Z_n 中证明如果 $\varphi\vdash_{Z_n}\psi$，那么 $\vdash_{Z_n}\varphi\supset\psi$。

假设 $\varphi\vdash_{Z_n}\psi$，那么在 Z_n 中存在一个公式的序列 φ_1，…，φ_n 使得对 $1\leq i\leq n$ 有：φ_i 是 Z_n 的公理，或者 φ_i 是 φ，或者 φ_i 是由公式序列中在前的两公式经 MP 规则得到；并且 $\varphi_n=\psi$。施归纳于 i 上证明 $\vdash_{Z_n}\varphi\supset\varphi_i$。

当 $i=1$ 时，φ_1 或者是公理或者是 φ。如果 φ_1 是公理，那么使用蕴涵引入规则得 $\vdash_{Z_n}\varphi\supset\varphi_1$。如果 φ_1 是 φ，那么显然地 $\vdash_{Z_n}\varphi\supset\varphi$，即 $\vdash_{Z_n}\varphi\supset\varphi_1$。因此 $\vdash_{Z_n}\varphi\supset\varphi_1$。

归纳假设对一切 $i\leq k$（$k<n$）有 $\vdash_{Z_n}\varphi\supset\varphi_i$。

当 $i=k+1$ 时，如果 φ_{k+1} 是 Z_n 的公理或者是 φ，那么情形和 $i=1$ 时的情形相同，可得 $\vdash_{Z_n}\varphi\supset\varphi_{k+1}$。如果 φ_{k+1} 是由在前的两个公式经 MP 规则得到的，那么存在 $j\leq k$ 使得在前的两个公式为（$\varphi_j\supset\varphi_{k+1}$）和 φ_j。根据归纳假设得 $\vdash_{Z_n}\varphi\supset(\varphi_j\supset\varphi_{k+1})$ 和 $\vdash_{Z_n}\varphi\supset\varphi_j$。使用 Z_n 的公理模式（A2）和 MP 规则可得 $\vdash_{Z_n}\varphi\supset\varphi_{k+1}$。

因此根据归纳法可得对 $1 \leq i \leq n$ 有 $\vdash_{Z_n} \varphi \supset \varphi_i$。当 $i = n$ 时有 $\vdash_{Z_n} \varphi \supset \psi$。

因此在 Z_n 中，如果 $\varphi \vdash_{Z_n} \psi$，那么 $\vdash_{Z_n} \varphi \supset \psi$。

第二步，令 Z_n 的公理（A1）、（A2）、（A3）、（A4）、（A5）、（A6）和 MP 规则构成的系统为 Z_n^-，接下来证明（A7）是 Z_n^- 的定理。因为 Z_n^- 是 Z_n 的一个子系统，所以第一步的结果对 Z_n^- 也适用。类似地约定 $\vdash_{Z_n^-} \varphi$ 表示 φ 是 Z_n^- 的定理。

根据第一节第二小节（三）的评论，在强否定 ~ 和蕴涵 ⊃ 的辖域中可以分别使用经典命题逻辑系统关于否定和蕴涵的定理。因此给出一些经典命题逻辑系统的定理如下：

(a) $(\varphi \supset \psi) \supset (\varphi \supset \sim \psi) \supset \sim \varphi$；

(b) $(\psi \supset \chi) \supset (\varphi \supset \psi) \supset (\varphi \supset \chi)$；

(c) $(\varphi \supset \psi) \supset (\psi \supset \chi) \supset (\varphi \supset \chi)$；

从第一节第二小节（一）的证明过程可以看出，当把经典命题逻辑系统的否定理解为强否定时，它等价于 Z_n 的（A1）、（A2）、（A3）和 MP 规则构造成的子系统。如果把经典命题逻辑系统的否定理解为强否定，那么 Z_n^- 也包含经典命题逻辑系统。因此（a）、（b）、（c）可以在 Z_n^- 中使用。

(1) $\psi^{(n)}$；假定

(2) $\neg \psi \supset \sim \psi$；(1)（A6）MP

(3) $(\varphi \supset \psi) \supset (\varphi \supset \sim \psi) \supset \sim \varphi$；(a)

(4) $(\varphi \supset \neg \psi) \supset (\varphi \supset \sim \psi)$；(2)（b）MP

(5) $[(\varphi \supset \sim \psi) \supset \sim \varphi] \supset [(\varphi \supset \neg \psi) \supset \sim \varphi]$；(4)（c）MP

(6) $[(\varphi \supset \psi) \supset (\varphi \supset \sim \psi) \supset \sim \varphi] \supset [(\varphi \supset \psi) \supset (\varphi \supset \neg \psi) \supset \sim \varphi]$；(5)（b）MP

(7) $(\varphi \supset \psi) \supset (\varphi \supset \neg \psi) \supset \sim \varphi$；(3)（6）MP

(8) $\sim \varphi \supset \neg \varphi$；(A4)

(9) $[(\varphi \supset \psi) \supset (\varphi \supset \neg \psi) \supset \sim \varphi] \supset [(\varphi \supset \psi) \supset (\varphi \supset \neg \psi) \supset$

$\neg\varphi$]；（8）（（b），MP）×2

（10）$(\varphi\supset\psi)\supset(\varphi\supset\neg\psi)\supset\neg\varphi$；（7）（9）MP

从（1）–（10）得 $\psi^{(n)}\vdash_{Z_n^-}(\varphi\supset\psi)\supset(\varphi\supset\neg\psi)\supset\neg\varphi$。再使用第一步的结果得 $\vdash_{Z_n^-}\psi^{(n)}\supset(\varphi\supset\psi)\supset(\varphi\supset\neg\psi)\supset\neg\varphi$，即（A7）是 Z_n^- 的定理。

综合第一、二步得 Z_n 的公理（A7）不是必要的，但是它能为后面定理的证明提供方便。

第二节　弗协调一阶谓词逻辑系统 *ZQ*

本章开头提到系统 Z_n 是弗协调逻辑正加进路的研究，是一个类 C_n 系统。科斯塔曾经基于弗协调命题逻辑系统 C_n 构造带等词的弗协调一阶谓词逻辑系统 $C_n^=$，因此构造 *ZQ* 的一种方法是构造一个类 $C_n^=$ 系统，但是本章不使用这种方法。本章将要构造的 *ZQ* 是一种不同于 C_n 系统的 *LFIs*，这样做的原因是科斯塔的系统 $C_n^=$ 在集合论方面的发展比较受限，而卡尔涅利和科尼利奥在 2013 年基于 *LFIs* 构造了一种弗协调集合论，本章将使用他们的技术基于 *ZQ* 构造弗协调集合论。

一　*ZQ* 的语法系统

令 $L(ZQ)$ 表示 *ZQ* 的语言。$L(ZQ)$ 的初始符号如下：

（1）可数无穷多个个体变元：u_0，u_1，…，u_n，…；$n\in\omega$；

（2）可数无穷多个函数符号：f_n^m，其中 m 表示自变元的数目，n 是标号，m，$n\in\omega$；当 $m=0$ 时，f_n^m 也被称为个体常项；

（3）逻辑联结词符号：$\neg$，$\supset$；

（4）谓词符号：$=$，$\perp$；

（5）量词符号：$\forall$；

（6）技术符号：逗号，各种括号。

从弗协调命题逻辑到弗协调一阶谓词逻辑，恒假命题常项 $\perp$ 变成了零元谓词符号 $\perp$ 。令 u，v，w，x，y，z（可以加下标）表示任意个体变元，令 f（可以加下标）表示任意函数符号。

关于元语言和对象语言的说明。对象语言是 $L(ZQ)$，元语言是带一些符号的自然语言。因为符号 = 被用作 $L(ZQ)$ 中的谓词符号，所以元语言中使用 $\approx$ 表示相等。此外，元语言使用 $\Rightarrow$ 表示如果那么，使用 $\Leftrightarrow$ 表示当且仅当。元语言中只有一种否定，即经典逻辑的否定。

定义 4.5（项的定义）

（1）个体变元是项；

（2）如果 f 是一个 n 元函数符号，并且 t_1，…，t_n 是项，那么 $f(t_1，\cdots，t_n)$ 也是项；

（3）只有满足（1）或者（2）的是项。

令 t（可以加下标）表示任意项。如果项 t 不包含个体变元，那么称 t 是闭项。

定义 4.6（原子公式的定义）

（1）零元谓词符号 $\perp$ 是原子公式；

（2）如果 t_1，t_2 是项，那么 $(t_1 = t_2)$ 是原子公式；

（3）只有满足（1）或者（2）的是原子公式。

定义 4.7（公式的定义）

（1）原子公式是公式；

（2）如果 φ 是公式，那么 $(\neg \varphi)$ 是公式；

（3）如果 φ 和 ψ 是公式，那么 $(\varphi \supset \psi)$ 是公式；

（4）如果 φ 是公式，并且 x 是个体变元，那么 $\forall x\varphi$ 是公式；

（5）只有满足上述条件之一的才是公式。

令 φ，ψ，χ（可以加下标）表示任意公式。个体变元在公式中的自由出现和约束出现的定义如通常约定。自由变元和约束变元的定义如通常约定。开公式和闭公式的定义如通常约定；子公式和真子公式的定义如通常约定。

定义4.8（一些被定义的逻辑联结词符号和量词符号）

（1）~、∧、∨、≡ 如定义4.3所示；

（2）$°\varphi$ 被定义为 $\sim(\varphi \wedge \neg \varphi)$；

（3）$\exists x\varphi$ 被定义为 $(\sim \forall x \sim \varphi)$。

关于谓词、初始联结词和被定义联结词的结合力说明：谓词大于联结词；一元联结词大于二元联结词；在一元联结词之间和二元联结词之间都使用右结合原则。

各种括号之间没有区别，括号的省略也如通常的约定。本书是适当地省略括号，而不是严格地省略括号。

定义4.9（项对公式的代入定义①）

令 x_1，…，x_n 两两不同，令 t_1，…，t_n 是项，令 φ 是公式。令 $\varphi(x_1/t_1, \cdots, x_n/t_n)$ 表示用 t_1，…，t_n 分别同时代入 φ 中 x_1，…，x_n 的所有自由出现所得到的公式：

（1）若 φ 是原子公式，则当 φ 是 $\perp$ 时，$\perp(x_1/t_1, \cdots, x_n/t_n) \approx \perp$；当 φ 形如 $(t = t_0)$ 时，$(t = t_0)(x_1/t_1, \cdots, x_n/t_n) \approx [t(x_1/t_1, \cdots, x_n/t_n) = t_0(x_1/t_1, \cdots, x_n/t_n)]$；

（2）若 φ 形如 $\neg\psi$，则 $\varphi(x_1/t_1, \cdots, x_n/t_n) \approx \neg[\psi(x_1/t_1, \cdots, x_n/t_n)]$；

（3）若 φ 形如 $(\psi \supset \chi)$，则 $\varphi(x_1/t_1, \cdots, x_n/t_n) \approx [\psi(x_1/t_1, \cdots, x_n/t_n)] \supset [\chi(x_1/t_1, \cdots, x_n/t_n)]$；

（4）若 φ 形如 $\forall x\psi$ 且使得 x 不同于 x_1，…，x_n 中的任何一个，则 $\varphi(x_1/t_1, \cdots, x_n/t_n) \approx \forall x[\psi(x_1/t_1, \cdots, x_n/t_n)]$；

（5）若 φ 形如 $\forall x\psi$ 且使得 $x \approx x_i$，$1 \leq i \leq n$，则 $\varphi(x_1/t_1, \cdots, x_n/t_n) \approx \forall x_i[\psi(x_1/t_1, \cdots, x_{i-1}/t_{i-1}, x_{i+1}/t_{i+1}, \cdots, x_n/t_n)]$。

从该定义可得出如下推论：

（6）若 φ 形如 $\sim\psi$，则 $\varphi(x_1/t_1, \cdots, x_n/t_n) \approx \sim[\psi(x_1/t_1, \cdots,$

① 李小五：《现代逻辑学讲义（数理逻辑）》，中山大学出版社2005年版，第140页。

$x_n/t_n)]$；

（7）若φ形如$(\psi\wedge\chi)$，则$\varphi(x_1/t_1, \cdots, x_n/t_n)\approx[\psi(x_1/t_1, \cdots, x_n/t_n)]\wedge[\chi(x_1/t_1, \cdots, x_n/t_n)]$；

（8）若φ形如$(\psi\vee\chi)$，则$\varphi(x_1/t_1, \cdots, x_n/t_n)\approx[\psi(x_1/t_1, \cdots, x_n/t_n)]\vee[\chi(x_1/t_1, \cdots, x_n/t_n)]$。

推论（6）、（7）、（8）的证明和经典一阶谓词逻辑中的情形相同，此处省略。

令σ，τ（可加下标）表示项对公式的代入，简称代入。

定义4.10（代入的复合[①]）

令σ和τ是两个代入，$\sigma\approx(x_1/t_1, \cdots, x_n/t_n)$，$\tau\approx(y_1/t_{i+1}, \cdots, y_m/t_{i+m})$，那么$\sigma\tau\approx[(x_1/t_1)\tau, \cdots, (x_n/t_n)\tau, (z_1/z_1)\tau, \cdots, (z_k/z_k)\tau]$，其中$\{z_1, \cdots, z_k\}=\{y_1, \cdots, y_m\}-\{x_1, \cdots, x_n\}$，即$\{z_1, \cdots, z_k\}$是$\{x_1, \cdots, x_n\}$相对于$\{y_1, \cdots, y_m\}$的补集。

如果φ是包含量词符号的公式，那么$(\varphi\sigma)\tau\approx\varphi(\sigma\tau)$并不对所有公式$\varphi$成立。为了使$(\varphi\sigma)\tau\approx\varphi(\sigma\tau)$对所有公式$\varphi$成立，下面定义代入自由。

定义4.11（代入自由[②]）

项t对公式φ中的x自由，当且仅当满足下列条件之一：

（1）如果φ是原子公式，那么t对φ中的任意个体变元x自由；

（2）如果φ形如$(\neg\psi)$，那么t对φ中的x自由$\Leftrightarrow t$对ψ中的x自由；

（3）如果φ形如$(\psi\supset\chi)$，那么t对φ中的x自由$\Leftrightarrow t$对ψ中的x自由且t对χ中的x自由；

（4）如果φ形如$(\forall y\psi)$，那么t对φ中的x自由$\Leftrightarrow$下列条件之一成立：①x在$(\forall y\psi)$中不自由出现；②x在$(\forall y\psi)$中自由出现，并

① 张清宇：《弗协调逻辑》，中国社会出版社2003年版，第133-135页。

② 李小五：《现代逻辑学讲义（数理逻辑）》，中山大学出版社2005年版，第182-183页。

且 y 不在 t 中出现，并且 t 对 ψ 中的 x 自由。

令 $\sigma \approx (x_1/t_1, \cdots, x_n/t_n)$，$\varphi$ 是任意公式。如果对 $1 \leq i \leq n$ 都有项 t_i 对 φ 中的 x_i 代入自由，那么称 σ 对 φ 代入自由。

定理 4.12（代入定理①）

如果 σ 对公式 φ 代入自由，并且 τ 对 $\varphi\sigma$ 代入自由，那么 $(\varphi\sigma)\tau \approx \varphi(\sigma\tau)$。

定义 4.13（变式的定义②）

称公式 φ' 是公式 φ 的一个变式，仅当 φ' 是从 φ 出发经过一系列如下类型的替换而获得：①以 $\forall y[\psi(x/y)]$ 替换 φ 的一个部分 $\forall x\psi$，其中 y 不在 ψ 中自由出现；②以 ψ 替换 φ 的一个部分 $\forall x\psi$，其中 x 不在 ψ 中自由出现。

ZQ 的公理模式如下：

逻辑公理

(Ax1) $\varphi \supset \psi \supset \varphi$；

(Ax2) $(\varphi \supset \psi) \supset (\varphi \supset \psi \supset \chi) \supset (\varphi \supset \chi)$；

(Ax3) $\sim \sim \varphi \supset \varphi$；

(Ax4) $\sim \varphi \supset \neg \varphi$；

(Ax5) $\neg \neg \varphi \equiv \varphi$；

(Ax6) $^{\circ}\varphi \supset \neg \varphi \supset \sim \varphi$；

(Ax7) $(^{\circ}\varphi \wedge {}^{\circ}\psi) \supset {}^{\circ}(\varphi \wedge \psi)$；

(Ax8) $\forall x\varphi \supset \varphi(x/t)$；其中项 t 对 φ 中的 x 自由；

(Ax9) $\forall x^{\circ}\varphi \supset {}^{\circ}(\forall x\varphi)$；

(Ax10) 如果 φ' 是 φ 的变式，那么 $(\varphi \equiv \varphi')$ 是公理；

关于谓词符号 = 的公理模式

(Ax11) $x = x$；x 是个体变元；

---

① 张清宇：《弗协调逻辑》，中国社会出版社 2003 年版，第 136 页。

② 张清宇：《弗协调逻辑》，中国社会出版社 2003 年版，第 137 页。

（Ax12）$(y = z) \supset [\varphi(x/y) \equiv \varphi(x/z)]$；$y$ 和 z 是个体变元。

ZQ 的推理规则如下：

（R1）从 φ 和 $(\varphi \supset \psi)$ 可推出 ψ；

（R2）如果 x 不在 φ 中自由出现，那么从 $(\varphi \supset \psi)$ 可推出 $(\varphi \supset \forall x\psi)$。

推导和证明的定义如通常的规定。令 $\vdash_{ZQ}\varphi$ 表示 φ 是 *ZQ* 的定理；令 $\Gamma\vdash_{ZQ}\varphi$ 表示 φ 是从 Γ 出发在 *ZQ* 中可推导的；对于 $\vdash$ 带其他下标的意思可作类似的理解。令 $\vdash\varphi$ 表示 φ 是经典一阶谓词逻辑的定理，令 $\Gamma\vdash\varphi$ 表示 φ 是从 Γ 出发在经典一阶谓词逻辑中可推导的。

$[(\varphi \wedge \sim\varphi) \supset \psi]$ 是 *ZQ* 的定理，但 $[(\varphi \wedge \neg\varphi) \supset \psi]$ 不是 *ZQ* 的定理。这说明在 *ZQ* 中强否定 ~ 满足爆炸原理，但弱否定 ¬ 不满足爆炸原理。

二　说明

（一）*ZQ* 的构造思路

Z_n 的公理模式（A6）（A7）（A8）带有上标 (n)，当 n 取不同的自然数时，这些公理决定不同的系统，因此 Z_n 不是单个系统，而是系统簇。然而这里构造的 *ZQ* 中新定义了一元逻辑联结词 $^\circ$，$^\circ\varphi$ 是 $\sim(\varphi \wedge \neg\varphi)$，这个变化使得 *ZQ* 是一种 *LFIs*（形式不一致逻辑）。因此本书构造的弗协调一阶谓词逻辑不叫 Z_nQ，而叫 *ZQ*。逻辑联结词 $^\circ$ 的直观意义是一致性，即 $^\circ\varphi$ 表示 φ 是一致的。

因为第一节第二小节已经证明 Z_n 的公理模式（A7）不是必要的，所以这里在构造 *ZQ* 的时候舍弃了（A7）。

这里在引入关于量词符号的公理和关于谓词符号的公理时参考了科斯塔的带等词的弗协调谓词逻辑 $C_n^=$，同时遵从张清宇在《弗协调逻辑》一书中的做法，将（A5）$(\neg\neg\varphi \supset \varphi)$ 强化为（Ax5）$(\neg\neg\varphi \equiv \varphi)$，这种强化会为 *ZQ* 的可靠性和完全性证明带来便利①。

① 张清宇：《弗协调逻辑》，中国社会出版社 2003 年版，第 129 页。

（二）ZQ 包含经典一阶谓词逻辑

如果把经典一阶谓词逻辑中的否定理解为强否定，那么从语法上看 ZQ 包含经典一阶谓词逻辑。使用 $L(ZQ)$ 将通常的经典一阶谓词逻辑描述如下：

（公理模式 1）$\varphi \supset \psi \supset \varphi$；

（公理模式 2）$(\varphi \supset \psi \supset \chi) \supset (\varphi \supset \psi) \supset (\varphi \supset \chi)$；

（公理模式 3）$(\sim \varphi \supset \psi) \supset (\sim \varphi \supset \sim \psi) \supset \varphi$；

（公理模式 4）$\forall x\varphi \supset \varphi(x/t)$，其中项 t 对 φ 中的 x 自由；

（公理模式 5）$\forall x(\varphi \supset \psi) \supset (\varphi \supset \forall x\psi)$，其中 x 在 φ 中不自由出现；

（分离规则）从 φ 和 $(\varphi \supset \psi)$ 推出 ψ；

（全称概括规则）从 φ 推出 $\forall x\varphi$；

如此描述的经典一阶谓词逻辑系统有若干个等价系统，其中一个等价系统是：公理模式 1 到公理模式 4，分离规则，后件概括规则，即从 $(\varphi \supset \psi)$ 可推出 $(\varphi \supset \forall x\varphi)$，其中 x 在 φ 中不自由出现①。

如果把经典一阶谓词逻辑中的否定理解为强否定，那么根据第一节第二小节（一）的讨论可知 ZQ 也包含经典命题逻辑系统，即公理模式 1 到公理模式 3 是 ZQ 的定理。公理模式 4 是（Ax8），分离规则是（R1），后件概括规则是（R2）。

因此如果把经典一阶谓词逻辑中的否定理解为强否定，那么从语法上看 ZQ 包含经典一阶谓词逻辑。

（三）带等词的经典一阶谓词逻辑包含 ZQ

带等词的经典一阶谓词逻辑可以通过在通常的一阶谓词逻辑中添加下列公理来获得：

（公理模式 6）$\forall x(x = x)$；

① 李小五：《现代逻辑学讲义（数理逻辑）》，中山大学出版社 2005 年版，第 192－193 页。

（公理模式 7）$(x=y)\supset(\varphi(x, x)\supset\varphi(x, y))$，其中 y 对 $\varphi(x, x)$ 中的 x 自由，$\varphi(x, y)$ 是用 y 替换 x 在 $\varphi(x, x)$ 中的自由出现得到的，替换的不一定是 x 的全部自由出现。

接下来说明一些关于联结词 $^\circ$ 的情况。已知 $^\circ\varphi$ 被定义为 $\sim(\varphi\wedge\neg\varphi)$；根据（A4）得 $\sim(\varphi\wedge\neg\varphi)\supset\neg(\varphi\wedge\neg\varphi)$ 是 Z_n 的定理；根据 $\supset$ 的传递性得 $\neg(\varphi\wedge\neg\varphi)$ 的语法后承也是 $^\circ\varphi$ 的语法后承；因此（Ax6）是 Z_n 的定理。关于（Ax7），根据（A4）得 $\sim(\varphi\wedge\neg\varphi)\supset\neg(\varphi\wedge\neg\varphi)$ 是 Z_n 的定理，$\sim(\varphi\wedge\neg\varphi)\supset\neg(\varphi\wedge\neg\varphi)$ 即是 $^\circ\varphi\supset\varphi^{(1)}$，因此 $^\circ\varphi\supset\varphi^{(1)}$ 是 Z_n 的定理，类似地可得 $^\circ\psi\supset\psi^{(1)}$ 是 Z_n 的定理，进一步得 $(^\circ\varphi\wedge{}^\circ\psi)\supset(\varphi^{(1)}\wedge\psi^{(1)})$ 是 Z_n 的定理；根据（A8）得 $(\varphi^{(1)}\wedge\psi^{(1)})\supset(\varphi\wedge\psi)^{(1)}$ 是 Z_n 的定理；根据（A6）得 $(\varphi\wedge\psi)^{(1)}\supset\neg(\varphi\wedge\psi)\supset\sim(\varphi\wedge\psi)$ 是 Z_n 的定理；根据蕴涵的传递性得 $(^\circ\varphi\wedge{}^\circ\psi)\supset\neg(\varphi\wedge\psi)\supset\sim(\varphi\wedge\psi)$ 是 Z_n 的定理；因为 $[\neg(\varphi\wedge\psi)\supset\sim(\varphi\wedge\psi)]\supset[\neg(\varphi\wedge\psi)\wedge(\varphi\wedge\psi)]\supset[\sim(\varphi\wedge\psi)\wedge(\varphi\wedge\psi)]$ 是 Z_n 的定理，并且因为 $\{[\neg(\varphi\wedge\psi)\wedge(\varphi\wedge\psi)]\supset[\sim(\varphi\wedge\psi)\wedge(\varphi\wedge\psi)]\}\supset\sim[\sim(\varphi\wedge\psi)\wedge(\varphi\wedge\psi)]\supset\sim[\neg(\varphi\wedge\psi)\wedge(\varphi\wedge\psi)]$ 是 Z_n 的定理；根据 $\supset$ 的传递性得 $(^\circ\varphi\wedge{}^\circ\psi)\supset\sim[\sim(\varphi\wedge\psi)\wedge(\varphi\wedge\psi)]\supset\sim[\neg(\varphi\wedge\psi)\wedge(\varphi\wedge\psi)]$ 是 Z_n 的定理，即 $(^\circ\varphi\wedge{}^\circ\psi)\supset\sim[\sim(\varphi\wedge\psi)\wedge(\varphi\wedge\psi)]\supset{}^\circ(\varphi\wedge\psi)$ 是 Z_n 的定理，进一步得 $\sim[\sim(\varphi\wedge\psi)\wedge(\varphi\wedge\psi)]\supset(^\circ\varphi\wedge{}^\circ\psi)\supset{}^\circ(\varphi\wedge\psi)$ 是 Z_n 的定理；因为 $\sim[\sim(\varphi\wedge\psi)\wedge(\varphi\wedge\psi)]$ 是 Z_n 的定理，所以 $(^\circ\varphi\wedge{}^\circ\psi)\supset{}^\circ(\varphi\wedge\psi)$ 是 Z_n 的定理，即（Ax7）是 Z_n 的定理。因此（Ax1）到（Ax7）都是 Z_n 的定理。

如果把经典一阶谓词逻辑中的否定理解为弱否定，那么从语法上看带等词的经典一阶谓词逻辑包含 *ZQ*。根据第一节第二小节（二）的讨论，经典一阶谓词逻辑包含 Z_n，因此带等词的经典一阶谓词逻辑包含（Ax1）到（Ax7）。为了证明带等词的经典一阶谓词逻辑包含 *ZQ*，只需证明：（Ax8）到（Ax12）是带等词的经典一阶谓词逻辑的定理；（R2）是带等词的经典一阶谓词逻辑的推理规则。

（Ax8）显然是带等词的经典一阶谓词逻辑的定理。因为等价置换在带等词的经典一阶谓词逻辑中成立，所以容易证明（Ax10）是带等词的经典一阶谓词逻辑的定理。因为在带等词的经典一阶谓词逻辑中有全称概括规则，所以公理模式 6 和（Ax11）等价。在公理模式 7 中，当 y 替换的是 x 的全部自由出现时，公理模式 7 就是（Ax12）。（R2）是经典一阶谓词逻辑的后件概括规则。

因为已经在第一节第二小节（二）中证明 $\varphi^{(n)}$ 是经典命题逻辑系统的定理，所以 φ^1 是经典命题逻辑系统的定理，其中 $\varphi^1 \approx \neg(\varphi \wedge \neg\varphi)$；由 $\varphi^{(n)}$ 中 φ 的任意性得 $(\varphi \wedge \neg\varphi)^{(n)}$ 也是经典命题逻辑系统的定理。进一步得 $\neg(\varphi \wedge \neg\varphi) \wedge (\varphi \wedge \neg\varphi)^{(n)}$ 是经典命题逻辑系统的定理，即 $\neg^{(n)}(\varphi \wedge \neg\varphi)$ 是经典命题逻辑系统的定理。如果在经典命题逻辑系统中将 $\neg^{(n)}\varphi$ 定义为 $\sim\varphi$，那么 $\sim(\varphi \wedge \neg\varphi)$ 是经典命题逻辑系统的定理。因为 $\sim(\varphi \wedge \neg\varphi)$ 是 $^{\circ}\varphi$，所以 $^{\circ}\varphi$ 是带等词的经典一阶谓词逻辑的定理。因此 $^{\circ}(\forall x\varphi)$ 是带等词的经典一阶谓词逻辑的定理，再使用蕴涵引入规则得 $\forall x^{\circ}\varphi \supset {}^{\circ}(\forall x\varphi)$ 是带等词的经典一阶谓词逻辑的定理，即（Ax9）是带等词的经典一阶谓词逻辑的定理。

综上所述，如果把经典一阶谓词逻辑中的否定理解为弱否定，并把 $\neg^{(n)}\varphi$ 定义为 $\sim\varphi$，那么从语法上看带等词的经典一阶谓词逻辑包含 ZQ。

类似于第一节第二小节（三）给出的评论，第二节第二小节（二）和第二节第二小节（三）并不矛盾，它们只是说明了 ZQ 的强否定 $\sim$ 具有经典一阶谓词逻辑的否定的全部性质；ZQ 的弱否定 $\neg$ 并不具有经典一阶谓词逻辑的否定的全部性质。

三　ZQ 的语义

ZQ 的语义指的是 $L(ZQ)$ 的模型，给出 ZQ 的一个语义指的是给出 $L(ZQ)$ 的一个模型。$L(ZQ)$ 的一个结构 $\mathfrak{A}$ 包含下列成分：1，一个非空集 A，称 A 为 $\mathfrak{A}$ 的论域，A 中的元素被称为个体；2，对应 $L(ZQ)$ 中的

n 元函数符号 f^n 都有一个从 A^n 到 A 的 n 元映射 $f^n_{\mathfrak{A}}$，特殊地，对每个个体常项 f^0 都有 A 中的一个个体 $f^0_{\mathfrak{A}}$；3，对应 $L(ZQ)$ 中的谓词符号 = 有一个 A 上的相等关系。

令 $\mathfrak{A}$ 是 $L(ZQ)$ 的一个结构。为 $\mathfrak{A}$ 的论域 A 中的每个个体 a 取一个名字 $\bar{a}$，并且使得不同个体的名字各不相同。将所有这些名字作为新的个体常项添加到 $L(ZQ)$ 中得到的新语言记为 $L(ZQ)(\mathfrak{A})$。此处将使用 α，β，γ 表示任意名字。

如果一个项 t 不包含个体变元，那么称 t 为闭项。如果 t 是闭项，那么令 $\mathfrak{A}(t)$ 表示 $\mathfrak{A}$ 中与之对应的个体，这包含三层意思：1，如果 t 是名字，那么 $\mathfrak{A}(t)$ 就是 t 所命名的个体；2，如果 t 是个体常项，即 f^0，那么 $\mathfrak{A}(t)$ 是 $f^0_{\mathfrak{A}}$；3，如果 t 形如 $f(t_1, \cdots, t_n)$，那么 $\mathfrak{A}(t)$ 是 $f_{\mathfrak{A}}(\mathfrak{A}(t_1), \cdots, \mathfrak{A}(t_n))$。

结构 $\mathfrak{A}$ 上的一个赋值 V 是指从 $L(ZQ)(\mathfrak{A})$ 的全体闭公式到集合 $\{0, 1\}$ 的一个映射，并且满足：

(1) $V(t_0 = t_1) \approx 1 \Leftrightarrow \mathfrak{A}(t_0) \approx \mathfrak{A}(t_1)$；

(2) $V(\perp) \approx 0$；

(3) $V(\varphi \supset \psi) \approx 1 \Leftrightarrow V(\varphi) \approx 0$ 或者 $V(\psi) \approx 1$；

(4) $V(\sim \varphi) \approx 1 \Rightarrow V(\neg \varphi) \approx 1$；

(5) $V(\neg \neg \varphi) \approx 1 \Leftrightarrow V(\varphi) \approx 1$；

(6) $V(^\circ\varphi) \approx V(\neg \varphi) \approx 1 \Rightarrow V(\sim \varphi) \approx 1$；

(7) $V(^\circ\varphi) \approx V(^\circ\psi) \approx 1 \Rightarrow V(^\circ(\varphi \wedge \psi)) \approx 1$；

(8) $V(\forall x\varphi) \approx 1 \Leftrightarrow$ 对 $L(ZQ)(\mathfrak{A})$ 中的所有名字 α 有 $V(\varphi(x/\alpha)) \approx 1$；

(9) $V(\forall x^\circ\varphi) \approx 1 \Rightarrow V(^\circ(\forall x\varphi)) \approx 1$；

(10) 若 φ' 是 φ 的变式，则 $V(\varphi) \approx V(\varphi')$；

(11) 若 $V(t_0 = t_1) \approx 1$，且 $V(\varphi(x/t_0)) \approx 1$，则 $V(\varphi(x/t_1)) \approx 1$。

赋值 V 具有下列性质：

(12) $V(\varphi) \approx 1 \Leftrightarrow V(\sim\varphi) \approx 0$;

(13) $V(\varphi \wedge \psi) \approx 1 \Leftrightarrow V(\varphi) \approx 1$ 且 $V(\psi) \approx 1$;

(14) $V(\varphi \vee \psi) \approx 1 \Leftrightarrow V(\varphi) \approx 1$ 或者 $V(\psi) \approx 1$;

(15) $V(\exists x\varphi) \approx 1 \Leftrightarrow$ 在 $L(ZQ)(\mathfrak{A})$ 中有一个名字 α 使得 $V(\varphi(x/\alpha)) \approx 1$。

(12) - (15) 的证明和经典一阶谓词逻辑中的情形相同。

$L(ZQ)$ 的一个模型是由 $L(ZQ)$ 的一个结构 $\mathfrak{A}$ 和 $\mathfrak{A}$ 上的一个赋值 V 构成的一个序对 $(\mathfrak{A}, V)$。

四 ZQ 的可靠性证明

首先重复一遍第二节第一小节中的一个说明：在元语言中只有经典否定这一种否定，确切地说，在对象语言之外只有经典否定这一种否定。因为关于 ZQ 的可靠性的讨论发生在元语言中，所以只有经典否定这一种否定，本小节 $\neq$ 和 $\notin$ 中的否定是经典否定。

引理 4.14

令 $\mathfrak{A}$ 是 $L(ZQ)$ 的一个结构，Γ 是 $L(ZQ)(\mathfrak{A})$ 的闭公式（不一定是全部）构成的一个集合，满足：若 $\varphi \in \Gamma$，则 φ 的闭子公式和闭的真子公式的弱否定也都在 Γ 中；若 $\forall x\varphi \in \Gamma$，则对 $L(ZQ)(\mathfrak{A})$ 中的一切名字 α，$\varphi(x/\alpha)$ 和 $\neg\varphi(x/\alpha)$ 也都在 Γ 中。存在一个从 Γ 到 $\{0, 1\}$ 的映射 V' 使得当赋值 V 的定义域限制为 Γ 时，V' 满足赋值 V 的条件。

证明：第一步是定义映射 V'，令 φ 是 Γ 中的任意公式，施归纳于 φ 的结构。

(A) 若 φ 是原子公式，则 φ 是 $\perp$ 或形如 $(t_1 = t_2)$，其中 t_1 和 t_2 是闭项。$V'(\perp) \approx 0$，$V'(t_1 = t_2) \approx 1 \Leftrightarrow \mathfrak{A}(t_1) \approx \mathfrak{A}(t_2)$。

(B) 若 φ 形如 $(\psi \supset \chi)$，则 $V'(\varphi) \approx 1 \Leftrightarrow (V'(\psi) \approx 0$ 或者 $V'(\chi) \approx 1)$。

(C) 若 φ 形如 $\forall x\psi$，则 $V'(\forall x\psi) \approx 1 \Leftrightarrow$ 对 $L(ZQ)(\mathfrak{A})$ 中的所有名字 α 有 $V'(\psi(x/\alpha)) \approx 1$。

(D) 若 φ' 是 φ 的变式，则 $V'(\varphi) \approx V'(\varphi')$。

(E) 若 $V'(t_0 = t_1) \approx 1$，并且 $V'(\varphi(x/t_0)) \approx 1$，则 $V'(\varphi(x/t_1)) \approx 1$。

(F) 若 φ 形如 $\neg\psi$，则分情形讨论如下：

(i) 若 $V'(\psi) \approx 0$，则 $V'(\varphi) \approx 1$；

(ii) 若 $V'(\psi) \approx 1$ 且 ψ 是原子公式，则任意指定 0 或 1 为 $V'(\varphi)$ 的值；

(iii) 若 $V'(\psi) \approx 1$ 且 ψ 形如 $\neg\chi$，则 $V'(\varphi) \approx V'(\chi)$；

(iv) 若 $V'(\psi) \approx 1$ 且 ψ 形如 $(\chi \wedge \neg\chi)$，则 $V'(\varphi) \approx 0$；

(v) 若 $V'(\psi) \approx 1$ 且 ψ 形如 $(\chi_1 \wedge \chi_2)$，并且 ψ 不能形如 $(\chi \wedge \neg\chi)$ 或 $(\neg\chi \wedge \chi)$，则先验证条件"$V'(\chi_1) \not\approx V'(\neg\chi_1)$ 且 $V'(\chi_2) \not\approx V'(\neg\chi_2)$"，条件成立时 $V'(\varphi) \approx 0$，条件不成立时任意指定 0 或 1 为 $V'(\varphi)$ 的值；

(vi) 若 $V'(\psi) \approx 1$ 且 ψ 形如 $\forall x\chi$，则先验证条件"对 $L(ZQ)(\mathfrak{A})$ 中的所有名字 α 有 $V'(\chi(x/\alpha)) \not\approx V'(\neg\chi(x/\alpha))$"，条件成立时 $V'(\varphi) \approx 0$，条件不成立时任意指定 0 或 1 为 $V'(\varphi)$ 的值；

定义映射 V' 完成，第一步结束。

根据 V' 的定义，可以得出 V' 的两条性质：

(G) $V'(\varphi) \approx 1 \Leftrightarrow V'(\sim\varphi) \approx 0$；

(H) $V'(\varphi \wedge \psi) \approx 1 \Leftrightarrow (V'(\varphi) \approx 1$ 且 $V'(\psi) \approx 1)$。

(G) 的证明。假设 $V'(\varphi) \approx 1$，根据 (A) 和 (B) 得 $V'(\varphi \supset \perp) \approx 0$，即 $V'(\sim\varphi) \approx 0$。假设 $V'(\sim\varphi) \approx 0$，根据 $\sim\varphi$ 的定义得 $V'(\varphi \supset \perp) \approx 0$，再根据 (A) 和 (B) 得 $V'(\varphi) \approx 1$。因此 $V'(\varphi) \approx 1 \Leftrightarrow V'(\sim\varphi) \approx 0$。

(H) 的证明。假设 $V'(\varphi \wedge \psi) \approx 1$，根据 $(\varphi \wedge \psi)$ 的定义得 $V'(\sim(\varphi \supset \sim\psi)) \approx 1$，再根据 (G) 得 $V'(\varphi \supset \sim\psi) \approx 0$，再根据 (B) 得 $V'(\varphi) \approx 1$ 且 $V'(\sim\psi) \approx 0$，再根据 (G) 得 $V'(\varphi) \approx 1$ 且 $V'(\psi) \approx 1$。假设 $V'(\varphi) \approx 1$ 且 $V'(\psi) \approx 1$，根据 (G) 得 $V'(\varphi) \approx 1$ 且 $V'(\sim\psi) \approx$

0，再根据（B）得 $V'(\varphi \supset \sim \psi) \approx 0$，再根据（G）得 $V'(\sim(\varphi \supset \sim \psi)) \approx 1$，即 $V'(\varphi \wedge \psi) \approx 1$。因此 $V'(\varphi \wedge \psi) \approx 1 \Leftrightarrow (V'(\varphi) \approx 1$ 且 $V'(\psi) \approx 1)$。

第二步是证明：当赋值 V 的定义域限制为 Γ 时，V' 满足赋值 V 的条件。接下来逐条验证。

根据（A）可得 V' 满足条件（1）和（2）在 Γ 上的限制。

根据（B）可得 V' 满足条件（3）在 Γ 上的限制。

根据（C）可得 V' 满足条件（8）在 Γ 上的限制。

根据（D）可得 V' 满足条件（10）在 Γ 上的限制。

根据（E）可得 V' 满足条件（11）在 Γ 上的限制。

关于条件（4）。假设 $V'(\sim\varphi) \approx 1$。根据（G）得 $V'(\varphi) \approx 0$。再根据（F）（i）得 $V'(\neg\varphi) \approx 1$。因此 V' 满足条件（4）在 Γ 上的限制。

关于条件（5）。首先假设 $V'(\neg\neg\varphi) \approx 1$。根据（F）（iii）得 $V'(\neg\neg\varphi) \approx V'(\varphi) \approx 1$。其次假设 $V'(\varphi) \approx 1$。若 $V'(\neg\varphi) \approx 1$，则根据（F）（iii）得 $V'(\neg\neg\varphi) \approx V'(\varphi) \approx 1$。若 $V'(\neg\varphi) \approx 0$，则根据（F）（i）得 $V'(\neg\neg\varphi) \approx 1$。因此 V' 满足条件（5）在 Γ 上的限制。

关于条件（6）。假设 $V'(\circ\varphi) \approx V'(\neg\varphi) \approx 1$。根据 $\circ\varphi$ 的定义得 $V'(\sim(\varphi \wedge \neg\varphi)) \approx 1$。再根据（G）得 $V'(\varphi \wedge \neg\varphi) \approx 0$。再根据 $(\varphi \wedge \neg\varphi)$ 的定义得 $V'(\sim(\varphi \supset \sim\neg\varphi)) \approx 0$。再根据（G）得 $V'(\varphi \supset \sim\neg\varphi) \approx 1$。再根据（B）得 $V'(\varphi) \approx 0$ 或 $V'(\sim\neg\varphi) \approx 1$。因为 $V'(\neg\varphi) \approx 1$，所以根据（G）得 $V'(\sim\neg\varphi) \approx 0$。因此从"$V'(\varphi) \approx 0$ 或 $V'(\sim\neg\varphi) \approx 1$"只能得到出"$V'(\varphi) \approx 0$"。从 $V'(\varphi) \approx 0$ 出发根据（G）得 $V'(\sim\varphi) \approx 1$。因此 V' 满足条件（6）在 Γ 上的限制。

关于条件（7）。假设 $V'(\circ\varphi) \approx V'(\circ\psi) \approx 1$。从上一段中的证明可知从 $V'(\circ\varphi) \approx 1$ 可得 $V'(\varphi) \approx 0$ 或 $V'(\sim\neg\varphi) \approx 1$。如果 $V'(\sim\neg\varphi) \approx 1$，那么根据（G）得 $V'(\neg\varphi) \approx 0$。因此从"$V'(\varphi) \approx 0$ 或 $V'(\sim\neg\varphi) \approx 1$"可得"$V'(\varphi) \approx 0$ 或 $V'(\neg\varphi) \approx 0$"。从"$V'(\varphi) \approx 0$ 或 $V'(\neg\varphi) \approx 0$"出发根据（F）（i）得"$V'(\varphi) \approx 0$ 且 $V'(\neg\varphi) \approx 1$"或者

“ $V'(\varphi)\approx 1$ 且 $V'(\neg\varphi)\approx 0$”，即 $V'(\varphi)\not\approx V'(\neg\varphi)$。从 $V'(°\psi)\approx 1$ 出发根据类似的过程可得 $V'(\psi)\not\approx V'(\neg\psi)$。如果 $V'(\varphi\wedge\psi)\approx 1$，那么根据（F）（v）得 $V'(\neg(\varphi\wedge\psi))\approx 0$。如果 $V'(\varphi\wedge\psi)\approx 0$，那么根据（F）（i）得 $V'(\neg(\varphi\wedge\psi))\approx 1$。因此根据（H）得 $V'((\varphi\wedge\psi)\wedge\neg(\varphi\wedge\psi))\approx 0$。再根据（G）得 $V'(\sim[(\varphi\wedge\psi)\wedge\neg(\varphi\wedge\psi)])\approx 1$，即 $V'(°(\varphi\wedge\psi))\approx 1$。因此 V' 满足条件（7）在 Γ 上的限制。

关于条件（9）。假设 $V'(\forall x°\varphi)\approx 1$。根据（C）得，对 $L(ZQ)(\mathfrak{A})$ 中的所有名字 α 有 $V'((°\varphi)(x/\alpha))\approx 1$。根据 $(°\varphi)$ 的定义得 $V'([\sim(\varphi\wedge\neg\varphi)](x/\alpha))\approx 1$。再根据项对公式的代入定义（定义 4.9）得 $V'(\sim\{\varphi(x/\alpha)\wedge\neg[\varphi(x/\alpha)]\})\approx 1$，即 $V'(°[\varphi(x/\alpha)])\approx 1$。类似于上一段的证明过程得 $V'(\varphi(x/\alpha))\not\approx V'(\neg[\varphi(x/\alpha)])$。如果 $V'(\forall x\varphi)\approx 0$，那么根据（F）（i）得 $V'(\neg(\forall x\varphi))\approx 1$。如果 $V'(\forall x\varphi)\approx 1$，那么根据（F）（vi）得 $V'(\neg(\forall x\varphi))\approx 0$。因此根据（H）得 $V'((\forall x\varphi)\wedge\neg(\forall x\varphi))\approx 0$。再根据（G）得 $V'(\sim[(\forall x\varphi)\wedge\neg(\forall x\varphi)])\approx 1$，即 $V'(°(\forall x\varphi))\approx 1$。因此 V' 满足条件（9）在 Γ 上的限制。

第二步证明结束。综合第一、二步得，存在一个从 Γ 到 $\{0,1\}$ 的映射 V' 使得当赋值 V 的定义域限制为 Γ 时，V' 满足赋值 V 的条件。

此引理中得到的映射 V' 被称为结构 $\mathfrak{A}$ 上的一个 Γ-赋值。

定义 4.15

给定 $L(ZQ)$ 的一个结构 $\mathfrak{A}$ 上的一个 Γ-赋值 V'，定义 $L(ZQ)(\mathfrak{A})$ 中的闭公式构成的一个公式集 $\Delta(\Gamma)$ 如下，对 $L(ZQ)(\mathfrak{A})$ 的任意闭公式 φ 而言：（此处的 Γ 是引理 4.14 中定义的 Γ。）

（i）若 $\varphi\in\Gamma$，则 $(\varphi\in\Delta(\Gamma))\Leftrightarrow(V'(\varphi)\approx 0)$；

（ii）若 $\varphi\notin\Gamma$，则 $(\varphi\in\Delta(\Gamma))\Leftrightarrow$

（a）φ 是 $\perp$；或者

（b）φ 是 $(t_1=t_2)$ 且 $(\mathfrak{A}(t_1)\not\approx\mathfrak{A}(t_2))$；或者

（c）φ 是 $\neg\psi$ 且 $\psi\notin\Delta(\Gamma)$；或者

(d) φ 是 $(\psi \supset \chi)$，并且 $\psi \notin \Delta(\Gamma)$，并且 $\chi \in \Delta(\Gamma)$；或者

(e) φ 是 $\forall x\psi$，并且对 $L(ZQ)(\mathfrak{A})$ 中的某个名字 α 有 $\psi(x/\alpha) \in \Delta(\Gamma)$；或者

(f) φ 是 $\neg\neg\psi$ 且 $\psi \in \Delta(\Gamma)$；

(iii) 若 φ' 是 φ 的变式，则 $(\varphi \in \Delta(\Gamma)) \Leftrightarrow (\varphi' \in \Delta(\Gamma))$；

(iv) 若 $(t_0 = t_1) \notin \Delta(\Gamma)$，则 $(\varphi(x/t_0) \in \Delta(\Gamma)) \Leftrightarrow (\varphi(x/t_1) \in \Delta(\Gamma))$。

推论 4.16

$\Delta(\Gamma)$ 有下列性质：

(1) $(\varphi \in \Delta(\Gamma)) \Rightarrow (\neg\varphi \notin \Delta(\Gamma))$；

(2) $((\varphi \supset \psi) \in \Delta(\Gamma)) \Leftrightarrow (\varphi \notin \Delta(\Gamma)$ 且 $\psi \in \Delta(\Gamma))$；

(3) $\perp \in \Delta(\Gamma)$；

(4) $(\varphi \in \Delta(\Gamma)) \Leftrightarrow (\sim\varphi \notin \Delta(\Gamma))$；

(5) $((\varphi \wedge \psi) \notin \Delta(\Gamma)) \Leftrightarrow (\varphi \notin \Delta(\Gamma)$ 且 $\psi \notin \Delta(\Gamma))$；

(6) $(\varphi \notin \Delta(\Gamma)$ 且 $\neg\varphi \notin \Delta(\Gamma)) \Rightarrow (^{\circ}\varphi \in \Delta(\Gamma))$。

证明。(此处的 Γ 是引理 4.14 中定义的 Γ。)

(1) 分情形讨论。

情形一，$\neg\varphi \notin \Gamma$。假设 $\varphi \in \Delta(\Gamma)$。根据定义 4.15（ⅱ）(c)，由 $\varphi \in \Delta(\Gamma)$ 得 $\neg\varphi \notin \Delta(\Gamma)$。

情形二，$\neg\varphi \in \Gamma$。根据引理 4.14 中 Γ 的定义，由 $\neg\varphi \in \Gamma$ 得 $\varphi \in \Gamma$。假设 $\varphi \in \Delta(\Gamma)$。根据定义 4.15 (i) 得 $V'(\varphi) \approx 0$。根据引理 4.14 (F) (i)，由 $V'(\varphi) \approx 0$ 得 $V'(\neg\varphi) \approx 1$。根据定义 4.15 (i)，由 $V'(\neg\varphi) \approx 1$ 得 $\neg\varphi \notin \Delta(\Gamma)$。

综合两种情形得 $(\varphi \in \Delta(\Gamma)) \Rightarrow (\neg\varphi \notin \Delta(\Gamma))$，结论成立。

(2) 分情形讨论。

情形一，$(\varphi \supset \psi) \notin \Gamma$。根据定义 4.15 (ii) (d)，$((\varphi \supset \psi) \in \Delta(\Gamma)) \Leftrightarrow (\varphi \notin \Delta(\Gamma)$ 且 $\psi \in \Delta(\Gamma))$。

情形二，$(\varphi \supset \psi) \in \Gamma$。根据引理 4.14 中 Γ 的定义，由 $(\varphi \supset \psi) \in$

Γ 得 $\varphi \in \Gamma$ 并且 $\psi \in \Gamma$。根据定义 4.15（i）得 $((\varphi \supset \psi) \in \Delta(\Gamma)) \Leftrightarrow (V'(\varphi \supset \psi) \approx 0)$。根据引理 4.14 和赋值 V 的条件（3）得 $(V'(\varphi \supset \psi) \approx 0) \Leftrightarrow (V'(\varphi) \approx 1$ 且 $V'(\psi) \approx 0)$。根据定义 4.15（i）得 $(V'(\varphi) \approx 1$ 且 $V'(\psi) \approx 0) \Leftrightarrow (\varphi \notin \Delta(\Gamma)$ 且 $\psi \in \Delta(\Gamma))$。因此 $((\varphi \supset \psi) \in \Delta(\Gamma)) \Leftrightarrow (\varphi \notin \Delta(\Gamma)$ 且 $\psi \in \Delta(\Gamma))$。

综合两种情形得 $((\varphi \supset \psi) \in \Delta(\Gamma)) \Leftrightarrow (\varphi \notin \Delta(\Gamma)$ 且 $\psi \in \Delta(\Gamma))$，结论成立。

（3）分情形讨论。

情形一，$\bot \notin \Gamma$，根据定义 4.15（ii）（a）得 $\bot \in \Delta(\Gamma)$。

情形二，$\bot \in \Gamma$，根据定义 4.15（i）得 $(\bot \in \Delta(\Gamma)) \Leftrightarrow (V'(\bot) \approx 0)$。根据引理 4.14（A）得 $V'(\bot) \approx 0$。因此 $\bot \in \Delta(\Gamma)$。

综合两种情形得 $\bot \in \Delta(\Gamma)$，结论成立。

（4）根据 $\sim\varphi$ 的定义得 $(\sim\varphi \notin \Delta(\Gamma)) \Leftrightarrow ((\varphi \Rightarrow \bot) \notin \Delta(\Gamma))$。分情形讨论。

情形一，$(\varphi \Rightarrow \bot) \notin \Gamma$。根据定义 4.15（ii）（d）得 $((\varphi \Rightarrow \bot) \notin \Delta(\Gamma)) \Leftrightarrow (\varphi \in \Delta(\Gamma)$ 或者 $\bot \notin \Delta(\Gamma))$。因为根据推论 4.16（3）有 $\bot \in \Delta(\Gamma)$，所以 $(\varphi \in \Delta(\Gamma)$ 或者 $\bot \notin \Delta(\Gamma)) \Leftrightarrow (\varphi \in \Delta(\Gamma))$。因此 $(\varphi \in \Delta(\Gamma)) \Leftrightarrow (\sim\varphi \notin \Delta(\Gamma))$。

情形二，$(\varphi \Rightarrow \bot) \in \Gamma$。根据引理 4.14 中 Γ 的定义，由 $(\varphi \Rightarrow \bot) \in \Gamma$ 得 $\varphi \in \Gamma$ 且 $\bot \in \Gamma$。根据定义 4.15（i）得 $(\sim\varphi \notin \Delta(\Gamma)) \Leftrightarrow (V'(\sim\varphi) \approx 1)$。根据引理 4.14 和赋值 V 的条件（12）得 $(V'(\sim\varphi) \approx 1) \Leftrightarrow (V'(\varphi) \approx 0)$。根据定义 4.15（i）得 $(V'(\varphi) \approx 0) \Leftrightarrow (\varphi \in \Delta(\Gamma))$。因此 $(\varphi \in \Delta(\Gamma)) \Leftrightarrow (\sim\varphi \notin \Delta(\Gamma))$。

综合两种情形，$(\varphi \in \Delta(\Gamma)) \Leftrightarrow (\sim\varphi \notin \Delta(\Gamma))$，结论成立。

（5）根据 $(\varphi \wedge \psi)$ 的定义得 $((\varphi \wedge \psi) \notin \Delta(\Gamma)) \Leftrightarrow (\sim(\varphi \supset \sim\psi) \notin \Delta(\Gamma))$。根据推论 4.16（4）得 $(\sim(\varphi \supset \sim\psi) \notin \Delta(\Gamma)) \Leftrightarrow ((\varphi \supset \sim\psi) \in \Delta(\Gamma))$。根据推论 4.16（2）得 $((\varphi \supset \sim\psi) \in \Delta(\Gamma)) \Leftrightarrow (\varphi \notin \Delta(\Gamma)$ 且 $\sim\psi \in \Delta(\Gamma))$。根据推论 4.16（4）得（$\sim\psi \in$

$\Delta(\Gamma))\Leftrightarrow(\psi\notin\Delta(\Gamma))$；进一步可得$(\varphi\notin\Delta(\Gamma)$ 且 $\sim\psi\in\Delta(\Gamma))\Leftrightarrow(\varphi\notin\Delta(\Gamma)$ 且 $\psi\notin\Delta(\Gamma))$。因此$((\varphi\wedge\psi)\notin\Delta(\Gamma))\Leftrightarrow(\varphi\notin\Delta(\Gamma)$ 且 $\psi\notin\Delta(\Gamma))$，结论成立。

(6) 假设 $\varphi\notin\Delta(\Gamma)$ 且 $\neg\varphi\notin\Delta(\Gamma)$。再根据推论4.16 (5) 得$(\varphi\wedge\neg\varphi)\notin\Delta(\Gamma)$。再根据4.16 (4) 得 $\sim(\varphi\wedge\neg\varphi)\in\Delta(\Gamma)$，即 $^{\circ}\varphi\in\Delta(\Gamma)$。因此若 $\varphi\notin\Delta(\Gamma)$ 且 $\neg\varphi\notin\Delta(\Gamma)$，则 $^{\circ}\varphi\in\Delta(\Gamma)$，结论成立。

推论4.17

$\Delta(\Gamma)$ 有下列性质：

(1) $((t_0=t_1)\notin\Delta(\Gamma))\Leftrightarrow(\mathfrak{A}(t_0)\approx\mathfrak{A}(t_1))$；

(2) $\perp\in\Delta(\Gamma)$；

(3) $((\varphi\supset\psi)\notin\Delta(\Gamma))\Leftrightarrow(\varphi\in\Delta(\Gamma)$ 或者 $\psi\notin\Delta(\Gamma))$；

(4) $(\sim\varphi\notin\Delta(\Gamma))\Rightarrow(\neg\varphi\notin\Delta(\Gamma))$；

(5) $(\neg\neg\varphi\notin\Delta(\Gamma))\Leftrightarrow(\varphi\notin\Delta(\Gamma))$；

(6) $(^{\circ}\varphi\notin\Delta(\Gamma)$ 且 $\neg\varphi\notin\Delta(\Gamma))\Rightarrow(\sim\varphi\notin\Delta(\Gamma))$；

(7) $(^{\circ}\varphi\notin\Delta(\Gamma)$ 且 $^{\circ}\psi\notin\Delta(\Gamma))\Rightarrow(^{\circ}(\varphi\wedge\psi)\notin\Delta(\Gamma))$；

(8) $(\forall x\varphi\notin\Delta(\Gamma))\Leftrightarrow($对 $L(ZQ)(\mathfrak{A})$ 中的所有名字 α 有 $\varphi(x/\alpha)\notin\Delta(\Gamma))$；

(9) $(\forall x^{\circ}\varphi\notin\Delta(\Gamma))\Rightarrow(^{\circ}(\forall x\varphi)\notin\Delta(\Gamma))$；

(10) 若 φ' 是 φ 的变式，则 $(\varphi\notin\Delta(\Gamma))\Leftrightarrow(\varphi'\notin\Delta(\Gamma))$；

(11) 若 $(t_0=t_1)\notin\Delta(\Gamma)$，则 $(\varphi(x/t_0)\notin\Delta(\Gamma))\Leftrightarrow(\varphi(x/t_1)\notin\Delta(\Gamma))$。

证明。

(1) 分情形讨论。

情形一，$(t_0=t_1)\notin\Gamma$。根据定义4.15 (ⅱ) (b) 得$((t_0=t_1)\notin\Delta(\Gamma))\Leftrightarrow(\mathfrak{A}(t_0)\approx\mathfrak{A}(t_1))$。

情形二，$(t_0=t_1)\in\Gamma$。根据定义4.15 (i) 得$((t_0=t_1)\notin\Delta(\Gamma))\Leftrightarrow(V'(t_0=t_1)\approx1)$。根据引理4.14 (A) 得 $(V'(t_0=t_1)\approx$

$1) \Leftrightarrow (\mathfrak{A}(t_0) \approx \mathfrak{A}(t_1))$。因此 $((t_0 = t_1) \notin \Delta(\Gamma)) \Leftrightarrow (\mathfrak{A}(t_0) \approx \mathfrak{A}(t_1))$。

综合两种情形，结论成立。

(2) 根据推论4.16 (3) 立得。

(3) 根据推论4.16 (2) 立得。

(4) 假设 $\sim \varphi \notin \Delta(\Gamma)$。根据推论4.16 (4)，由 $\sim \varphi \notin \Delta(\Gamma)$ 得 $\varphi \in \Delta(\Gamma)$。分情形讨论。

情形一，$\neg \varphi \notin \Gamma$。根据定义4.15 (ii) (c)，由 $\varphi \in \Delta(\Gamma)$ 得 $\neg \varphi \notin \Delta(\Gamma)$。

情形二，$\neg \varphi \in \Gamma$。根据引理4.14中 Γ 的定义，由 $\neg \varphi \in \Gamma$ 得 $\varphi \in \Gamma$。根据定义4.15 (i)，由 $\varphi \in \Delta(\Gamma)$ 得 $V'(\varphi) \approx 0$。根据引理4.14 (F) (i)，由 $V'(\varphi) \approx 0$ 得 $V'(\neg \varphi) \approx 1$。根据定义4.15 (i)，由 $V'(\neg \varphi) \approx 1$ 得 $\neg \varphi \notin \Delta(\Gamma)$。

综合两种情形，$\neg \varphi \notin \Delta(\Gamma)$。因此若 $\sim \varphi \notin \Delta(\Gamma)$，则 $\neg \varphi \notin \Delta(\Gamma)$，结论成立。

(5) 分情形讨论。

情形一，$\neg \neg \varphi \notin \Gamma$。根据定义4.15 (ii) (f) 得 $(\neg \neg \varphi \notin \Delta(\Gamma)) \Leftrightarrow (\varphi \notin \Delta(\Gamma))$。

情形二，$\neg \neg \varphi \in \Gamma$。根据引理4.14中 Γ 的定义，由 $\neg \neg \varphi \in \Gamma$ 得 $\varphi \in \Gamma$ 且 $\neg \varphi \in \Gamma$。根据定义4.15 (i) 得 $(\neg \neg \varphi \notin \Delta(\Gamma)) \Leftrightarrow (V'(\neg \neg \varphi) \approx 1)$。根据引理4.14和赋值 V 的条件 (5) 得 $(V'(\neg \neg \varphi) \approx 1) \Leftrightarrow (V'(\varphi) \approx 1)$。根据定义4.15 (i) 得 $(V'(\varphi) \approx 1) \Leftrightarrow (\varphi \notin \Delta(\Gamma))$。因此 $(\neg \neg \varphi \notin \Delta(\Gamma)) \Leftrightarrow (\varphi \notin \Delta(\Gamma))$。

综合两种情形得 $(\neg \neg \varphi \notin \Delta(\Gamma)) \Leftrightarrow (\varphi \notin \Delta(\Gamma))$，结论成立。

(6) 假设 $({}^\circ\varphi \notin \Delta(\Gamma)$ 且 $\neg \varphi \notin \Delta(\Gamma))$。根据推论4.16 (6)，由 $({}^\circ\varphi \notin \Delta(\Gamma))$ 得 $\varphi \in \Delta(\Gamma)$ 或者 $\neg \varphi \in \Delta(\Gamma)$。因为已知 $\neg \varphi \notin \Delta(\Gamma)$，所以 $\varphi \in \Delta(\Gamma)$。根据推论4.16的 (2) 和 (3)，由 $\varphi \in \Delta(\Gamma)$ 得 $(\varphi \supset \bot) \notin \Delta(\Gamma)$，即 $\sim \varphi \notin \Delta(\Gamma)$。因此 $({}^\circ\varphi \notin \Delta(\Gamma)$ 且 $\neg \varphi \notin \Delta(\Gamma))$

$\supset(\sim\varphi\notin\Delta(\Gamma))$，结论成立。

(7) 假设$({}^{\circ}\varphi\notin\Delta(\Gamma)$ 且 ${}^{\circ}\psi\notin\Delta(\Gamma))$。根据推论4.16 (6)，由 ${}^{\circ}\varphi\notin\Delta(\Gamma)$ 得 $\varphi\in\Delta(\Gamma)$ 或者 $\neg\varphi\in\Delta(\Gamma)$。根据推论4.16 (6)，由 ${}^{\circ}\psi\notin\Delta(\Gamma)$ 得 $\psi\in\Delta(\Gamma)$ 或者 $\neg\psi\in\Delta(\Gamma)$。分情形讨论。

情形一，$(\varphi\wedge\psi)\in\Delta(\Gamma)$。根据推论4.16 (5)，由 $(\varphi\wedge\psi)\in\Delta(\Gamma)$ 得 $((\varphi\wedge\psi)\wedge\neg(\varphi\wedge\psi))\in\Delta(\Gamma)$。根据推论4.16 (4)，由 $((\varphi\wedge\psi)\wedge\neg(\varphi\wedge\psi))\in\Delta(\Gamma)$ 得 $\sim[(\varphi\wedge\psi)\wedge\neg(\varphi\wedge\psi)]\notin\Delta(\Gamma)$，即 ${}^{\circ}(\varphi\wedge\psi)\notin\Delta(\Gamma)$。

情形二，$(\varphi\wedge\psi)\notin\Delta(\Gamma)$。根据推论4.16 (5)，由 $(\varphi\wedge\psi)\notin\Delta(\Gamma)$ 得 $(\varphi\notin\Delta(\Gamma)$ 且 $\psi\notin\Delta(\Gamma))$。因为 $(\varphi\in\Delta(\Gamma)$ 或者 $\neg\varphi\in\Delta(\Gamma))$，所以由 $\varphi\notin\Delta(\Gamma)$ 得 $\neg\varphi\in\Delta(\Gamma)$。因为 $(\psi\in\Delta(\Gamma)$ 或者 $\neg\psi\in\Delta(\Gamma))$，所以由 $\psi\notin\Delta(\Gamma)$ 得 $\neg\psi\in\Delta(\Gamma)$。分情形讨论。

情形二 (a)，$\neg(\varphi\wedge\psi)\notin\Gamma$。根据定义4.15 (ii) (c)，由 $(\varphi\wedge\psi)\notin\Delta(\Gamma)$ 得 $\neg(\varphi\wedge\psi)\in\Delta(\Gamma)$。根据推论4.16 (5)，由 $(\varphi\wedge\psi)\notin\Delta(\Gamma)$ 和 $\neg(\varphi\wedge\psi)\in\Delta(\Gamma)$ 得 $((\varphi\wedge\psi)\wedge\neg(\varphi\wedge\psi))\in\Delta(\Gamma)$。根据推论4.16 (4)，由 $((\varphi\wedge\psi)\wedge\neg(\varphi\wedge\psi))\in\Delta(\Gamma)$ 得 $\sim[(\varphi\wedge\psi)\wedge\neg(\varphi\wedge\psi)]\notin\Delta(\Gamma)$，即 ${}^{\circ}(\varphi\wedge\psi)\notin\Delta(\Gamma)$。

情形二 (b)，$\neg(\varphi\wedge\psi)\in\Gamma$。根据引理4.14中 Γ 的定义，由 $\neg(\varphi\wedge\psi)\in\Gamma$ 得 $(\varphi\wedge\psi)\in\Gamma$，$\varphi\in\Gamma$，$\neg\varphi\in\Gamma$，$\psi\in\Gamma$，$\neg\psi\in\Gamma$。根据定义4.15 (i)，由 $(\varphi\wedge\psi)\notin\Delta(\Gamma)$ 得 $V'(\varphi\wedge\psi)\approx1$，由 $\varphi\notin\Delta(\Gamma)$ 得 $V'(\varphi)\approx1$，由 $\psi\notin\Delta(\Gamma)$ 得 $V'(\psi)\approx1$，由 $\neg\varphi\in\Delta(\Gamma)$ 得 $V'(\neg\varphi)\approx0$，由 $\neg\psi\in\Delta(\Gamma)$ 得 $V'(\neg\psi)\approx0$。因为 $V'(\varphi)\approx1$ 且 $V'(\neg\varphi)\approx0$，所以 $V'(\varphi)\not\approx V'(\neg\varphi)$。因为 $V'(\psi)\approx1$ 且 $V'(\neg\psi)\approx0$，所以 $V'(\psi)\not\approx V'(\neg\psi)$。进一步根据引理4.14 (F) (v)，由 $V'(\varphi\wedge\psi)\approx1$ 得 $V'(\neg(\varphi\wedge\psi))\approx0$。根据定义4.15 (i) 得 $\neg(\varphi\wedge\psi)\in\Delta(\Gamma)$。根据推论4.16 (5)，由 $(\varphi\wedge\psi)\notin\Delta(\Gamma)$ 和 $\neg(\varphi\wedge\psi)\in\Delta(\Gamma)$ 得 $((\varphi\wedge\psi)\wedge\neg(\varphi\wedge\psi))\in\Delta(\Gamma)$。根据推论4.16 (4)，由 $((\varphi\wedge\psi)\wedge\neg(\varphi\wedge\psi))\in\Delta(\Gamma)$ 得 $\sim[(\varphi\wedge\psi)\wedge\neg(\varphi\wedge\psi)]\notin$

$\Delta(\Gamma)$，即 $^\circ(\varphi \wedge \psi) \notin \Delta(\Gamma)$。

综合情形二（a）和情形二（b）得 $^\circ(\varphi \wedge \psi) \notin \Delta(\Gamma)$，因此在情形二中有 $^\circ(\varphi \wedge \psi) \notin \Delta(\Gamma)$。综合情形一和情形二得 $^\circ(\varphi \wedge \psi) \notin \Delta(\Gamma)$。因此若 $^\circ\varphi \notin \Delta(\Gamma)$ 且 $^\circ\psi \notin \Delta(\Gamma)$，则 $^\circ(\varphi \wedge \psi) \notin \Delta(\Gamma)$，结论成立。

（8）分情形讨论。

情形一，$\forall x\varphi \notin \Gamma$。根据定义4.15（ⅱ）（e）得，$\forall x\varphi \notin \Delta(\Gamma) \Leftrightarrow$ 对 $L(ZQ)(\mathfrak{A})$ 中的所有名字 α 有 $\varphi(x/\alpha) \notin \Delta(\Gamma)$。

情形二，$\forall x\varphi \in \Gamma$。根据引理4.14中 Γ 的定义，对 $L(ZQ)(\mathfrak{A})$ 中的一切名字 α，$\varphi(x/\alpha)$ 和 $\neg\varphi(x/\alpha)$ 也都在 Γ 中。根据定义4.15（i）得（$\forall x\varphi \notin \Delta(\Gamma)$）$\Leftrightarrow$（$V'(\forall x\varphi) \approx 1$）。根据引理4.14（C），（$V'(\forall x\varphi) \approx 1$）$\Leftrightarrow$（对 $L(ZQ)(\mathfrak{A})$ 中的一切名字 α 有 $V'(\varphi(x/\alpha)) \approx 1$）。根据定义4.15（i）得（$V'(\varphi(x/\alpha)) \approx 1$）$\Leftrightarrow$（$\varphi(x/\varphi) \notin \Delta(\Gamma)$）。因此（$\forall x\varphi \notin \Delta(\Gamma)$）$\Leftrightarrow$（对 $L(ZQ)(\mathfrak{A})$ 中的所有名字 α 有 $\varphi(x/\alpha) \notin \Delta(\Gamma)$）。

综合两种情形，结论成立。

（9）假设 $\forall x^\circ\varphi \notin \Delta(\Gamma)$。根据推论4.17（8），由 $\forall x^\circ\varphi \notin \Delta(\Gamma)$ 得对 $L(ZQ)(\mathfrak{A})$ 中的所有名字 α 有 $(^\circ\varphi)(x/\alpha) \notin \Delta(\Gamma)$。根据 $^\circ\varphi$ 的定义，由 $(^\circ\varphi)(x/\alpha) \notin \Delta(\Gamma)$ 得 $[\sim(\varphi \wedge \neg\varphi)](x/\alpha) \notin \Delta(\Gamma)$。根据项对公式的代入（定义4.9）得 $[\sim(\varphi \wedge \neg\varphi)](x/\alpha) \approx (\sim[\varphi(x/\alpha) \wedge \neg(\varphi(x/\alpha))])$；进一步由 $[\sim(\varphi \wedge \neg\varphi)](x/\alpha) \notin \Delta(\Gamma)$ 得 $(\sim[\varphi(x/\alpha) \wedge \neg(\varphi(x/\alpha))]) \notin \Delta(\Gamma)$。根据推论4.16（6），由 $\sim[\varphi(x/\alpha) \wedge \neg(\varphi(x/\alpha))] \notin \Delta(\Gamma)$ 得（$\varphi(x/\alpha) \in \Delta(\Gamma)$ 或者 $\neg\varphi(x/\alpha) \in \Delta(\Gamma)$）。分情形讨论。

情形一，$\forall x\varphi \in \Delta(\Gamma)$。根据推论4.16（1），由 $\forall x\varphi \in \Delta(\Gamma)$ 得 $\neg\forall x\varphi \notin \Delta(\Gamma)$。根据推论4.16（5），由 $\forall x\varphi \in \Delta(\Gamma)$ 和 $\neg\forall x\varphi \notin \Delta(\Gamma)$ 得 $(\forall x\varphi \wedge \neg\forall x\varphi) \in \Delta(\Gamma)$。根据推论4.16（4），由 $(\forall x\varphi \wedge \neg\forall x\varphi) \in \Delta(\Gamma)$ 得 $(\sim(\forall x\varphi \wedge \neg\forall x\varphi)) \notin \Delta(\Gamma)$，即 $^\circ(\forall x\varphi)$

$\notin \Delta(\Gamma)$ 。

情形二，$\forall x\varphi \notin \Delta(\Gamma)$ 。根据推论4.17（8），由 $\forall x\varphi \notin \Delta(\Gamma)$ 得对 $L(ZQ)(\mathfrak{A})$ 中的所有名字 α 有 $\varphi(x/\alpha) \notin \Delta(\Gamma)$ 。因为（$\varphi(x/\alpha) \in \Delta(\Gamma)$ 或者 $\neg \varphi(x/\alpha) \in \Delta(\Gamma)$），所以由 $\varphi(x/\alpha) \notin \Delta(\Gamma)$ 得 $\neg \varphi(x/\alpha) \in \Delta(\Gamma)$ 。分情形讨论。

情形二（a），$\neg \forall x\varphi \in \Gamma$ 。根据引理4.14中 Γ 的定义，由 $\neg \forall x\varphi \in \Gamma$ 得 $\forall x\varphi \in \Gamma$，$\varphi(x/\alpha) \in \Gamma$ 和 $\neg \varphi(x/\alpha) \in \Gamma$ 。根据定义4.15（i），由 $\forall x\varphi \notin \Delta(\Gamma)$ 得 $V'(\forall x\varphi) \approx 1$。根据定义4.15（i），由 $\varphi(x/\alpha) \notin \Delta(\Gamma)$ 得 $V'(\varphi(x/\alpha)) \approx 1$。根据定义4.15（i），由 $\neg \varphi(x/\alpha) \in \Delta(\Gamma)$ 得 $V'(\neg \varphi(x/\alpha)) \approx 0$。因此有 $V'(\varphi(x/\alpha)) \approx 1$ 和 $V'(\neg \varphi(x/\alpha)) \approx 0$，并且根据 α 的任意性得对 $L(ZQ)(\mathfrak{A})$ 中的所有名字 α 有 $V'(\varphi(x/\alpha)) \not\approx V'(\neg \varphi(x/\alpha))$；进一步根据引理4.14（F）（vi），由 $V'(\forall x\varphi) \approx 1$ 得 $V'(\neg \forall x\varphi) \approx 0$。根据定义4.15（i），由 $V'(\neg \forall x\varphi) \approx 0$ 得 $\neg \forall x\varphi \in \Delta(\Gamma)$ 。根据推论4.16（5），由 $\forall x\varphi \notin \Delta(\Gamma)$ 和 $\neg \forall x\varphi \in \Delta(\Gamma)$ 得 $(\forall x\varphi \wedge \neg \forall x\varphi) \in \Delta(\Gamma)$ 。根据推论4.16（4），由 $(\forall x\varphi \wedge \neg \forall x\varphi) \in \Delta(\Gamma)$ 得 $\sim(\forall x\varphi \wedge \neg \forall x\varphi) \notin \Delta(\Gamma)$，即 $\circ(\forall x\varphi) \notin \Delta(\Gamma)$ 。

情形二（b），$\neg \forall x\varphi \notin \Delta(\Gamma)$。根据定义4.15（ii）（c），由 $\forall x\varphi \notin \Delta(\Gamma)$ 得 $\neg \forall x\varphi \in \Delta(\Gamma)$。根据推论4.16（5），由 $\forall x\varphi \notin \Delta(\Gamma)$ 和 $\neg \forall x\varphi \in \Delta(\Gamma)$ 得 $(\forall x\varphi \wedge \neg \forall x\varphi) \in \Delta(\Gamma)$ 。根据推论4.16（4），由 $(\forall x\varphi \wedge \neg \forall x\varphi) \in \Delta(\Gamma)$ 得 $\sim(\forall x\varphi \wedge \neg \forall x\varphi) \notin \Delta(\Gamma)$，即 $\circ(\forall x\varphi) \notin \Delta(\Gamma)$ 。

因此，综合情形二（a）和二（b），如果 $\forall x\varphi \notin \Delta(\Gamma)$，那么 $\circ(\forall x\varphi) \notin \Delta(\Gamma)$；再加上情形一可得 $\circ(\forall x\varphi) \notin \Delta(\Gamma)$ 。因此如果 $\forall x \circ\varphi \notin \Delta(\Gamma)$，那么 $\circ(\forall x\varphi) \notin \Delta(\Gamma)$，结论成立。

（10）根据定义4.15（iii）立得。

（11）根据定义4.15（iv）立得。

引理4.18

令 V' 是结构 $\mathfrak{A}$ 上的一个 Γ-赋值，那么 V' 可以扩张成为结构 $\mathfrak{A}$ 上

的一个赋值 V''。

证明。

第一步，从 V' 出发，构造出与之对应的公式集 $\Delta(\Gamma)$。

第二步，定义一个从 $L(ZQ)(\mathfrak{A})$ 的全体闭公式到 $\{0, 1\}$ 的映射 V'' 如下：

$$V''(\varphi) \approx \begin{cases} 1 \text{ 当 } \varphi \notin \Delta(\Gamma) \text{ 时} \\ 0 \text{ 当 } \varphi \in \Delta(\Gamma) \text{ 时} \end{cases}。$$

第三步，证明 V'' 是一个赋值。推论 4.17 的（1）－（11）和赋值定义 V 的条件（1）－（11）是一一对应的，因此 V'' 是一个赋值。

定义 4.19 有效性

令 φ 是语言 $L(ZQ)$ 的任意公式，$\mathfrak{A}$ 是 $L(ZQ)$ 的一个结构，V 是 $\mathfrak{A}$ 上的一个赋值。φ 的一个 $\mathfrak{A}$－实例是指 $L(ZQ)(\mathfrak{A})$ 中的形如 $\varphi(x_1/\alpha_1, \cdots, x_n/\alpha_n)$ 的闭公式，其中 $x_1, \cdots, x_n$ 是在 φ 中出现的所有自由变元，$\alpha_1, \cdots, \alpha_n$ 是 $\mathfrak{A}$ 中的对象的名字。

如果 φ 的任意 $\mathfrak{A}$－实例 $\varphi(\mathfrak{A})$ 对 $\mathfrak{A}$ 上的某个赋值 V 都有 $V(\varphi(\mathfrak{A})) \approx 1$，那么称 φ 在模型（$\mathfrak{A}$，V）中有效，或称（$\mathfrak{A}$，V）是 φ 的一个模型。

如果 φ 对 $\mathfrak{A}$ 上的任意赋值 V 都有 φ 在模型（$\mathfrak{A}$，V）中有效，那么称 φ 在结构 $\mathfrak{A}$ 上有效。

如果 φ 在任意结构 $\mathfrak{A}$ 上有效，那么称 φ 是有效的。

如果 Γ 是 $L(ZQ)$ 的公式的一个集合，并且 Γ 中的公式都在模型（$\mathfrak{A}$，V）中有效，那么称（$\mathfrak{A}$，V）是 Γ 的模型。

如果 Γ 的任意模型都是 φ 的模型，那么称 φ 是 Γ 的语义后承，记作 $\Gamma \vDash \varphi$。当 Γ 是有穷集 $\{\varphi_1, \cdots, \varphi_n\}$ 时，$\Gamma \vDash \varphi$ 也记作 $\varphi_1, \cdots, \varphi_n \vDash \varphi$；当 Γ 为空集时，$\Gamma \vDash \varphi$ 也记作 $\vDash \varphi$。

定理 4.20

令 φ 是 ZQ 的任意公理，那么 $\vDash \varphi$。

因为赋值定义的条件是根据公理给出的，它们之间有对应关系，所以这个结论是显然的，证明省略。

定理4.21 可靠性证明

令Γ是$L(ZQ)$的公式的一个集合，φ是$L(ZQ)$的任意公式。那么：

(1) $\Gamma \vdash_{ZQ} \varphi \Rightarrow \Gamma \vDash \varphi$；

(2) $\vdash_{ZQ} \varphi \Rightarrow \vDash \varphi$。

证明：

(1) 假设$\Gamma \vdash_{ZQ} \varphi$。存在一个从$\Gamma$出发在$ZQ$中到$\varphi$的推导，即存在一个公式序列$\varphi_1$，…，$\varphi_n$使得$\varphi_n \approx \varphi$，并且对$1 \leqslant i \leqslant n$有：①$\varphi_i$是$ZQ$的公理；或者②$\varphi_i$是$\Gamma$中的一个公式；或者③$\varphi_i$是由在前的两个公式$\varphi_k$和$(\varphi_k \supset \varphi_i)$经（R1）得到，其中$1 \leqslant k < i$；或者④$\varphi_i$形如$(\psi \supset \forall x\chi)$，并且是由在前的一个公式$(\psi \supset \chi)$经（R2）得到，其中$x$不在$\psi$中自由出现。

施归纳于i上来证明$\Gamma \vDash \varphi_i$，当$i \approx n$时，即是$\Gamma \vDash \varphi$。

当$i \approx 1$时。φ_i是ZQ的公理或者是Γ中的公式，此时显然有$\Gamma \vDash \varphi_i$。

当$i > 1$时，归纳假设结论对一切小于i的正整数都成立。此时分情形讨论。

情形一，φ_i是ZQ的公理或者是Γ中的公式。和$i \approx 1$时的情形相同。

情形二，φ_i是由在前的两个公式φ_k和$(\varphi_k \supset \varphi_i)$经（R1）得到，其中$1 \leq k < i$。根据归纳假设有$\Gamma \vDash \varphi_k$和$\Gamma \vDash (\varphi_k \supset \varphi_i)$。令$(\mathfrak{A}, V)$是$\Gamma$的任意模型，因此，$\varphi_k$的$\mathfrak{A}$-实例为$\varphi_k(\mathfrak{A})$，$(\varphi_k \supset \varphi_i)$的$\mathfrak{A}$-实例为$(\varphi_k \supset \varphi_i)(\mathfrak{A})$，根据项对公式的代入定义可得，$(\varphi_k \supset \varphi_i)(\mathfrak{A}) \approx (\varphi_k(\mathfrak{A}) \supset \varphi_i(\mathfrak{A}))$。从$\Gamma \vDash \varphi_k$和$\Gamma \vDash (\varphi_k \supset \varphi_i)$得$V(\varphi_k(\mathfrak{A})) \approx 1$且$V(\varphi_k(\mathfrak{A}) \supset \varphi_i(\mathfrak{A})) \approx 1$；进一步根据赋值定义得$V(\varphi_i(\mathfrak{A})) \approx 1$。因为$\varphi_i(\mathfrak{A})$是$\varphi_i$的$\mathfrak{A}$-实例，所以$(\mathfrak{A}, V)$是$\varphi_i$的模型。由$(\mathfrak{A}, V)$的任意性得$\Gamma \vDash \varphi_i$。

情形三，φ_i形如$(\psi \supset \forall x\chi)$，并且是由在前的一个公式$(\psi \supset \chi)$

经（R2）得到，其中 x 不在 ψ 中自由出现。根据归纳假设得 $\Gamma\vDash(\psi\supset\chi)$。令（$\mathfrak{A}$，$V$）是 Γ 的任意模型，因此（$\psi\supset\chi$）的 $\mathfrak{A}$-实例为（$\psi\supset\chi$）($\mathfrak{A}$)，根据项对公式的代入定义得（$\psi\supset\chi$）($\mathfrak{A}$) $\approx$ ($\psi(\mathfrak{A})\supset\chi(\mathfrak{A})$)。从 $\Gamma\vDash(\psi\supset\chi)$ 得 $V(\psi(\mathfrak{A})\supset\chi(\mathfrak{A}))\approx 1$。关于（$\psi\supset\forall x\chi$），它的 $\mathfrak{A}$-实例为（$\psi(\mathfrak{A})\supset(\forall x\chi)(\mathfrak{A})$）。如果（$\mathfrak{A}$，$V$）不是（$\psi\supset\forall x\chi$）的模型，那么 $V(\psi(\mathfrak{A})\supset(\forall x\chi)(\mathfrak{A}))\approx 0$。根据赋值定义，由 $V(\psi(\mathfrak{A})\supset(\forall x\chi)(\mathfrak{A}))\approx 0$ 得（$V(\psi(\mathfrak{A}))\approx 1$ 且 $V((\forall x\chi)(\mathfrak{A}))\approx 0$）。根据赋值定义，由 $V((\forall x\chi)(\mathfrak{A}))\approx 0$ 得在 $L(ZQ)(\mathfrak{A})$ 中存在一个名字 α 使得 $V(\chi(\mathfrak{A})(x/\alpha))\approx 0$。根据赋值定义，由 $V(\psi(\mathfrak{A})\supset\chi(\mathfrak{A}))\approx 1$ 和 $V(\psi(\mathfrak{A}))\approx 1$ 得 $V(\chi(\mathfrak{A}))\approx 1$。因为 $\chi(\mathfrak{A})(x/\alpha)$ 也是 χ 的 $\mathfrak{A}$-实例，所以由 $V(\chi(\mathfrak{A}))\approx 1$ 得 $V(\chi(\mathfrak{A})(x/\alpha))\approx 1$；与 $V(\chi(\mathfrak{A})(x/\alpha))\approx 0$ 矛盾。因此（$\mathfrak{A}$，V）是（$\psi\supset\forall x\chi$）的模型。由（$\mathfrak{A}$，V）的任意性得 $\Gamma\vDash\varphi_i$。

综上所述，根据归纳法得 $\Gamma\vDash\varphi_i$。当 $i=n$ 时即是 $\Gamma\vDash\varphi$。

（2）根据（1）的结论，当 Γ 为空集时立得（2）的结论。

五　ZQ 的一些定理和元定理

定义 4.22 扩张与等价

（1）给定两个语言 $L(S)$ 和 $L(S')$，其中 S 和 S' 分别表示它们的非逻辑符号构成的集合。如果 $L(S)$ 和 $L(S')$ 的区别仅在于 S 是 S' 的子集，那么称 $L(S')$ 是 $L(S)$ 的扩张。

（2）给定两个弗协调一阶理论 T 和 T'，它们的语言分别记为 $L(T)$ 和 $L(T')$。如果 $L(T')$ 是 $L(T)$ 的扩张，并且 T 的每一个定理都是 T' 的定理，那么称 T' 是 T 的扩张。

（3）给定两个弗协调一阶理论 T 和 T'，它们的语言分别记为 $L(T)$ 和 $L(T')$。如果 T' 是 T 的扩张，并且若 $L(T)$ 中的一个公式是 T' 的定理，则该公式也是 T 的定理，那么称 T' 是 T 的保守扩张。

（4）令 T' 是 T 的一个扩张。如果 T' 的语言和 T 的语言相同，那么

称 T' 是 T 的简单扩张。

(5) 给定两个弗协调一阶理论，如果它们互为对方的扩张，即它们的语言相同且拥有相同的定理，那么它们是等价的。

称 ZQ 是带等词的弗协调一阶逻辑，称 ZQ 的扩张是弗协调一阶理论。如果在这种扩张的过程中引入了新的公理，那么这些新公理被称为非逻辑公理。

令 T 是一个弗协调一阶理论，它们语言是 $L(T)$ ，Γ 是 $L(T)$ 的公式构成的一个集合。令 $T[\Gamma]$ 是将 Γ 中的所有公式添加到 T 中作为公理而获得的理论。如果 Γ 是有穷集合 $\{\varphi_1, \cdots, \varphi_n\}$ ，那么 $T[\Gamma]$ 也记为 $T[\varphi_1, \cdots, \varphi_n]$ 。在下文中可以类似地理解类似结构的符号。

一个弗协调理论的模型就是使它的非逻辑公理在其中有效的模型。

定理 4.23 有效性定理

如果 T 是一个弗协调一阶理论，那么它的定理都在它的模型中有效。

证明：根据定理 4.21 (1) 立得这个结论。

定理 4.24

ZQ 中有下列定理和形式推演规则

(1) $\vdash_{ZQ}(\varphi \supset \varphi)$;

(2) $\vdash_{ZQ}\varphi \Rightarrow \vdash_{ZQ}(\psi \supset \varphi)$;

(3) 如果 $\vdash_{ZQ}(\varphi \supset \psi)$ 且 $\vdash_{ZQ}(\varphi \supset \psi \supset \chi)$ ，那么 $\vdash_{ZQ}(\varphi \supset \chi)$;

(4) $\vdash_{ZQ}(\varphi \supset \psi \supset \chi) \Leftrightarrow \vdash_{ZQ}((\varphi \wedge \psi) \supset \chi)$;

(5) $\vdash_{ZQ}(\varphi \supset \psi \supset \chi) \supset \vdash_{ZQ}(\psi \supset \varphi \supset \chi)$ 。

证明：ZQ 中的强否定具有经典命题逻辑的否定的全部性质，并且 ZQ 中的 $\supset$ 具有经典命题逻辑的蕴涵的全部性质，ZQ 中的 $\wedge$ 是用强否定和 $\supset$ 定义的，因而也具有经典命题逻辑的合取的全部性质。因此如果用 ZQ 中的 ~ 、$\supset$ 和 $\wedge$ 分别替换经典命题逻辑的否定符号、蕴涵符号和合取符号，那么经典命题逻辑的定理和推演规则就变成了 ZQ 中的定理和推演规则。因为上面 5 个定理或推演规则是经典命题逻辑的定理和推演规则，因而它们也是 ZQ 的定理和推演规则。

定理 4.25 演绎定理

令 φ 是 $L(ZQ)$ 中的一个闭公式，那么对任一公式 ψ 有 $(\vdash_{ZQ}(\varphi \supset \psi)) \Leftrightarrow (\vdash_{ZQ[\varphi]}\psi)$。

（注意，$ZQ[\varphi]$ 是把 φ 作为非逻辑公理添加到 ZQ 后获得的系统；$\vdash_{ZQ[\varphi]}\psi$ 表示 ψ 是 $ZQ[\varphi]$ 的定理。）

证明：$\Rightarrow$ 方向。

假设 $\vdash_{ZQ}(\varphi \supset \psi)$，此时 $(\varphi \supset \psi)$ 和 φ 都是 $ZQ[\varphi]$ 的定理。根据规则（R1）得 ψ 也是 $ZQ[\varphi]$ 的定理，即 $\vdash_{ZQ[\varphi]}\psi$。

$\Leftarrow$ 方向。

假设 $\vdash_{ZQ[\varphi]}\psi$，此时，ψ 在 $ZQ[\varphi]$ 中有一个证明，即一个公式序列 χ_1，…，χ_n 使得 $\chi_n \approx \psi$，并且对 $1 \leqslant i \leqslant n$ 有：①χ_i 是 φ；或者②χ_i 是 ZQ 的公理；或者③χ_i 是由 χ_k 和 $(\chi_k \supset \chi_i)$ 这两个公式经（R1）得到，其中 $1 \leqslant k < i$；或者④χ_i 形如 $(\psi_1 \supset \forall x \psi_2)$，是由形如 $(\psi_1 \supset \psi_2)$ 的 χ_k 经规则（R2）得到，其中 $1 \leqslant k < i$，并且 x 不在 ψ_1 中自由出现。下面使用强归纳法施归纳于 i 上来证明 $\vdash_{ZQ}\varphi \supset \chi_i$。

归纳假设对小于 i 的正整数 k 而言有 $\vdash_{ZQ}(\varphi \supset \chi_k)$。下面分情形讨论。

情形一，χ_i 是 φ。此时 $(\varphi \supset \chi_i)$ 是 $(\varphi \supset \varphi)$。根据定理 4.24（1）得 $\vdash_{ZQ}(\varphi \supset \varphi)$，即 $\vdash_{ZQ}(\varphi \supset \chi_i)$。

情形二，χ_i 是 ZQ 的公理，此时有 $\vdash_{ZQ}\chi_i$。根据定理 4.24（2），由 $\vdash_{ZQ}\chi_i$ 得 $\vdash_{ZQ}(\varphi \supset \chi_i)$。

情形三，χ_i 是由 χ_k 和 $(\chi_k \supset \chi_i)$ 这两个公式经（R1）得到，其中 $1 \leqslant k < i$。根据归纳假设有 $\vdash_{ZQ}(\varphi \supset \chi_k)$ 和 $\vdash_{ZQ}(\varphi \supset \chi_k \supset \chi_i)$；进一步根据定理 4.24（3）得 $\vdash_{ZQ}(\varphi \supset \chi_i)$。

情形四，χ_i 形如 $(\psi_1 \supset \forall x \psi_2)$，是由形如 $(\psi_1 \supset \psi_2)$ 的 χ_k 经规则（R2）得到，其中 $1 \leqslant k < i$，并且 x 不在 ψ_1 中自由出现。根据归纳假设有 $\vdash_{ZQ}(\varphi \supset \psi_1 \supset \psi_2)$。根据 4.24（4），由 $\vdash_{ZQ}(\varphi \supset \psi_1 \supset \psi_2)$ 得

$\vdash_{ZQ}((\varphi \wedge \psi_1) \supset \psi_2)$；因为 φ 是闭公式，并且 x 不在 ψ_1 中自由出现，所以 x 不在（$\varphi \wedge \psi_1$）中自由出现，根据规则（R2）得 $\vdash_{ZQ}((\varphi \wedge \psi_1) \supset \forall x\, \psi_2)$。根据定理 4.24（4），由 $\vdash_{ZQ}((\varphi \wedge \psi_1) \supset \forall x\, \psi_2)$ 得 $\vdash_{ZQ}(\varphi \supset \psi_1 \supset \forall x\, \psi_2)$，即 $\vdash_{ZQ}(\varphi \supset \chi_i)$。

因此根据归纳法得 $\vdash_{ZQ}(\varphi \supset \chi_i)$。当 $i \approx n$ 时有 $\vdash_{ZQ}(\varphi \supset \psi)$。

证毕。

定理 4.26

ZQ 中有下列定理和形式推演规则

（1）如果 $\vdash_{ZQ}(\varphi_1 \supset \varphi_2)$，且 $\vdash_{ZQ}(\varphi_2 \supset \varphi_3)$……且 $\vdash_{ZQ}(\varphi_{n-1} \supset \varphi_n)$，那么 $\vdash_{ZQ}(\varphi_1 \supset \varphi_n)$；

(2) $\vdash_{ZQ}(\varphi \wedge \psi) \Leftrightarrow (\vdash_{ZQ}\varphi$ 且 $\vdash_{ZQ}\psi)$；

(3) $\vdash_{ZQ}(\varphi \supset \psi) \Rightarrow\ \vdash_{ZQ}((\chi \supset \varphi) \supset (\chi \supset \psi))$；

(4) $\vdash_{ZQ}(\varphi \supset \psi) \Rightarrow\ \vdash_{ZQ}((\psi \supset \chi) \supset (\varphi \supset \chi))$；

（5）如果 $\vdash_{ZQ}{}^{\circ}\psi$，且 $\vdash_{ZQ}(\neg \varphi \supset \psi)$，且 $\vdash_{ZQ}(\neg \varphi \supset \neg \psi)$，那么 $\vdash_{ZQ}\varphi$。

证明。（1）–（4）都是经典命题逻辑系统中的推演规则，因此它们也是 *ZQ* 中的推演规则。这里只需要证明（5）。

（5）前文第一节第二小节（四）中证明 Z_n 的公理（A7）是多余的，因为它可以从 Z_n 的其他公理推导出来，所以（A7）是 Z_n 的定理，因此（A7）也是 *ZQ* 的定理，即 $\vdash_{ZQ}(\psi^{(n)} \supset (\varphi \supset \psi) \supset (\varphi \supset \neg \psi) \supset \neg \varphi)$。当 $n \approx 1$ 时，$\vdash_{ZQ}(\neg(\psi \wedge \neg \psi) \supset (\varphi \supset \psi) \supset (\varphi \supset \neg \psi) \supset \neg \varphi)$。前文第二节第二小节（三）中说过 $\neg(\psi \wedge \neg \psi)$ 在 Z_n 中的语法后承也是 ${}^{\circ}\psi$ 在 Z_n 中的语法后承，这个结论在 *ZQ* 中依然成立。因此有 $\vdash_{ZQ}({}^{\circ}\psi \supset (\varphi \supset \psi) \supset (\varphi \supset \neg \psi) \supset \neg \varphi)$，使用 $\neg \varphi$ 代入其中 φ 得 $\vdash_{ZQ}({}^{\circ}\psi \supset (\neg \varphi \supset \psi) \supset (\neg \varphi \supset \neg \psi) \supset \neg \neg \varphi)$。根据（Ax5）和定理 4.26（2）得 $\vdash_{ZQ}(\neg \neg \varphi \supset \varphi)$。如果 $\vdash_{ZQ}{}^{\circ}\psi$，且 $\vdash_{ZQ}(\neg \varphi \supset \psi)$，且 $\vdash_{ZQ}(\neg \varphi \supset \neg \psi)$，那么连续使用（R1）得 $\vdash_{ZQ}\varphi$。

定理 4.27

ZQ 中有下列定理和形式推演规则

(1) $\vdash_{ZQ}\varphi \Rightarrow \vdash_{ZQ}\forall x\varphi$；

(2) 如果 $\vdash_{ZQ}\varphi$，并且 $(x_1/t_1, \cdots, x_n/t_n)$ 对 φ 代入自由，那么 $\vdash_{ZQ}\varphi(x_1/t_1, \cdots, x_n/t_n)$；

(3) $\vdash_{ZQ}((\forall x_1\cdots\forall x_n\varphi)\supset\varphi(x_1/t_1, \cdots, x_n/t_n))$，其中 $(x_1/t_1, \cdots, x_n/t_n)$ 对 φ 代入自由；

(4) 如果 $\vdash_{ZQ}(\varphi\supset\psi)$，那么 $\vdash_{ZQ}(\forall x\varphi\supset\forall x\psi)$。

证明：根据第二节第二小节（二）的讨论，*ZQ* 包含经典一阶谓词逻辑系统，即如果把经典一阶谓词逻辑的否定、蕴涵和全称量词理解为 *ZQ* 中的强否定、$\supset$ 和 $\forall$，那么经典一阶谓词逻辑的定理和推演规则也是 *ZQ* 的定理和推演规则。这 4 个定理或推演规则都是经典一阶谓词逻辑的定理或推演规则，因此它们也是 *ZQ* 的定理和推演规则。

定义 4.28 全称闭包

令 φ 是 $L(ZQ)$ 中的一个公式，$x_1, \cdots, x_n$ 是在 φ 中自由出现的所有个体变元，它们两两不同且下标按自然数顺序排列。公式 $\forall x_1\cdots\forall x_n\varphi$ 被称为 φ 的全称闭包。

容易看出 φ 的全称闭包是闭公式，并且如果 φ 是一个闭公式，那么它等于它的全称闭包。

定理 4.29 全称闭包定理

如果 φ' 是 φ 的全称闭包，那么 $\vdash_{ZQ}\varphi \Leftrightarrow \vdash_{ZQ}\varphi'$。

证明：假设 $\vdash_{ZQ}\varphi$。多次应用定理 4.27（1）可得 $\vdash_{ZQ}\varphi'$。

假设 $\vdash_{ZQ}\varphi'$。根据定理 4.27（3）得 $\vdash_{ZQ}(\varphi'\supset\varphi)$。再根据推理规则（R1）得 $\vdash_{ZQ}\varphi$。

因此 $\vdash_{ZQ}\varphi \Leftrightarrow \vdash_{ZQ}\varphi'$。

定理 4.30

令 T 是一个弗协调一阶理论，$L(T)$ 是它的语言。如果向 $L(T)$ 添加新的个体常项，那么得到新的语言 $L(T')$；相应地也得到一个新的理论 T'。令 φ 是 $L(T)$ 中的一个公式，在 φ 中自由出现的所有个体变元是

x_1，…，x_n。对于每一个由这些新个体常项构成的序列 t_1，…，t_n 都有 $\vdash_T \varphi \Leftrightarrow \vdash_{T'} \varphi(x_1/t_1, \cdots, x_n/t_n)$。

证明：假设 $\vdash_T \varphi$，此时有 $\vdash_{T'} \varphi$。显然 $(x_1/t_1, \cdots, x_n/t_n)$ 对 φ 代入自由，因此再根据定理 4.27（2）得 $\vdash_{T'} \varphi(x_1/t_1, \cdots, x_n/t_n)$。

假设 $\vdash_{T'} \varphi(x_1/t_1, \cdots, x_n/t_n)$，此时 $\varphi(x_1/t_1, \cdots, x_n/t_n)$ 在 T' 中有一个证明，即一个公式序列。在 $L(T)$ 中选取 n 个既不在公式序列中出现也不在 φ 中出现的个体变元，记为 y_1，…，y_n。然后用 y_1，…，y_n 分别代入 t_1，…，t_n 在公式序列中的所有出现，这样就得到了公式 $\varphi(x_1/y_1, \cdots, x_n/y_n)$ 在 T 中的一个证明。再根据定理 4.27（2）得 $\vdash_T \varphi$。

因此 $\vdash_T \varphi \Leftrightarrow \vdash_{T'} \varphi(x_1/t_1, \cdots, x_n/t_n)$。

说明 4.31

定理 4.25 证明的演绎定理要求"$\vdash_{ZQ}(\varphi \supset \psi) \Leftrightarrow \vdash_{ZQ[\varphi]} \psi$"中的 φ 必须是一个闭公式。定理 4.30 的结果取消了这种要求。如果用 ZQ' 表示添加新个体常项 t_1，…，t_n 后的 ZQ，那么"$\vdash_{ZQ}(\varphi \supset \psi) \Leftrightarrow \vdash_{ZQ[\varphi]} \psi$"的证明就转换为"$\vdash_{ZQ'}(\varphi(x_1/t_1, \cdots, x_n/t_n) \supset \psi(x_1/t_1, \cdots, x_n/t_n)) \Leftrightarrow \vdash_{ZQ'[\varphi(x_1/t_1, \cdots, x_n/t_n)]} \psi(x_1/t_1, \cdots, x_n/t_n)$"的证明。其中 $ZQ'[\varphi(x_1/t_1, \cdots, x_n/t_n)]$ 表示将 $\varphi(x_1/t_1, \cdots, x_n/t_n)$ 添加到 ZQ 作为公理后获得的理论。通过这种方式就破除了"φ 是闭公式"这个限制。又因为 ZQ 是一个弗协调理论，所以这结果对于 ZQ 是适用的。

定义 4.32 弗协调出现

如果公式 φ 形如 $\neg \psi$，那么称 φ 是负公式；否则称 φ 是正公式。

令 ψ 是 φ 的一个子公式，ψ 在 φ 中至少有一次出现。如果某次"出现"前有连续奇数个弱否定 $\neg$，或者 ψ 出现在 φ 的一个正子公式中，而在该正子公式前有连续奇数个弱否定 $\neg$，那么称 ψ 的这次出现为弗协调出现。

定理 4.33 等价置换定理

令 φ' 是用 ψ_1'，…，ψ_n' 分别置换 ψ_1，…，ψ_n 在 φ 中的某些出现而

获得，并且被替换的出现都不是弗协调出现。如果$\vdash_{ZQ}(\psi_1 \equiv \psi_1')$……且$\vdash_{ZQ}(\psi_n \equiv \psi_n')$，那么$\vdash_{ZQ}(\varphi \equiv \varphi')$。

证明：假设$\vdash_{ZQ}(\psi_1 \equiv \psi_1')$……且$\vdash_{ZQ}(\psi_n \equiv \psi_n')$。

首先考虑一个特殊情形，被置换的是整个φ，此时对某个$1 \leqslant i \leqslant n$，$\varphi$是$\psi_i$，$\varphi'$是$\psi_i'$。根据假设有$\vdash_{ZQ}(\psi_i \equiv \psi_i')$，因此$\vdash_{ZQ}(\varphi \equiv \varphi')$。

接下来考虑的情形中被置换的都不是整个φ，施归纳于公式的结构来证明$\vdash_{ZQ}(\varphi \equiv \varphi')$。

当φ是原子公式时，被置换的一定是整个φ，和上面的特殊情形相同，因此有$\vdash_{ZQ}(\varphi \equiv \varphi')$。

当φ形如$(\psi \supset \chi)$时，φ'是$(\psi' \supset \chi')$。根据归纳假设有$\vdash_{ZQ}(\psi \equiv \psi')$和$\vdash_{ZQ}(\chi \equiv \chi')$。根据定理4.26（2），由$\vdash_{ZQ}(\psi \equiv \psi')$得$\vdash_{ZQ}(\psi' \supset \psi)$。根据定理4.26（4），由$\vdash_{ZQ}(\psi' \supset \psi)$得$\vdash_{ZQ}((\psi \supset \chi) \supset (\psi' \supset \chi))$。根据定理4.26（2），由$\vdash_{ZQ}(\chi \equiv \chi')$得$\vdash_{ZQ}(\chi \supset \chi')$。根据定理4.26（3），由$\vdash_{ZQ}(\chi \supset \chi')$得$\vdash_{ZQ}((\psi' \supset \chi) \supset (\psi' \supset \chi'))$。从$\vdash_{ZQ}((\psi \supset \chi) \supset (\psi' \supset \chi))$和$\vdash_{ZQ}((\psi' \supset \chi) \supset (\psi' \supset \chi'))$出发，根据定理4.26（1）得$\vdash_{ZQ}((\psi \supset \chi) \supset (\psi' \supset \chi'))$。通过类似的过程可得$\vdash_{ZQ}((\psi' \supset \chi') \supset (\psi \supset \chi))$。因此$\vdash_{ZQ}((\psi \supset \chi) \equiv (\psi' \supset \chi'))$，即$\vdash_{ZQ}(\varphi \equiv \varphi')$。

当φ形如$\forall x\chi$时，φ'是$\forall x\chi'$。根据归纳假设有$\vdash_{ZQ}(\chi \equiv \chi')$。根据定理4.26（2），由$\vdash_{ZQ}(\chi \equiv \chi')$得$\vdash_{ZQ}(\chi \supset \chi')$和$\vdash_{ZQ}(\chi' \supset \chi)$。根据4.27（4），由$\vdash_{ZQ}(\chi \supset \chi')$和$\vdash_{ZQ}(\chi' \supset \chi)$得$\vdash_{ZQ}(\forall x\chi \supset \forall x\chi')$和$\vdash_{ZQ}(\forall x\chi' \supset \forall x\chi)$。因此$\vdash_{ZQ}(\forall x\chi \equiv \forall x\chi')$，即$\vdash_{ZQ}(\varphi \equiv \varphi')$。

当φ形如$\neg\chi$时，分两种情形讨论。

情形一，χ是一个正公式。因为χ前有连续奇数个$\neg$，所以一个公式在χ中的出现一定是在φ中的弗协调出现。这种情况下不可能发生置换。

情形二，χ 是一个负公式，则 χ 形如 $\neg\psi$，此时 φ 是 $\neg\neg\psi$。一个公式仅在 ψ 中的出现不是弗协调出现，因此 φ' 形如 $\neg\neg\psi'$。根据归纳假设有 $\vdash_{ZQ}(\psi\equiv\psi')$。根据（Ax5）有 $\vdash_{ZQ}(\neg\neg\psi\equiv\psi)$ 和 $\vdash_{ZQ}(\neg\neg\psi'\equiv\psi')$。根据定理 4.26（1）和 4.26（2）得 $\vdash_{ZQ}(\neg\neg\psi\equiv\neg\neg\psi')$，即 $\vdash_{ZQ}(\varphi\equiv\varphi')$。

综上所述，根据归纳法得 $\vdash_{ZQ}(\varphi\equiv\varphi')$。

定理 4.34

ZQ 中有下述定理和推演规则：

（1）$\vdash_{ZQ}((x_1=y_1)\supset(x_2=y_2)\supset\cdots\supset(x_n=y_n)\supset[f(x_1,\cdots,x_n)=f(y_1,\cdots,y_n)])$；

（2）$\vdash_{ZQ}((x_1=y_1)\supset(x_2=y_2)\supset(x_1=x_2)\supset(y_1=y_2))$；

（3）$\vdash_{ZQ}((t_1=t_2)\equiv(t_2=t_1))$；

（4）令项 t' 是用 $t_1',\cdots,t_n'$ 分别置换 $t_1,\cdots,t_n$ 在项 t 中的某些出现而获得。如果 $\vdash_{ZQ}(t_1=t_1')$ ……且 $\vdash_{ZQ}(t_n=t_n')$，那么 $\vdash_{ZQ}(t=t')$。

（5）令 φ' 是用 $t_1',\cdots,t_n'$ 分别置换 $t_1,\cdots,t_n$ 在 φ 中的某些出现而获得，并且这些被置换的出现不在量词 $\forall$ 的辖域中，也不在有连续奇数多个弱否定 $\neg$ 在前的正子公式中。如果 $\vdash_{ZQ}(t_1=t_1')$ ……且 $\vdash_{ZQ}(t_n=t_n')$，那么 $\vdash_{ZQ}(\varphi\equiv\varphi')$。

证明：

（1）从 $L(ZQ)$ 中取一个不同于所有 $x_1,\cdots,x_n,y_1,\cdots,y_n$ 的个体变元 x。对 $0\leqslant k\leqslant n-1$ 构造公式 φ_k 如下：

当 $k\approx 0$ 时，φ_0 是 $f(x_1,\cdots,x_n)=f(x_1,\cdots,x_{n-1},x)$，

当 $k\geq 1$ 时，φ_k 是 $(x_{n-(k-1)}=y_{n-(k-1)})\supset\cdots\supset(x_n=y_n)\supset[f(x_1,\cdots,x_n)=f(x_1,\cdots,x_{n-(k+1)},x,y_{n-(k-1)},\cdots,y_n)]$，

根据 φ_k 的定义得：

$((x_{n-k}=y_{n-k})\supset\varphi_k(x/y_{n-k}))\approx((x_{n-k}=y_{n-k})\supset\{(x_{n-(k-1)}=y_{n-(k-1)})\supset\cdots\supset(x_n=y_n)\supset$

$[f(x_1, \cdots, x_n)=f(x_1, \cdots, x_{n-(k+1)}, x, y_{n-(k-1)}, \cdots, y_n)]\}(x/y_{n-k}))\approx((x_{n-k}=y_{n-k})\supset\cdots\supset(x_n=y_n)\supset[f(x_1, \cdots, x_n)=f(x_1, \cdots, x_{n-(k+1)}, y_{n-k}, y_{n-(k-1)}, \cdots, y_n)])$；

$\varphi_{k+1}(x/x_{n-(k+1)})\approx\{(x_{n-k}=y_{n-k})\supset\cdots\supset(x_n=y_n)\supset[f(x_1, \cdots, x_n)=f(x_1, \cdots, x_{n-(k+2)}, x, y_{n-k}, y_{n-(k-1)}, \cdots, y_n)]\}(x/x_{n-(k+1)})\approx((x_{n-k}=y_{n-k})\supset\cdots\supset(x_n=y_n)\supset[f(x_1, \cdots, x_n)=f(x_1, \cdots, x_{n-(k+2)}, x_{n-(k+1)}, y_{n-k}, y_{n-(k-1)}, \cdots, y_n)])$；

因此，$[(x_{n-k}=y_{n-k})\supset\varphi_k(x/y_{n-k})]\approx\varphi_{k+1}(x/x_{n-(k+1)})$。

下面施归纳于 k 上证明 $\vdash_{ZQ}((x_{n-k}=y_{n-k})\supset\varphi_k(x/y_{n-k}))$。

当 $k\approx 0$ 时。根据（Ax12）有 $\vdash_{ZQ}((x_n=y_n)\supset[\varphi_0(x/x_n)\equiv\varphi_0(x/y_n)])$。再根据定理 4.26（1）和 4.26（2）得 $\vdash_{ZQ}((x_n=y_n)\supset[\varphi_0(x/x_n)\supset\varphi_0(x/y_n)])$。再根据 4.24（5）得 $\vdash_{ZQ}(\varphi_0(x/x_n)\supset(x_n=y_n)\supset\varphi_0(x/y_n))$。根据定理 4.24（1）得 $\vdash_{ZQ}(f(x_1, \cdots, x_{n-1}, x_n)=f(x_1, \cdots, x_{n-1}, x_n))$，即 $\vdash_{ZQ}\varphi_0(x/x_n)$。从 $\vdash_{ZQ}\varphi_0(x/x_n)$ 和 $\vdash_{ZQ}(\varphi_0(x/x_n)\supset(x_n=y_n)\supset\varphi_0(x/y_n))$ 出发，根据（R1）得 $\vdash_{ZQ}((x_n=y_n)\supset\varphi_0(x/y_n))$，即 $\vdash_{ZQ}\varphi_1(x/x_{n-1})$。

当 $k\approx 1$ 时。根据（Ax12）、定理 4.26（1）和 4.26（2）得 $\vdash_{ZQ}((x_{n-1}=y_{n-1})\supset[\varphi_1(x/x_{n-1})\supset\varphi_1(x/y_{n-1})])$；再根据 4.24（5）得 $\vdash_{ZQ}(\varphi_1(x/x_{n-1})\supset(x_{n-1}=y_{n-1})\supset\varphi_1(x/y_{n-1}))$。再根据（R1），由 $\vdash_{ZQ}\varphi_1(x/x_{n-1})$ 得 $\vdash_{ZQ}((x_{n-1}=y_{n-1})\supset\varphi_1(x/y_{n-1}))$，此即 $\vdash_{ZQ}\varphi_2(x/x_{n-2})$。

归纳假设结论对小于 k 的正整数都成立。

根据（Ax12）、定理 4.26（1）和 4.26（2）得 $\vdash_{ZQ}((x_{n-k}=y_{n-k})\supset[\varphi_k(x/x_{n-k})\supset\varphi_k(x/y_{n-k})])$；再根据 4.24（5）得 $\vdash_{ZQ}(\varphi_k(x/x_{n-k})\supset(x_{n-k}=y_{n-k})\supset\varphi_k(x/y_{n-k}))$。根据归纳假设得 $\vdash_{ZQ}((x_{n-(k-1)}=y_{n-(k-1)})\supset\varphi_{(k-1)}(x/y_{n-(k-1)}))$，即 $\vdash_{ZQ}\varphi_k(x/x_{n-k})$。从 $\vdash_{ZQ}\varphi_k(x/x_{n-k})$ 和 $\vdash_{ZQ}(\varphi_k(x/x_{n-k})\supset(x_{n-k}=y_{n-k})\supset\varphi_k(x/y_{n-k}))$ 出发，应用（R1）得 $\vdash_{ZQ}((x_{n-k}=y_{n-k})\supset\varphi_k(x/y_{n-k}))$。

根据归纳法得，对所有的 k 有 $\vdash_{ZQ}((x_{n-k}=y_{n-k})\supset\varphi_k(x/y_{n-k}))$。

当 $k\approx n-1$ 时有 $\vdash_{ZQ}((x_1=y_1)\supset\varphi_{n-1}(x/y_1))$，此即 $\vdash_{ZQ}((x_1=y_1)\supset(x_2=y_2)\supset\cdots\supset(x_n=y_n)\supset[f(x_1,\cdots,x_n)=f(y_1,\cdots,y_n)])$。证毕。

（2）在 $L(ZQ)$ 中取不同于 x_1，x_2，y_1，y_2 的个体变元 x。构造三个公式 φ_0，φ_1，φ_2 如下：

$\varphi_0\approx((x_1=x_2)\supset(x_1=x))$；

$\varphi_1\approx((x_2=y_2)\supset[(x_1=x_2)\supset(x=y_2)])$；

$\varphi_2\approx((x_1=y_1)\supset(x_2=y_2)\supset[(x_1=x_2)\supset(x_2=y_2)])$。

根据这些公式可得，

$\varphi_0(x/x_2)\approx((x_1=x_2)\supset(x_1=x_2))$；再根据定理 4.24（1）得 $\vdash_{ZQ}\varphi_0(x/x_2)$。

根据（Ax12）得 $\vdash_{ZQ}((x_2=y_2)\supset[\varphi_0(x/x_2)\equiv\varphi_0(x/y_2)])$。再根据定理 4.26（1）和 4.26（2）得 $\vdash_{ZQ}(\varphi_0(x/x_2)\supset(x_2=y_2)\supset\varphi_0(x/y_2))$。再根据（R1），由 $\vdash_{ZQ}\varphi_0(x/x_2)$ 得 $\vdash_{ZQ}((x_2=y_2)\supset\varphi_0(x/y_2))$。

因为 $\varphi_1(x/x_1)$ 是 $((x_2=y_2)\supset[(x_1=x_2)\supset(x_1=y_2)])$，所以 $((x_2=y_2)\supset\varphi_0(x/y_2))\approx\varphi_1(x/x_1)$；进一步得 $\vdash_{ZQ}\varphi_1(x/x_1)$。

根据（Ax12）得 $\vdash_{ZQ}((x_1=y_1)\supset[\varphi_1(x/x_1)\equiv\varphi_1(x/y_1)])$。再根据定理 4.26（1）和 4.26（2）得 $\vdash_{ZQ}(\varphi_1(x/x_1)\supset(x_1=y_1)\supset\varphi_1(x/y_1))$。再根据（R1），由 $\vdash_{ZQ}\varphi_1(x/x_1)$ 得 $\vdash_{ZQ}((x_1=y_1)\supset\varphi_1(x/y_1))$。

因为 $((x_1=y_1)\supset\varphi_1(x/y_1))$ 是 $((x_1=y_1)\supset(x_2=y_2)\supset[(x_1=x_2)\supset(y_1=y_2)])$，所以，$\vdash_{ZQ}((x_1=y_1)\supset(x_2=y_2)\supset(x_1=x_2)\supset(y_1=y_2))$，即 $\vdash_{ZQ}\varphi_2$。证毕。

（3）根据定理 4.34（2）得 $\vdash_{ZQ}((y=z)\supset(y=y)\supset[(y=y)\supset(z=y)])$。再根据 4.24（5）得 $\vdash_{ZQ}((y=y)\supset(y=z)\supset[(y=y)\supset(z=y)])$。根据（Ax11）得 $\vdash_{ZQ}(y=y)$。再根据（R1）得 $\vdash_{ZQ}((y=z)\supset$

$[(y=y)\supset(z=y)]$）。再根据4.24（5）得$\vdash_{ZQ}((y=y)\supset(y=z)\supset(z=y))$。再根据（R1），由$\vdash_{ZQ}(y=y)$得$\vdash_{ZQ}((y=z)\supset(z=y))$。再根据定理4.27（2）得$\vdash_{ZQ}[(y=z)\supset(z=y)](y/t_1, z/t_2)$，即$\vdash_{ZQ}((t_1=t_2)\supset(t_2=t_1))$。证毕。

（4）首先考虑特殊情形，如果被置换的是整个t，那么存在某个$1\leqslant i\leqslant n$使得$(t\approx t_i)$，此时$(t'\approx t_i')$。因为$\vdash_{ZQ}(t_i=t_i')$，所以$\vdash_{ZQ}(t=t')$。

下面考虑的情形中被置换的都不是整个t，施归纳于t的结构。

情形一，t是个体变元。此时被置换的一定是整个t，排除。

情形二，t形如$f(t_1, \cdots, t_n)$，此时t'是$f(t_1', \cdots, t_n')$。已知对$1\leqslant i\leqslant n$有$\vdash_{ZQ}(t_i=t_i')$。再根据4.34（1），多次应用（R1）得$\vdash_{ZQ}(f(t_1, \cdots, t_n)=f(t_1', \cdots, t_n'))$，即$\vdash_{ZQ}(t=t')$。

根据结构归纳法得$\vdash_{ZQ}(t=t')$。因此结论成立。

（5）施归纳于公式φ的结构。

情形一，φ是原子公式，此时φ形如$(t_1=t_2)$，φ'是$(t_1'=t_2')$。根据定理4.34（4）得$\vdash_{ZQ}(t_1=t_1')$和$\vdash_{ZQ}(t_2=t_2')$。再根据定理4.34（2）和（R1）得$\vdash_{ZQ}((t_1=t_2)\supset(t_1'=t_2'))$和$\vdash_{ZQ}((t_1'=t_2')\supset(t_1=t_2))$。再根据4.26（2）得$\vdash_{ZQ}((t_1=t_2)\equiv(t_1'=t_2'))$，即$\vdash_{ZQ}(\varphi\equiv\varphi')$。

情形二，φ是蕴涵式，此时φ形如$\psi\supset\chi$，φ'是$\psi'\supset\chi'$。根据归纳假设有$\vdash_{ZQ}(\psi\equiv\psi')$和$\vdash_{ZQ}(\chi\equiv\chi')$。再根据4.26（2）得$\vdash_{ZQ}(\psi'\supset\psi)$和$\vdash_{ZQ}(\chi\supset\chi')$。根据定理4.26（3），由$\vdash_{ZQ}(\chi\supset\chi')$得$\vdash_{ZQ}((\psi'\supset\chi)\supset(\psi'\supset\chi'))$。根据4.26（4），由$\vdash_{ZQ}(\psi'\supset\psi)$得$\vdash_{ZQ}((\psi\supset\chi)\supset(\psi'\supset\chi))$。再根据4.26（1）得$\vdash_{ZQ}((\psi\supset\chi)\supset(\psi'\supset\chi'))$。类似地可得$\vdash_{ZQ}((\psi'\supset\chi')\supset(\psi\supset\chi))$。再根据4.26（2）得$\vdash_{ZQ}((\psi\supset\chi)\equiv(\psi'\supset\chi'))$，即$\vdash_{ZQ}(\varphi\equiv\varphi')$。

情形三，φ是全称量化式，此时φ形如$\forall x\psi$，φ'是$\forall x\psi'$，而这是

不可能的，因为置换不发生在 $\forall$ 的辖域内。

情形四，φ 是否定式，此时 φ 形如 $\neg\psi$。此时分情形讨论。

情形四（a），ψ 是正公式，根据题设，置换不发生在 ψ 中，因此不予考虑。

情形四（b），ψ 是负公式，即 ψ 形如 $\neg\chi$，此时 φ 形如 $\neg\neg\chi$，置换发生在 χ 中，φ' 是 $\neg\neg\chi'$。根据归纳假设有 $\vdash_{ZQ}(\chi\equiv\chi')$。根据4.26（2）得 $\vdash_{ZQ}(\chi\supset\chi')$ 和 $\vdash_{ZQ}(\chi'\supset\chi)$。根据（Ax5）得 $\vdash_{ZQ}(\neg\neg\chi\equiv\chi)$ 和 $\vdash_{ZQ}(\neg\neg\chi'\equiv\chi')$。再根据4.26（2）得 $\vdash_{ZQ}(\neg\neg\chi\supset\chi)$ 和 $\vdash_{ZQ}(\chi'\supset\neg\neg\chi')$。再根据4.26（1）得 $\vdash_{ZQ}(\neg\neg\chi\supset\neg\neg\chi')$。类似地可得 $\vdash_{ZQ}(\neg\neg\chi'\supset\neg\neg\chi)$。再根据4.26（2）得 $\vdash_{ZQ}(\neg\neg\chi\equiv\neg\neg\chi')$，即 $\vdash_{ZQ}(\varphi\equiv\varphi')$。

根据结构归纳法得 $\vdash_{ZQ}(\varphi\equiv\varphi')$，所证结论成立。

定理4.35

ZQ 中有下述定理：

（1）$\vdash_{ZQ}((t_1=t_1')\supset\cdots\supset(t_n=t_n')\supset[t(x_1/t_1,\ \cdots,\ x_n/t_n)=t(x_1/t_1',\ \cdots,\ x_n/t_n')])$；

（2）如果 $(x_1/t_1,\ \cdots,\ x_n/t_n)$ 和 $(x_1/t_1',\ \cdots,\ x_n/t_n')$ 对 φ 代入自由，那么 $\vdash_{ZQ}((t_1=t_1')\supset\cdots\supset(t_n=t_n')\supset\varphi(x_1/t_1,\ \cdots,\ x_n/t_n)\supset\varphi(x_1/t_1',\ \cdots,\ x_n/t_n'))$；

（3）如果 x 不在 t 中出现，且 t 对 φ 中的 x 自由，那么 $\vdash_{ZQ}([\forall x((x=t)\supset\varphi)]\equiv\varphi(x/t))$。

证明：

（1）对 $1\leqslant i\leqslant n$，用新的个体常项代入 t_i 和 t_i' 的个体变元，同一个个体变元的出现替换为同一个个体常项的出现，不同的个体变元替换为不同的新个体常项。在这一代入下，令 $L(ZQ)(+)$ 表示新得到的语言，令 $ZQ(+)$ 表示加入新个体常项后的 ZQ，令 t^+，t_i^+，$t_i'^+$ 表示代入后的 t，t_i，t_i'。根据定理4.30，只需要证明 $\vdash_{ZQ(+)}((t_1^+=t_1'^+)\supset\cdots\supset$

$(t_n^{+}=t_n^{'+})\supset[t^{+}(x_1/t_1^{+},\cdots,x_n/t_n^{+})=t^{+}(x_1/t_1^{'+},\cdots,x_n/t_n^{'+})])$。因为此时对 $1\leqslant i\leqslant n$ 来说，$(t_i^{+}=t_i^{'+})$ 是闭公式，所以可以使用演绎定理（定理4.25）。根据定理4.25，只需要证明：如果对 $1\leqslant i\leqslant n$ 有 $\vdash_{ZQ(+)}(t_i^{+}=t_i^{'+})$，那么 $\vdash_{ZQ(+)}[t^{+}(x_1/t_1^{+},\cdots,x_n/t_n^{+})=t^{+}(x_1/t_1^{'+},\cdots,x_n/t_n^{'+})]$。因为 ZQ 的定理和规则在 $ZQ(+)$ 中适用，所以根据定理4.34（4）可知"如果对 $1\leqslant i\leqslant n$ 有 $\vdash_{ZQ(+)}(t_i^{+}=t_i^{'+})$，那么 $\vdash_{ZQ(+)}[t^{+}(x_1/t_1^{+},\cdots,x_n/t_n^{+})=t^{+}(x_1/t_1^{'+},\cdots,x_n/t_n^{'+})]$"得证。因此所证结论成立。

（2）取不在 φ 中出现的个体变元 $y_1,\cdots,y_n,z_1,\cdots,z_n,w$，并且它们各不相同，因此 $(x_1/y_1,\cdots,x_n/y_n)$ 和 $(x_1/z_1,\cdots,x_n/z_n)$ 对 φ 代入自由，w 对 φ 中的 $x_1,\cdots,x_n$ 自由。

对 $0\leqslant k\leqslant n-1$，构造公式 ψ_k 如下：

当 $k\approx 0$ 时，$\psi_0\approx(\varphi(x_1/y_1,\cdots,x_n/y_n)\supset\varphi(x_1/y_1,\cdots,x_{n-1}/y_{n-1},x_n/w))$；

当 $k\geq 1$ 时，$\psi_k\approx((y_{n-(k-1)}=z_{n-(k-1)})\supset\cdots\supset(y_n=z_n)\supset[\varphi(x_1/y_1,\cdots,x_n/y_n)\supset\varphi(x_1/y_1,\cdots,x_{n-(k+1)}/y_{n-(k+1)},x_{n-k}/w,x_{n-(k-1)}/z_{n-(k-1)},\cdots,x_n/z_n)])$。

类似于定理4.34（1）的证明。根据 ψ_k 的定义可得 $[(y_{n-k}=z_{n-k})\supset\psi_k((x_{n-k}/w)/z_{n-k})]\approx\psi_{k+1}((x_{n-(k+1)}/w)/y_{n-(k+1)})$。施归纳于 k 上可得 $\vdash_{ZQ}((y_{n-k}=z_{n-k})\supset\psi_k((x_{n-k}/w)/z_{n-k}))$。当 $k\approx n-1$ 时，$\vdash_{ZQ}((y_1=z_1)\supset\psi_{n-1}((x_1/w)/z_1))$，即 $\vdash_{ZQ}((y_1=z_1)\supset\cdots\supset(y_n=z_n)\supset[\varphi(x_1/y_1,\cdots,x_n/y_n)\supset\varphi(x_1/z_1,\cdots,x_n/z_n)])$。在此归纳过程，所有的代入对 ψ_i 自由，$0\leqslant i\leqslant n$。并且根据代入复合的定义，$\psi_k((x_{n-k}/w)/z_{n-k})\approx\psi_k(x_{n-k}/z_{n-k})$，其他代入的复合可类似地理解。

如果 $(x_1/t_1,\cdots,x_n/t_n)$ 和 $(x_1/t_1',\cdots,x_n/t_n')$ 对 φ 代入自由，那么如果 $(y_1/t_1,\cdots,y_n/t_n)$ 和 $(z_1/t_1',\cdots,z_n/t_n')$ 分别对 $\varphi(x_1/y_1,\cdots,x_n/y_n)$ 和 $\varphi(x_1/z_1,\cdots,x_n/z_n)$ 代入自由；进一步根据定理4.27

（2）得$\vdash_{ZQ}((t_1=t_1^{\prime})\supset\cdots\supset(t_n=t_n^{\prime})\supset\varphi(x_1/t_1,\cdots,x_n/t_n)\supset\varphi(x_1/t_1^{\prime},\cdots,x_n/t_n^{\prime}))$。所证结论成立。

（3）因为x和t都对φ中的x自由，所以根据4.34（3）和4.35（2）得$\vdash_{ZQ}((x=t)\supset\varphi(x/t)\supset\varphi)$。再根据4.24（5）得$\vdash_{ZQ}(\varphi(x/t)\supset(x=t)\supset\varphi)$。因为$x$不在$\varphi(x/t)$中自由出现。所以根据（R2）得$\vdash_{ZQ}(\varphi(x/t)\supset\forall x[(x=t)\supset\varphi])$。

利用公理（Ax8）得$\vdash_{ZQ}(\forall x[(x=t)\supset\varphi]\supset[(t=t)\supset\varphi(x/t)])$。再根据定理4.24（5）得$\vdash_{ZQ}((t=t)\supset\forall x[(x=t)\supset\varphi]\supset\varphi(x/t))$。因为$t$对$(x=x)$中的$x$自由，所以根据公理（Ax11）和定理4.27（2）得$\vdash_{ZQ}(t=t)$。再根据（R1）得$\vdash_{ZQ}(\forall x[(x=t)\supset\varphi]\supset\varphi(x/t))$。

综合起来，根据4.26（2）得$\vdash_{ZQ}([\forall x((x=t)\supset\varphi)]\equiv\varphi(x/t))$。所证结论成立。

虽然这里给出的定理和元定理大部分是关于ZQ的，但是它们对于任意的基于ZQ的弗协调一阶理论也是成立的。

六　ZQ的完全性证明

ZQ的完全性指的是：对$L(ZQ)$的任意公式φ，若$\vDash\varphi$，则$\vdash_{ZQ}\varphi$。下面的证明过程并非全部是只适用于ZQ的，有些是适用于基于ZQ的弗协调一阶理论[①]。

（一）技术准备

定义4.36 前束范式

（1）一个公式φ是前束范式，当且仅当，它形如$Qx_1\cdots Qx_n\psi$，其中Q或者是$\forall$或者是$\exists$，并且$x_1,\cdots,x_n$互不相同，并且ψ不包含量词符号。$Qx_1\cdots Qx_n$被称为φ的前缀，ψ被称为φ的母式。

（2）一个公式φ是存在式，当且仅当，它逻辑等价于一个前束范

① 张清宇：《弗协调逻辑》，中国社会出版社2003年版，第163—176页。

式，并且该前束范式的前缀中只有存在量词符号。

（3）一个公式 φ 是全称式，当且仅当，它逻辑等价于一个前束范式，并且该前束范式的前缀中只有全称量词符号。

（4）一个公式 φ 是全称存在式，当且仅当，它逻辑等价于一个前束范式，并且在该前束范式的前缀中所有的全称量词符号都在存在量词符号之前出现。

定义 4.37 模型的限制

给定两个语言 $L(T)$ 和 $L(T')$，并且 $L(T')$ 是 $L(T)$ 的扩张。令 $\mathfrak{A}'$ 是 $L(T')$ 的一个结构，如果省略 $\mathfrak{A}'$ 的一些关系，那么可以得到 $L(T)$ 的一个结构 $\mathfrak{A}$。称结构 $\mathfrak{A}$ 是结构 $\mathfrak{A}'$ 到 $L(T)$ 的限制。结构 $\mathfrak{A}$ 和结构 $\mathfrak{A}'$ 的论域相同，因此它们拥有相同的个体。

令 V' 是 $\mathfrak{A}'$ 上的一个赋值。如果把 V' 的定义域限制为 $L(T)(\mathfrak{A})$ 的全体闭公式构成的集合，那么可以获得 $\mathfrak{A}$ 上的一个赋值 V。

称模型（$\mathfrak{A}$, V）是模型（$\mathfrak{A}'$, V'）到 $L(T)$ 的限制，记作（$\mathfrak{A}'$, V'）$\upharpoonright L(T)$。

定理 4.38

给定两个理论 T' 和 T，它们的语言分别是 $L(T')$ 和 $L(T)$。如果 T' 是 T 的扩张，那么 T' 的模型（$\mathfrak{A}'$, V'）到 $L(T)$ 的限制（$\mathfrak{A}$, V）是 T 的模型。

证明：令 φ 是理论 T 的定理。因为 T' 是 T 的扩张，所以根据定义 4.22 有 φ 是 T' 的定理。因为结构 $\mathfrak{A}$ 和结构 $\mathfrak{A}'$ 有相同的个体，所以 $L(T')(\mathfrak{A}')$ 和 $L(T)(\mathfrak{A})$ 中的名字是相同的；进一步得 φ 的 $\mathfrak{A}$-实例和 $\mathfrak{A}'$-实例相同，即 $\varphi(\mathfrak{A}) \approx \varphi(\mathfrak{A}')$。又因为 $\varphi(\mathfrak{A})$ 在 V 的定义域中，所以 $(V'(\varphi(\mathfrak{A}')) \approx 1) \Leftrightarrow (V(\varphi(\mathfrak{A})) \approx 1)$。因为（$\mathfrak{A}'$, V'）是 T' 的模型，且 φ 是 T' 的定理，所以 $V'(\varphi(\mathfrak{A}')) \approx 1$。因此 $V(\varphi(\mathfrak{A})) \approx 1$；进一步得（$\mathfrak{A}$, V）是 T 的模型。

定义 4.39 非平凡性

令 T 是一个弗协调一阶理论，它的语言是 $L(T)$。如果 $L(T)$ 中的

所有公式都是 T 的定理，那么称 T 是平凡的（或是不足道的）；否则的话称 T 是非平凡的（或是足道的）。

根据扩张的定义和非平凡性的定义可以看出，非平凡性有以下性质：

（1）如果 $L(T)$ 的某个公式 φ 使得 φ 和 $\sim\varphi$ 都是 T 的定理，那么 T 是平凡的；

（2）如果 T' 是 T 的扩张，并且 T' 是非平凡的，那么 T 也是非平凡的；

（3）如果 T' 是 T 的保守扩张，那么 T 非平凡，当且仅当，T' 非平凡。

定理 4.40

令 T 是一个弗协调一阶理论，它的语言是 $L(T)$ 。如果 $L(T)$ 的公式 φ 不是 T 的定理，那么 $T[\sim\varphi]$ 是非平凡的。

证明：假设 φ 不是 T 的定理。如果 $T[\sim\varphi]$ 不是非平凡的，即 $T[\sim\varphi]$ 是平凡的，那么根据平凡性的定义，$L(T)$ 的所有公式都是 $T[\sim\varphi]$ 的定理；进一步得 φ 也是 $T[\sim\varphi]$ 的定理，再根据演绎定理得 $(\sim\varphi\supset\varphi)$ 是 T 的定理。已知 $((\sim\varphi\supset\varphi)\supset\varphi)$ 是 T 的定理，因此 φ 是 T 的定理。这与假设矛盾。因此 $T[\sim\varphi]$ 是非平凡的。

定义 4.41 极大性

（1）令 T 是一个弗协调一阶理论，它的语言是 $L(T)$ 。如果对于 $L(T)$ 中的任一闭公式 φ 都有 φ 和 $\sim\varphi$ 中有且只有一个是 T 的定理，那么称 T 是极大的。

（2）令 T 是一个弗协调一阶理论。如果 T 既是极大的又是非平凡的，那么称 T 是极大非平凡的。

接下来证明每个非平凡的弗协调一阶理论都有一个极大的简单扩张。

定义4.42 有穷特征（Finite Character[1]）

令 J 是一个非空集合。J 具有“有穷特征”，当且仅当，J 满足下列条件：（1）J 的每个元素的每个有穷子集也是 J 的元素；（2）如果一个集合 K 的每个有穷子集都是 J 的元素，那么 K 也是 J 的元素。

如果 J 的某个元素 M 不是 J 的其他元素的子集，那么称 M 是 J 的极大元。

引理4.43 泰希米勒-图基引理（Teichmüller-Tukey Lemma[2]）

具有“有穷特征”的非空集合一定有极大元。

定理4.44

令 T 是一个弗协调一阶理论，它的语言是 $L(T)$ 。如果 T 是非平凡的，那么 T 有一个极大非平凡的简单扩张。

证明：令 Γ 是 $L(T)$ 中的公式构成的一个集合，J 是所有使得 $T[\Gamma]$ 非平凡的公式集 Γ 构成的集合，即 $J \approx \{\Gamma \mid T[\Gamma]$ 非平凡$\}$ 。

第一步，证明 J 具有“有穷特征”。

如果 Γ 是 J 的元素，那么 $T[\Gamma]$ 是非平凡的；进一步地对于 Γ 的任意有穷子集 Γ' 来说，$T[\Gamma']$ 也是非平凡的。因此 Γ' 也是 J 的元素。

假设一个集合 K 的每个有穷子集 K' 都是 J 的元素，并且 K 不是 J 的元素。可得 $T[K]$ 不是非平凡的；进一步地在 $T[K]$ 中存在一个公式 φ 使得 φ 和 $\sim\varphi$ 都是 $T[K]$ 的定理；进一步地 φ 和 $\sim\varphi$ 都在 $T[K]$ 中有证明。令 φ 和 $\sim\varphi$ 在 $T[K]$ 中的证明所使用的那些属于 K 的公式放到一起构成一个集合，记为 K''，那么 K'' 是有穷的且是 K 的一个子集。因为 φ 和 $\sim\varphi$ 都在 $T[K'']$ 中有证明，所以 $T[K'']$ 不是非平凡的。但是根据假设得 K'' 是 J 的元素，进一步地 $T[K'']$ 是非平凡的，矛盾。因此 K 是 J 的元素。

因此根据定义4.42得 J 具有“有穷特征”。

第二步，T 有一个非平凡的简单扩张。

---

① Elliott Mendelson, *Introuction to Mathematical Logic*, New York: CRC Press, 2010, p. 281.

② Elliott Mendelson, *Introuction to Mathematical Logic*, New York: CRC Press, 2010, p. 281.

因为 T 是非平凡的理论，所以空集是 J 的元素；进一步得 J 是一个非空集合。根据引理 4.43（泰希米勒-图基引理）得 J 有一个极大元 M。根据 J 的定义得 $T[M]$ 是非平凡的，并且显然 $T[M]$ 是 T 的一个扩张。因为 $T[M]$ 和 T 的语言相同，所以 $T[M]$ 是 T 的简单扩张。

第三步，$T[M]$ 是极大的。

令 φ 是 $L(T)$ 中的一个公式。根据定理 4.40，如果 φ 不是 $T[M]$ 的定理，那么 $T[M \cup \{\sim\varphi\}]$ 是非平凡的。根据 J 的定义，如果 $T[M \cup \{\sim\varphi\}]$ 是非平凡的，那么 $M \cup \{\sim\varphi\}$ 是 J 的元素。因为 M 是 J 的极大元，所以 $M \approx (M \cup \{\sim\varphi\})$；进一步得 $\sim\varphi$ 是 M 的元素。因此 $\sim\varphi$ 是 $T[M]$ 的定理。

如果 φ 是 $T[M]$ 的定理，那么根据 $T[M]$ 的非平凡性得 $\sim\varphi$ 不是 $T[M]$ 的定理。

根据极大性的定义，$T[M]$ 是极大的。

综合以上三步，如果 T 是非平凡的，那么 T 有一个极大非平凡的简单扩张。

（二）完全性证明的流程

简述弗协调一阶理论的完全性的证明过程如下。令 T 是一个弗协调一阶理论，$L(T)$ 是它的语言。假设 $L(T)$ 的一个公式 φ 是有效的，即 $\vDash \varphi$，有如下推理过程。

（1）如果 φ 不是 T 的定理，即 $\nvdash_T \varphi$，那么 $T[\sim\varphi]$ 是非平凡的。

（2）如果 $T[\sim\varphi]$ 是非平凡的，那么 $T[\sim\varphi]$ 有一个极大非平凡扩张。

（3）如果一个理论是极大非平凡的，那么它有一个模型。

（4）如果 $T[\sim\varphi]$ 的极大非平凡扩张有一个模型，那么 $T[\sim\varphi]$ 也有一个模型。

（5）如果 $T[\sim\varphi]$ 有一个模型，那么 $\sim\varphi$ 在该模型中是有效的；如果 $\sim\varphi$ 在该模型中有效，那么 φ 在该模型中不是有效的。

如果存在一个模型使得 φ 在其中不是有效的，那么 φ 就不是有效的，这与假设矛盾。因此如果 $\vDash\varphi$，那么 $\vdash_T\varphi$。

根据定理 4.40 可以证明（1）。根据定理 4.44 可以证明（2）。根据定理 4.38 可以证明（4）。根据赋值定义的条件（见第二节第三小节）可以证明（5）。因此如果能够证明（3），那么就完成了完全性证明，也就证明了 ZQ 的完全性。

（三）极大非平凡的理论有一个模型

定义 4.45 典范模型

令 T 是一个极大非平凡的弗协调一阶理论，它的语言是 $L(T)$。令 $\mathfrak{A}_T$ 表示 T 的典范模型。

$\mathfrak{A}_T$ 的论域中的个体是 $L(T)$ 中各个闭项的等价类。为了获得闭项的等价类，定义闭项间的等价关系如下：令 t_1 和 t_2 是 $L(T)$ 的任意闭项，令 $(t_1 \leftrightarrow t_2)$ 表示 $\vdash_T(t_1 = t_2)$。容易证明 $\leftrightarrow$ 有下列性质：

（1）$(t_1 \leftrightarrow t_1)$；

（2）若 $(t_1 \leftrightarrow t_2)$，则 $(t_2 \leftrightarrow t_1)$；

（3）若 $(t_1 \leftrightarrow t_2)$ 且 $(t_2 \leftrightarrow t_3)$，则 $(t_1 \leftrightarrow t_3)$。

因此 $\leftrightarrow$ 具有自反性、对称性和传递性，$\leftrightarrow$ 是一个等价关系，进一步使用 $\leftrightarrow$ 可以构造 $L(T)$ 中各个闭项 t 的等价类 $[t]_{\leftrightarrow}$，简记为 $[t]$。令 A_T 是所有这样的等价类的集合。因此 A_T 是 $\mathfrak{A}_T$ 的论域。

对于 $L(T)$ 中任意函数符号 f 和任意谓词符号 R，定义：

$f_{\mathfrak{A}T}([t_1], \cdots, [t_n]) \approx [f(t_1, \cdots, t_n)]$；

$R_{\mathfrak{A}T}([t_1], \cdots, [t_n]) \Leftrightarrow \vdash_T R(t_1, \cdots, t_n)$。

其中 $f_{\mathfrak{A}T}$ 和 $R_{\mathfrak{A}T}$ 分别是与 f 和 R 对应的 $\mathfrak{A}_T$ 中的函数和关系。因为论域中的个体要满足同一性，即 $[t] \approx [t]$，所以需要证明：在该定义中 $f_{\mathfrak{A}T}$ 和 $R_{\mathfrak{A}T}$ 的定义对 $1 \leqslant i \leqslant n$ 而言不依赖于 t_i 而依赖于 $[t_i]$。

第一步证明：如果对 $1 \leqslant i \leqslant n$ 有 $[t_i] \approx [t_i']$，那么 $f_{\mathfrak{A}T}([t_1], \cdots, [t_n]) \approx f_{\mathfrak{A}T}([t_1'], \cdots, [t_n'])$。

假设对 $1 \leqslant i \leqslant n$ 有 $[t_i] \approx [t_i']$。根据等价类的定义有 $\vdash_T(t_i = t_i')$。根据定理 4.34（1）有 $\vdash_T((x_1 = y_1) \supset (x_2 = y_2) \supset \cdots \supset (x_n = y_n) \supset$

$[f(x_1, \cdots, x_n)=f(y_1, \cdots, y_n)]$)，因为对 $1 \leqslant i \leqslant n$ 有 t_i 和 t_i' 都是闭项，所以它们对 $x_1, \cdots, x_n, y_1, \cdots, y_n$ 代入自由，再根据定理4.27（2）和定理4.26（1）得 $\vdash_T(f(t_1, \cdots, t_n)=f(t_1', \cdots, t_n'))$，进一步得 $(f(t_1, \cdots, t_n) \leftrightarrow f(t_1', \cdots, t_n'))$，即（$[f(t_1, \cdots, t_n)] \approx [f(t_1', \cdots, t_n')]$）。因此 $f_{\mathfrak{A}T}([t_1], \cdots, [t_n]) \approx [f(t_1, \cdots, t_n)] \approx [f(t_1', \cdots, t_n')] \approx f_{\mathfrak{A}T}([t_1'], \cdots, [t_n'])$，即 $f_{\mathfrak{A}T}([t_1], \cdots, [t_n]) \approx f_{\mathfrak{A}T}([t_1'], \cdots, [t_n'])$。

第二步证明：如果对 $1 \leqslant i \leqslant n$ 有 $[t_i] \approx [t_i']$，那么 $R_{\mathfrak{A}T}([t_1], \cdots, [t_n]) \Leftrightarrow R_{\mathfrak{A}T}([t_1'], \cdots, [t_n'])$。

在第二节第五小节中定义弗协调一阶理论的时候规定弗协调一阶理论的语言为 $L(ZQ)$，$L(ZQ)$ 的谓词符号只有两个，即 = 和 ⊥，其中 ⊥ 是0元谓词，它在 $\mathfrak{A}_T$ 中的解释与个体无关，因此只需考虑 =。这里要证明的是：如果对 $1 \leqslant i \leqslant 2$ 有 $[t_i] \approx [t_i']$，那么 $[=_{\mathfrak{A}T}(t_1, t_2)] \Leftrightarrow [=_{\mathfrak{A}T}(t_1', t_2')]$。

假设对 $1 \leqslant i \leqslant 2$ 有 $[t_i] \approx [t_i']$。根据4.34（2）得 $\vdash_T((x_1=y_1) \supset (x_2=y_2) \supset (x_1=x_2) \supset (y_1=y_2))$。因为 t_1, t_2, t_1', t_2' 是闭项，所以它们对 x_1, x_2, y_1, y_2 代入自由，再根据4.27（2）和4.26（1）得 $\vdash_T((t_1=t_2) \supset (t_1'=t_2'))$。类似地可得 $\vdash_T((t_1'=t_2') \supset (t_1=t_2))$，因此 $\vdash_T((t_1=t_2) \equiv (t_1'=t_2'))$，进一步可得 $(\vdash_T(t_1=t_2)) \Leftrightarrow (\vdash_T(t_1'=t_2'))$。根据 $R_{\mathfrak{A}T}$ 的定义得 $[=_{\mathfrak{A}T}(t_1, t_2)] \Leftrightarrow (\vdash_T(t_1=t_2))$；$[=_{\mathfrak{A}T}(t_1', t_2')] \Leftrightarrow (\vdash_T(t_1'=t_2'))$。因此 $[=_{\mathfrak{A}T}(t_1, t_2)] \Leftrightarrow [=_{\mathfrak{A}T}(t_1', t_2')]$。

综合这两步可得，$f_{\mathfrak{A}T}$ 和 $R_{\mathfrak{A}T}$ 的定义对 $1 \leqslant i \leqslant n$ 而言不依赖于 t_i 而依赖于 $[t_i]$。

定理4.46

令 $\mathfrak{A}_T$ 是非平凡理论 T 的典范结构，$L(T)$ 是 T 的语言。那么：

（1）对 $L(T)$ 中任意闭项 t 都有 $\mathfrak{A}_T(t) \approx [t]$；

（2）如果 φ 是等式 $(t_1=t_2)$，那么 $(\mathfrak{A}_T(t_1) \approx \mathfrak{A}_T(t_2)) \Leftrightarrow \vdash_T \varphi$。

证明：

（1）使用强归纳法施归纳于项 t 的结构。因为 t 是闭项，所以 t 形如 $f(t_1, \cdots, t_n)$，其中 $t_1, \cdots, t_n$ 也是闭项。根据归纳假设得 $1 \leqslant i \leqslant n$ 有 $\mathfrak{A}_T(t_i) \approx [t_i]$。因此根据结构的定义（参见第二节第三小节）得 $\mathfrak{A}_T(t) \approx f_{\mathfrak{A}T}(\mathfrak{A}_T(t_1), \cdots, \mathfrak{A}_T(t_n))$。使用归纳假设得 $f_{\mathfrak{A}T}(\mathfrak{A}_T(t_1), \cdots, \mathfrak{A}_T(t_n)) \approx f_{\mathfrak{A}T}([t_1], \cdots, [t_n])$。根据 $f_{\mathfrak{A}T}$ 的定义得 $f_{\mathfrak{A}T}([t_1], \cdots, [t_n]) \approx [t]$。因此 $\mathfrak{A}_T(t) \approx [t]$。

因此根据归纳法得结论成立。

（2）根据（1）的结果有 $(\mathfrak{A}_T(t_1) \approx \mathfrak{A}_T(t_2)) \Leftrightarrow ([t_1] \approx [t_2])$。根据等价类的定义得 $([t_1] \approx [t_2]) \Leftrightarrow \vdash_T (t_1 = t_2)$。因此 $(\mathfrak{A}_T(t_1) \approx \mathfrak{A}_T(t_2)) \Leftrightarrow \vdash_T \varphi$。

证毕。

定理 4.46 说明语言 $L(T)$ 的原子公式 φ（除了 $\perp$）在理论 T 的典范结构中有效，当且仅当，φ 是理论 T 的定理；原子公式 $\perp$ 在任意结构中都不是有效的，在典范结构中也不是有效的。但是这个结果不能被推广到 $L(T)$ 中的所有闭公式，原因是闭项不足，可能出现的情况是：$L(T)$ 中的某个闭的存在式承诺某个个体具有某种性质，但在 $L(T)$ 中没有闭项具有该性质。为此需要将 $L(T)$ 扩张到亨金理论。

定义 4.47 亨金理论

令 T 是一个基于 ZQ 的弗协调一阶理论，它的语言是 $L(T)$。如果对 $L(T)$ 中任意闭的存在式 $\exists x\varphi$ 都有一个闭项 t 使得 $\vdash_T (\exists x\varphi \supset \varphi(x/t))$，那么称理论 T 为亨金理论。

定理 4.48 极大亨金理论的性质

如果 T 是一个极大的亨金理论，且它的语言是 $L(T)$，那么 T 有下列性质：

（1）$\vdash_T (\varphi \supset \psi) \Leftrightarrow (\vdash_T \varphi \Rightarrow \vdash_T \psi)$；

（2）$\vdash_T \sim\varphi \Rightarrow \vdash_T \neg\varphi$；

（3）$\vdash_T \neg\neg\varphi \Leftrightarrow \vdash_T \varphi$；

(4) ($\vdash_T{}^{\circ}\varphi$ 且$\vdash_T\neg\varphi$)$\Rightarrow\vdash_T\sim\varphi$；

(5) ($\vdash_T{}^{\circ}\varphi$ 且$\vdash_T{}^{\circ}\psi$)$\Rightarrow\vdash_T{}^{\circ}(\varphi\wedge\psi)$；

(6) $\vdash_T\forall x\varphi\Leftrightarrow$（对 $L(T)$ 中的所有闭项 t 都有$\vdash_T\varphi(x/t)$）；

(7) $\vdash_T\forall x^{\circ}\varphi\Rightarrow\vdash_T{}^{\circ}(\forall x\varphi)$；

(8) 若 φ' 是 φ 的变式，则$\vdash_T\varphi'\Leftrightarrow\vdash_T\varphi$；

(9) 若$\vdash_T(t_0=t_1)$，则$\vdash_T\varphi(x/t_0)\Leftrightarrow\vdash_T\varphi(x/t_1)$。

证明：

(1) $\Rightarrow$ 方向。

假设$\vdash_T(\varphi\supset\psi)$ 和$\vdash_T\varphi$。根据（R1）得$\vdash_T\psi$。

$\Leftarrow$ 方向。

假设如果$\vdash_T\varphi$，那么$\vdash_T\psi$。根据演绎定理可得$\vdash_T(\varphi\supset\psi)$。

因此结论成立。

(2) 假设$\vdash_T\sim\varphi$。根据（Ax4）和（R1）得$\vdash_T\neg\varphi$。

(3) $\Rightarrow$ 方向。假设$\vdash_T\neg\neg\varphi$。根据（Ax5）和定理 4.26（2）得$\vdash_T(\neg\neg\varphi\supset\varphi)$，再根据（R1）得$\vdash_T\varphi$。

$\Leftarrow$ 方向。假设$\vdash_T\varphi$。根据（Ax5）和定理 4.26（2）得$\vdash_T(\varphi\supset\neg\neg\varphi)$，再根据（R1）得$\vdash_T\neg\neg\varphi$。

因此结论成立。

(4) 假设$\vdash_T{}^{\circ}\varphi$ 且$\vdash_T\neg\varphi$。根据（Ax6），连续使用（R1）得$\vdash_T\sim\varphi$。

(5) 假设$\vdash_T{}^{\circ}\varphi$ 且$\vdash_T{}^{\circ}\psi$。根据定理 4.26（2）得$\vdash_T({}^{\circ}\varphi\wedge{}^{\circ}\psi)$，再根据（Ax7）和（R1）得$\vdash_T{}^{\circ}(\varphi\wedge\psi)$。

(6) $\Rightarrow$ 方向。假设$\vdash_T\forall x\varphi$。因为闭项对任意公式中的任意变元自由，所以根据定理 4.27（3）得对 $L(T)$ 中的所有闭项 t 都有$\vdash_T(\forall x\varphi\supset\varphi(x/t))$，再根据（R1）得对 $L(T)$ 中的所有闭项 t 都有$\vdash_T\varphi(x/t)$。

$\Leftarrow$ 方向。假设对 $L(T)$ 中的所有闭项 t 都有$\vdash_T\varphi(x/t)$。如果 $\forall x\varphi$ 不是 T 的定理，即$\nvdash_T\forall x\varphi$，那么根据 T 的极大性得$\vdash_T\sim\forall x\varphi$。根据

$\exists$ 的定义和 $\sim$ 的性质，由 $\vdash_T \sim \forall x\varphi$ 得 $\vdash_T \exists x \sim \varphi$。根据亨金理论的定义（定义 4.47）得在 $L(T)$ 中存在一个闭项 t 使得 $\vdash_T(\exists x \sim \varphi \supset \sim \varphi(x/t))$；再根据（R1）得在 $L(T)$ 中存在一个闭项 t 使得 $\vdash_T \sim \varphi(x/t)$，而这与假设矛盾。因此 $\vdash_T \forall x\varphi$。

因此结论成立。

(7) 假设 $\vdash_T \forall x^{\circ}\varphi$。根据（Ax9）和（R1）得 $\vdash_T {}^{\circ}(\forall x\varphi)$。

(8) $\Rightarrow$ 方向。

假设 φ' 是 φ 的变式，并且 $\vdash_T \varphi'$。根据（Ax10）和定理 4.26（2）得 $\vdash_T(\varphi' \supset \varphi)$。再根据（R1）得 $\vdash_T \varphi$。

$\Leftarrow$ 方向。

假设 φ' 是 φ 的变式，并且 $\vdash_T \varphi$。根据（Ax10）和定理 4.26（2）得 $\vdash_T(\varphi \supset \varphi')$。再根据（R1）得 $\vdash_T \varphi'$。

因此结论成立。

(9) 假设 $\vdash_T(t_0 = t_1)$。根据定理 4.35（2）得 $\vdash_T((t_0 = t_1) \supset \varphi(x/t_0) \supset \varphi(x/t_1))$，再根据（R1）得 $\vdash_T(\varphi(x/t_0) \supset \varphi(x/t_1))$。根据定理 4.34（3）和定理 4.26（2）得 $\vdash_T((t_0 = t_1) \supset (t_1 = t_0))$；再根据（R1）得 $\vdash_T(t_1 = t_0)$；再根据定理 4.35（2）得 $\vdash_T((t_1 = t_0) \supset \varphi(x/t_1) \supset \varphi(x/t_0))$；再根据（R1）得 $\vdash_T(\varphi(x/t_1) \supset \varphi(x/t_0))$。

如果 $\vdash_T \varphi(x/t_0)$，那么根据 $\vdash_T(\varphi(x/t_0) \supset \varphi(x/t_1))$ 和（R1）得 $\vdash_T \varphi(x/t_1)$。

如果 $\vdash_T \varphi(x/t_1)$，那么根据 $\vdash_T(\varphi(x/t_1) \supset \varphi(x/t_0))$ 和（R1）得 $\vdash_T \varphi(x/t_0)$。

因此 $\vdash_T \varphi(x/t_0) \Leftrightarrow \vdash_T \varphi(x/t_1)$。所证结论成立。

定理 4.49

令 T 是一个极大的亨金理论，它的语言是 $L(T)$，$\mathfrak{A}_T$ 是它的典范结构。令 V_T 是从 $L(T)(\mathfrak{A}_T)$ 的全体闭公式到 $\{0, 1\}$ 的映射，并且满足：①如果 $\vdash_T \varphi$，那么 $V_T(\varphi) \approx 1$；②如果 $\nvdash_T \varphi$，那么 $V_T(\varphi) \approx 0$；③ $V_T(\perp) \approx 0$。称 $(\mathfrak{A}_T, V_T)$ 是 T 的模型。

证明。从定理4.46和定理4.48可以看出 V_T 满足第二节第三小节中赋值定义的条件，因此（$\mathfrak{A}_T$，V_T）是 T 的模型。

至此说明了极大的亨金理论有一个模型，即（$\mathfrak{A}_T$，V_T），接下来说明如何将理论 T 扩张为亨金理论。

将 T 扩张为亨金理论的工作主要向 T 的语言 $L(T)$ 中添加常项，施归纳于 n 上定义 n 层专用常项。令 $\exists x\varphi$ 是用已经定义的专用常项和 $L(T)$ 的符号构成的闭的存在式。如果 $\exists x\varphi$ 中包含的所有专用常项的层数的最大值是 n，那么 $\exists x\varphi$ 定义一个 $n+1$ 层专用常项，记为 $t_{\exists x\varphi}$，这个常项也被称为 $\exists x\varphi$ 的专用常项。

将所有层次的专用常项添加到 $L(T)$ 后获得的语言记为 $L(T_t)$。如果 t 是 $\exists x\varphi$ 的专用常项，那么称公式 $\exists x\varphi \supset \varphi(x/t)$ 是 t 的专用公理。

令 T 是一个理论，它的语言是 $L(T)$，对 $L(T)$ 添加专用常项后获得的语言记为 $L(T_t)$。将 $L(T_t)$ 中所有专用常项的专用公理添加到 T 中作为非逻辑公理，新获得的理论被记为 T_t，它的语言是 $L(T_t)$。T_t 是一个亨金理论。

从定理4.30可以看出向理论 T 的语言 $L(T)$ 添加新的个体常项后，新获得的理论 T' 是原理论 T 的保守扩张。同样地，如果令理论 T 在 $L(T_t)$ 中的对应记为 T'，那么 T' 也是 T 的保守扩张。从 T_t 的构造过程可以看出 T_t 是 T' 的扩张，因此也是 T 的扩张。

综上所述，我们可以将一个极大非平凡的理论 T 扩张成为一个极大非平凡的亨金理论 T_t。因为 T_t 有一个模型，所以根据定义4.37和定理4.38得 T 也有一个模型。至此证明了一个极大非平凡的理论有一个模型。根据第二节第六小节（二）中描述的完全性证明流程，这便证明了 ZQ 的完全性。

第三节　基于 *ZQ* 的弗协调集合论 *ZQST*

朴素集合论遇到的困难是它包含悖论，这些悖论导致它成为一个平凡的理论；平凡的理论是没有研究意义的。朴素集合论包含的悖论主要包括康托悖论、布拉里-福蒂悖论、罗素悖论、寇里悖论等。到目前为止处理悖论较好的方案是 *ZF* 集合论，但是 *ZF* 集合论不能完全满足范畴论的需要。弗协调集合论的目的是在 *ZF* 集合论之外寻求一种更好地处理集合论悖论的方案。因为 *ZQ* 不承认爆炸原理，所以它能处理前三个悖论，但是受寇里悖论的限制，无法构造基于 *ZQ* 的弗协调朴素集合论①。

本书构造的 *ZQST* 是基于 *ZQ* 的 *ZF* 集合论，基本思路是将 *ZF* 集合论的底层逻辑由带等词的经典一阶谓词逻辑替换为 *ZQ* 。因为前文已经在第二节第二小节（二）中说明 *ZQ* 包含经典一阶谓词逻辑，所以 *ZQ* 能比经典一阶谓词逻辑推导出更多的东西。这个特征将使得 *ZQST* 能比 *ZF* 集合论推导出更多的东西。

卡尔涅利和科尼利奥在 2013 年构造了预测一致性的弗协调集合论，该集合论的最大特点是引入了一个一元谓词用于刻画集合的一致性②。本书将借鉴他们的技术构造 *ZQST* 。

一　*ZQST* 的语法

因为 *ZQST* 是 *ZQ* 的一个扩张，所以此处不需要像介绍 *ZQ* 一样详细地给出 *ZQST* 的语法结构，只需介绍它们的差异即可，准确地说是介绍 *ZQST* 比 *ZQ* 多了哪些东西。令 $L(ZQST)$ 表示 *ZQST* 的语言。$L(ZQST)$ 通过向 $L(ZQ)$ 中添加两个谓词符号得到：一个是一元谓词符号 C ，另一个是二元谓词符号 $\in$ ；其中 C 被用来刻画集合的一致性，$\in$ 被用来刻画集合间的属于关系。元语言的约定也和 $L(ZQ)$ 时的情形相同，此外因为 $\in$ 已被用于对象语言 $L(ZQST)$ 中，所以此处将使用 ε

① 李娜、何建锋：《一种处理集合论悖论的新方法》，《哲学动态》2017 年第 11 期。

② Walter Carnielli and Marcelo E. Coniglio, "Paraconsistent Set Theory by Predicating on Consistency", *Journal of Logic and Computation*, Vol. 26, No. 1, February 2016, pp. 97–116.

在元语言中表示集合间的属于关系，这一点和第二节中的情形有所不同，第二节中曾使用 $\in$ 在语义中（元语言层面上）表示属于关系。

关于项、公式、项对公式的代入、代入自由的定义，$L(ZQST)$ 都和 $L(ZQ)$ 相同。$L(ZQST)$ 的原子公式比 $L(ZQ)$ 的原子公式多一些，如下。

定义 4. 50

定义 $L(ZQST)$ 的原子公式如下：

(1) $L(ZQ)$ 的原子公式是原子公式；

(2) 如果 t 是项，那么 $C(t)$ 是原子公式；

(3) 如果 t_1 和 t_2 是项，那么 $(t_1 \in t_2)$ 是原子公式；

(4) 只有满足 (1)、(2)、(3) 的是原子公式。

定义 4. 51

$L(ZQST)$ 中被定义的谓词符号如下：

(1) $x \neq y$ 被定义为 $\neg (x = y)$；

(2) $x \notin y$ 被定义为 $\neg (x \in y)$。

关于逻辑联结词的结合力的说明：一元联结词的结合力大于二元联结词；一元联结词之间和二元联结词之间都遵循右结合原则。

关于括号的省略，各种括号之间没有区别，括号的省略也如通常的约定。为了便于阅读，本书是适当的省略括号，而不是严格地省略括号。

说明 4. 52。

C 和 $^\circ$ 都表达一致性，二者的差异在于 C 是一个一元谓词，刻画的是集合的一致性，即 $C(t)$，其中 t 是 $L(ZQST)$ 的项；$^\circ$ 是一个一元联结词，刻画的是公式的一致性，即 $^\circ\varphi$，其中 φ 是 $L(ZQST)$ 的公式。

ZQST 的公理是在 *ZQ* 公理的基础上添加刻画集合的非逻辑公理，这里的公理指公理模式，给出 *ZQST* 的非逻辑公理如下：

(1) 集合公理：

(Ax13) 空集公理 (Null-set)：$\exists x \forall y (\sim y \in x)$；

（Ax14）外延公理（Extensionality）：$\forall x \forall y[\forall z(z \in x \equiv z \in y) \supset (x = y)]$；

（Ax15）对公理（Pairs）：$\forall x \forall y \exists z[\forall u(u \in z \equiv (u = x \vee u = y))]$；

（Ax16）并公理（Unions）：$\forall x \exists y \forall z[z \in y \equiv \exists u(z \in u \wedge u \in x)]$；

（Ax17）无穷公理（Infinity）：$\exists x \exists y[y \in x \wedge \forall z(z \in x \supset \exists u[u \in x \wedge \sim(u = z) \wedge \forall v(v \in z \supset v \in u)])]$；

（Ax18）幂公理（Power）：$\forall x \exists y \forall z[z \in y \equiv \forall u(u \in z \supset u \in x)]$；

（Ax19）替换公理（Replacement）：$\forall x \forall y \forall z[(\varphi(x, y) \wedge \varphi(x, z)) \supset y = z] \supset \forall x \exists y \forall z[z \in y \equiv \exists u(u \in x \wedge \varphi(u, z))]$；

（Ax20）分离公理（Separation）：$\forall x \exists y \forall z[z \in y \equiv (z \in x \wedge \varphi(z))]$；

（Ax21）弱基础公理（Weak Foundation）：$\forall x[C(x) \supset (\exists y(y \in x) \supset \exists z(z \in x \wedge \forall u[u \in x \supset \sim(u \in z)]))]$；

（2）非外延公理（Unextensionality）

（Ax22）$\forall x \forall y(x \neq y \equiv [\exists z(z \in x \wedge z \notin y) \vee \exists z(z \notin x \wedge z \in y)])$；

（3）关于 C 的公理

（Ax23）$\forall x(C(x) \equiv {}^{\circ}(x = x))$；

（Ax24）$\forall x(C(x) \equiv {}^{\circ}(x \in x))$；

（Ax25）$\forall x(\neg C(x) \equiv \neg {}^{\circ}(x = x))$；

（Ax26）$\forall x(\neg C(x) \equiv \neg {}^{\circ}(x \in x))$；

（Ax27）$\forall x(\forall y[y \in x \supset C(y)] \supset C(x))$。

这些非逻辑公理没有使元语言符号中表示任意项的 t，而使用了元语言中表示任意自由变元的 x，y，z，u，v，w。根据 *ZQ* 中的定理 4.34 和 4.35，这不会产生什么区别。

（Ax23）－（Ax26）描述的是这样一种思想：一个集合是一致的，当且仅当，它构成的句子是一致的；一个集合不是一致的，当且仅当，它构成的句子不是一致的。（Ax27）表达了这样一种思想：如果一个集合的元素都是一致的，那么这个集合也是一致的。

$ZQST$ 的推理规则和 ZQ 的推理规则相同。推导和证明的定义也如通常的约定。令 $\vdash_{ZQST}\varphi$ 表示 φ 是 $ZQST$ 的定理；令 $\Gamma\vdash_{ZQST}\varphi$ 表示 φ 是从 Γ 出发在 $ZQST$ 中可推导的；对于 $\vdash$ 带其他下标的意思可类似地理解。令 $\vdash\varphi$ 表示 φ 是经典一阶谓词逻辑的定理，令 $\Gamma\vdash\varphi$ 表示 φ 是从 Γ 出发在经典一阶谓词逻辑中可推导的。

二 *ZQST* 中的集合

在 ZF 中，集合的构造是从空集开始，首先由空集公理承诺空集的存在，然后再由对公理、并公理、幂公理、无穷公理、替换公理、分离公理生成其他的集合，基础公理将 ZF 中的集合限制为良基集。本书构造 $ZQST$ 使用的是 ZF 的集合公理①，对集合的构造也遵循这个顺序，因此 $ZQST$ 构造集合的第一步就是构造空集。构造空集需要使用否定，$ZQST$ 中有两种否定，即强否定 ~ 和弱否定 ¬ ，$ZQST$ 的（Ax13）使用强否定 ~ 构造空集，其承诺存在的空集被记为 $\emptyset^*$ 。

关于集合的记法符合通常的约定，即形如 $\{x_1, \cdots, x_n\}$ 或 $\{x \mid \varphi(x)\}$ 。关于集合间运算的记法也符合通常的约定：$x\cap y$ 表示交运算；$x\cup y$ 表示并运算；$\bigcup x$ 表示广义并，$\bigcap x$ 表示广义交；$\wp(x)$ 表示幂运算等。

$ZQST$ 中的空集符号 $\emptyset^*$ 和集合间的运算符号 $\cap$, $\cup$, $\bigcup$, $\bigcap$, $\wp$ 等都可视为被定义的函数符号，$\emptyset^*$ 是零元函数，也就是个体常项，$\cap$ 和 $\cup$ 二元函数，$\bigcup$ 、$\bigcap$ 和 $\wp$ 是一元函数。形如 $\{x_1, \cdots, x_n\}$ 和 $\{x \mid$

① 集合公理是指关于集合的公理。

$\varphi(x)\}$ 的符号也可以被视为被定义的函数符号，$\{x_1, \cdots, x_n\}$ 是 n 元函数符号，$\{x \mid \varphi(x)\}$ 是一元函数符号。此处假设这些符号都已经包含在 $L(ZQST)$ 中。

ZQST 中的集合分为一致集合和不一致集合。令 $C(x)$ 表示集合 x 是一致的，即一个集合 x 是一致的当且仅当$\vdash_{ZQST} C(x)$。因为 *ZQST* 中有两种否定，强否定 ~ 和弱否定 ¬ ，所以相应地有两种不一致的集合，$\sim C(x)$ 和 $\neg C(x)$。令 $\sim C(x)$ 表示集合 x"是不一致的"（Inconsistent），令 $\neg C(x)$ 表示集合 x"不是一致的"（Not Consistent 或者 Non-consistent）。一个集合 x 是不一致的当且仅当$\vdash_{ZQST} \sim C(x)$。一个集合 x 不是一致的当且仅当$\vdash_{ZQST} \neg C(x)$。

我们无法在 *ZQST* 中证明那些不是一致的集合的存在性（即满足 $\neg C(x)$ 的 x 的存在性），只能把它们作为假设用于研究它们的语法后承。

三　*ZQST* 与 *ZF* 的比较

令 $L(ZQST)$ 表示 *ZQST* 的语言，$L(ZF)$ 表示 *ZF* 的语言。$L(ZF)$ 可被视为是 $L(ZQST)$ 的一个子集，即我们可以使用 $L(ZQST)$ 的符号描述 *ZF*。令 ⊃ 作为 $L(ZF)$ 的蕴涵符号，令 ∀ 作为 $L(ZF)$ 的量词符号，令 ∈ 和 = 作为 $L(ZF)$ 的谓词符号。$L(ZQST)$ 的个体变元和函数符号作 $L(ZF)$ 的个体变元和函数符号。因为 *ZQST* 中有两种否定，即 ¬ 和 ~，所以下面分情形讨论。

情形一，令 ~ 作为 $L(ZF)$ 的否定联结词符号。此时除基础公理外，*ZF* 的公理都是 *ZQST* 中的定理。关于基础公理，如果用 φ 表示 *ZF* 的基础公理，那么 *ZQST* 中的弱基础公理为 $(C(x) \supset \varphi)$。在 *ZF* 和 *ZQST* 中都可以从 φ 推出 $(C(x) \supset \varphi)$，但逆之不成立。此时单从语法上看不能说 *ZQST* 包含 *ZF*，但也不能说 *ZF* 包含 *ZQST*，因为 *ZQST* 的公理比 *ZF* 多，且包含 $L(ZF)$ 中没有的符号。如果把 $C(x)$ 理解为 $(x = x)$，即令 $C(x) \approx (x = x)$，那么因为 $(x = x)$ 是 *ZQST* 的公理（Ax11），$(C(x) \supset \varphi)$ 在

ZQST 中变换为 $((x = x) \supset \varphi)$，所以 $\vdash_{ZQST}\varphi$ 当且仅当 $\vdash_{ZQST}(C(x) \supset \varphi)$；进一步地在 *ZQST* 中可以从 $(C(x) \supset \varphi)$ 推出 φ；此时 *ZF* 的基础公理也成为 *ZQST* 的定理；可以得出结论说 *ZQST* 包含 *ZF*。

情形二，令 $\neg$ 作为 $L(ZF)$ 的否定联结词符号。此时如果将 $C(x)$ 理解为 $(x = x)$，将 $\perp$ 理解为 $(\varphi \wedge \neg \varphi)$，那么 *ZQST* 的公理都将成为 *ZF* 的定理。通过第一节第二小节（二）和第二节第二小节（三）的讨论可知，*ZQST* 的（Ax1）到（Ax12）都是 *ZF* 的定理。如果在 *ZF* 中将 $\sim\varphi$ 定义为 $(\varphi \supset \perp)$，那么不难证明 $(\neg \varphi \equiv \sim\varphi)$ 是 *ZF* 的定理；进一步得 *ZQST* 的（Ax13）到（Ax20）都是 *ZF* 的定理。从 *ZF* 的基础公理可推导出 *ZQST* 的弱基础公理，因此（Ax21）是 *ZF* 的定理。对 *ZF* 的外延公理取逆否命题可得（Ax22）是 *ZF* 的定理。根据第一节第二小节（二）的讨论和 $^{\circ}\varphi$ 的定义，可得对 $L(ZF)$ 的任意公式 φ，$^{\circ}\varphi$ 是 *ZF* 的定理；又因为 $(x = x)$ 是 *ZF* 的定理，所以 $C(x)$ 也是 *ZF* 的定理；因此（Ax23）到（Ax27）都是 *ZF* 的定理。因此，如果将 $C(x)$ 理解为 $(x = x)$，将 $\perp$ 理解为 $(\varphi \wedge \neg \varphi)$，那么 *ZQST* 的公理都将成为 *ZF* 的定理。

四 比较 *ZQST* 和科斯塔的 ZF_n

科斯塔在 1986 年构造了一个弗协调集合论 ZF_n，$0 \leqslant n \leqslant \omega$ ①。这个集合论的底层逻辑是科斯塔的带等词的 $C_n^=$ 系统，它的集合公理是丘奇于 1971 年给出的一个带全域集的 *ZF* 集合论的公理②。科斯塔证明了：如果通常的 *ZF* 是一致的，那么 ZF_n 不是平凡的。

科斯塔的 ZF_n 集合论有两个显著的特点：第一，全域集在 ZF_n 中的存在不是借助弗协调否定实现的，而是因为丘奇改造过的 *ZF* 自身就包含

① Newton C. A. da Costa, "On Paraconsistent Set Theory", *Logique Et Analyse*, Vol. 29, No. 115, September 1986, pp. 361–371.

② Alonzo Church, "Set Theory with a Universal Set", in American Mathematical Society eds. *Proceedings of the Tarski Symposium*. Vol. 25, Providence, RI, 1974, pp. 297–308.

全域集；第二，ZF_n 的集合论公理使用的否定不是弱否定，而是强否定。

弗协调逻辑的特征是弗协调否定不承认爆炸原理，构造弗协调集合论的初衷是应用弗协调逻辑的这个特征。如果在集合论公理中全部都使用强否定，并且只是底层逻辑换成了弗协调逻辑，那么这种探索的意义是极其有限的。

本书构造的 *ZQST* 也没有在集合论公理中全部使用弱否定，而是在（Ax13）、（Ax17）、（Ax21）中也使用了强否定，但是在集合论公理中，谓词符号的否定使用的是弱否定，即 $\notin$ 和 $\neq$ 表示 $\in$ 和 = 的弱否定。和 ZF_n 比较起来，*ZQST* 的构造向前进了一步。

五　*ZQST* 的一些定理

定理 4.53

(1) $\vdash_{ZQST}((x \neq x) \supset \neg C(x))$；

(2) $\vdash_{ZQST}(C(x) \supset \sim (x \in x))$；

(3) $\vdash_{ZQST}((x \in x) \supset \neg C(x))$。

证明：

(1) 根据（Ax25）和（Ax8）得 $\vdash_{ZQST}(\neg C(x) \equiv \neg {}^{\circ}(x = x))$。根据 ${}^{\circ}(x = x)$ 的定义和（Ax5）得 $\vdash_{ZQST}(\neg {}^{\circ}(x = x) \equiv \neg \sim (x = x \wedge x \neq x))$。因为 $\vdash_{ZQST}(x = x)$，所以 $\vdash_{ZQST}((x \neq x) \supset (x = x \wedge x \neq x))$。根据强否定的双否律得 $\vdash_{ZQST}((x = x \wedge x \neq x) \supset \sim\sim (x = x \wedge x \neq x))$。根据（Ax4）得 $\vdash_{ZQST}(\sim\sim (x = x \wedge x \neq x) \supset \neg \sim (x = x \wedge x \neq x))$。最后根据 $\supset$ 的传递性得 $\vdash_{ZQST}((x \neq x) \supset \neg C(x))$。

(2) 假设 $\vdash_{ZQST}C(x)$。根据外延公理和（Ax27），由 $\vdash_{ZQST}C(x)$ 得 $\vdash_{ZQST}C(\{x\})$。根据定理 4.27（3），用 $\{x\}$，x，x 分别代入弱基础公理中的 x，y，z 得 $\vdash_{ZQST}(C(\{x\}) \supset x \in \{x\} \supset x \in \{x\} \wedge \forall u[u \in \{x\} \supset \sim (u \in x)])$。根据 $\{x\}$ 的定义得 $\vdash_{ZQST}(x \in \{x\})$。因此根据 4.26（1）和 4.26（2）得 $\vdash_{ZQST} \forall u[u \in \{x\} \supset \sim (u \in x)]$；再根据 4.27（3）得 $\vdash_{ZQST}(x \in \{x\} \supset \sim (x \in x))$；再根据（R1）得 $\vdash_{ZQST} \sim$

$(x \in x)$。因此根据演绎定理得$\vdash_{ZQST}(C(x) \supset \sim (x \in x))$。

(3) 根据定理4.53 (2) 得$\vdash_{ZQST}(C(x) \supset \sim (x \in x))$；再根据经典逻辑的规则得$\vdash_{ZQST}(\sim \sim (x \in x) \supset \sim C(x))$。根据经典逻辑的定理$\vdash_{ZQST}((x \in x) \supset \sim \sim (x \in x))$。根据 (Ax4) 得$\vdash_{ZQST}(\sim C(x) \supset \neg C(x))$。因此根据4.26 (1) 得$\vdash_{ZQST}((x \in x) \supset \neg C(x))$。

证毕。

定理4.53的 (1) 和 (3) 描述了这样一种思想：如果一个集合和它自身不相等，那么它不是一致的；如果一个集合是它自身的元素，那么它不是一致的。关于定理4.53 (2) 需要说明如下。*ZQ* 和 *ZQST* 从 Z_n 系统继承了一个特点，一个句子和它的否定不能同假，但可以同真。如果一个句子和它的否定同真，那么该句子不是一致的。如果一个句子和它的否定一真一假，那么该句子是一致的。特殊的，如果句子φ是一致的，即$\vdash_{ZQST}{}^{\circ}\varphi$，那么$\varphi$恒真且$\neg\varphi$恒假，或者$\varphi$恒假。因为根据 (Ax11) 得$(x = x)$是 *ZQST* 的公理，所以如果$x$是一致的，那么$(x = x)$恒真且$\neg(x = x)$恒假。相比之下，因为$(x \in x)$并不是 *ZQST* 的公理或定理，所以$(x \in x)$并不能恒真；因此如果$x$是一致的，那么$(x \in x)$只能是恒假。

六　*ZQST* 的非平凡性

本小节证明 *ZQST* 相对于 *ZF* 的非平凡性，即如果 *ZF* 是一致的，那么 *ZQST* 是非平凡的。(下一章会使用模型的方法证明 *ZQST* 是非平凡的。)

定理4.54

令$L(ZQST)$表示 *ZQST* 的语言，$L(ZF)$表示 *ZF* 的语言。令F是从$L(ZQST)$到$L(ZF)$的一个映射，它被递归地定义如下：

(1) $F(x \in y) \approx (x \in y)$；

(2) $F(x = y) \approx (x = y)$；

(3) $F(C(x)) \approx (x = x)$；

(4) $F(\varphi \supset \psi) \approx (F(\varphi) \supset F(\psi))$；

(5) $F(\neg \varphi) \approx {\sim} F(\varphi)$；

(6) $F(\forall x\varphi) \approx \forall x F(\varphi)$；

(7) $F(°\varphi) \approx [F(\varphi) \equiv F(\varphi)]$；

(8) $F(\bot) \approx ((\emptyset^* = \emptyset^*) \wedge {\sim}(\emptyset^* = \emptyset^*))$；

(9) $F({\sim}\varphi) \approx F(\varphi \supset \bot) \approx (F(\varphi) \supset F(\bot)) \approx {\sim} F(\varphi)$。

此处使用 $L(ZQST)$ 的符号描述 ZF，因此 $L(ZF)$ 是 $L(ZQST)$ 的一个子集。从公理的蕴涵强度看，$ZQST$ 中的强否定 ~ 等同于 ZF 中的否定，因此此处使用 ~ 表示 ZF 中的否定。$\emptyset^*$ 是 $ZQST$ 中的强空集，从语法上看它等同于 ZF 中的空集，因此此处使用它表示 ZF 中的空集。C，° 和 $\bot$ 这三个符号是 $L(ZF)$ 中没有的，F 将关于它们的公式映射为 $L(ZF)$ 中的已有公式。$L(ZQST)$ 和 $L(ZF)$ 的蕴涵符号、量词符号、谓词符号（除了 $\bot$ 和 C）是相同的，分别是 $\supset$，$\forall$，$=$，$\in$。

因此 F 是 $ZQST$ 到 ZF 的一个嵌入，即如果 $\vdash_{ZQST}\varphi$，那么 $\vdash_{ZF}F(\varphi)$。

证明：

假设 $\vdash_{ZQST}\varphi$。则 φ 在 $ZQST$ 中有一个证明，即公式的一个序列 ψ_1，…，ψ_n 使得 $\psi_n \approx \varphi$，并且对 $1 \leqslant i \leqslant n$ 有：① ψ_i 是 $ZQST$ 的公理；或者② ψ_i 是由在前的两公式经（R1）得到；或者③ ψ_i 是由在前的一个公式经（R2）得到。施强归纳于 i 上证明 $\vdash_{ZF}F(\psi_i)$。

归纳假设所证结论对小于 i 的正整数都成立。分情形讨论。

情形一，ψ_i 是 $ZQST$ 的公理。容易看出 $F((Ax1))$、$F((Ax2))$、$F((Ax3))$ 是 ZF 的定理。

$F((Ax4)) \approx [{\sim} F(\varphi) \supset {\sim} F(\varphi)]$；

$F((Ax5)) \approx [{\sim}{\sim} F(\varphi) \equiv F(\varphi)]$；

$F((Ax6)) \approx ([F(\varphi) \equiv F(\varphi)] \supset \neg F(\varphi) \supset {\sim} F(\varphi))$；

$F((Ax7)) \approx (([F(\varphi) \equiv F(\varphi)] \wedge [F(\psi) \equiv F(\psi)]) \supset [F(\varphi \wedge \psi) \equiv F(\varphi \wedge \psi)])$；

$F((Ax8)) \approx (\forall xF(\varphi) \supset [F(\varphi)](x/t))$；

$F((Ax9)) \approx (\forall x[F(\varphi) \equiv F(\varphi)] \supset [F(\forall x\varphi) \equiv F(\forall x\varphi)])$；

$F((Ax10)) \approx [F(\varphi) \equiv F(\varphi')]$；

$F((Ax11)) \approx (x = x)$；

$F((Ax12)) \approx ((y = z) \supset ([F(\varphi)](x/y) \equiv [F(\varphi)](x/z)))$；容易证明它们都是 ZF 的定理。从（Ax13）到（Ax20），它们显然也是 ZF 的定理。因为基础公理是 ZF 的定理，所以根据析取引入规则得 $F((Ax21))$ 也是 ZF 的定理。$F((Ax22)) \approx (\forall x\forall y(\sim(x = y) \equiv [\exists z(z \in x \wedge \sim[z \in y]) \vee \exists z(\sim(z \in x) \wedge z \in y)]))$，对外延公理（Ax14）取逆否命题，并且根据（Ax12）可得 $F((Ax22))$ 是 ZF 的定理。$F((Ax23)) \approx (\forall x((x = x) \equiv [(x = x) \equiv (x = x)]))$ 也是 ZF 的定理；同理地，$F((Ax24))$、$F((Ax25))$、$F((Ax26))$ 也是 ZF 的定理。$F((Ax27)) \approx \forall x(\forall y[y \in x \supset (y = y)] \supset (x = x))$ 显然是 ZF 的定理。因此 $ZQST$ 的公理都是 ZF 的定理；进一步地 $\vdash_{ZF} F(\psi_i)$。

情形二，ψ_i 是由在前的两公式经（R1）得到。在前的两公式可分别记为 ψ_k 和 $\psi_k \supset \psi_i$，其中 $1 \leqslant k < i$。根据归纳假设有 $\vdash_{ZF} F(\psi_k)$ 和 $\vdash_{ZF} F(\psi_k \supset \psi_i)$。根据 $F(\psi_k \supset \psi_i)$ 的定义，由 $\vdash_{ZF} F(\psi_k \supset \psi_i)$ 得 $\vdash_{ZF} (F(\psi_k) \supset F(\psi_i))$。因此根据 ZF 的分离规则得 $\vdash_{ZF} F(\psi_i)$。

情形三，ψ_i 是由在前的一个公式经（R2）得到。此时 ψ_i 形如 $(\varphi \supset \forall x\psi)$，而在前的公式可记为 $(\varphi \supset \psi)$，其中 x 不在 φ 中自由出现。根据归纳假设有 $\vdash_{ZF} F(\varphi \supset \psi)$；再根据 $F(\varphi \supset \psi)$ 的定义有 $\vdash_{ZF} (F(\varphi) \supset F(\psi))$。从映射 F 的定义可以看出 F 并不改变公式中自由变元的出现，因此 x 也不在 $F(\varphi)$ 中自由出现；又因为（R2）也是 ZF 中有效的推理规则，所以 $\vdash_{ZF} (F(\varphi) \supset \forall xF(\psi))$。根据 $F(\forall x\psi)$ 的定义有 $\vdash_{ZF} (F(\varphi) \supset F(\forall x\psi))$；再根据 $F(\varphi \supset \forall x\psi)$ 的定义有 $\vdash_{ZF} F(\varphi \supset \forall x\psi)$，即 $\vdash_{ZF} F(\psi_i)$。

综上所述，根据归纳法得 $\vdash_{ZF} F(\psi_i)$，所证结论成立。

推论 4.55

定理 4.54 中定义的映射 F 可以推广到被定义联结词 $\wedge$ 、$\vee$ 和量词 $\exists$ ，如下：

(1) $F(\varphi \wedge \psi) \approx (F(\varphi) \wedge F(\psi))$ ；

(2) $F(\varphi \vee \psi) \approx (F(\varphi) \vee F(\psi))$ ；

(3) $F(\exists x\varphi) \approx \exists xF(\varphi)$ 。

根据这三个符号的定义，很容易证明这个推论，证明省略。

定理 4.56

如果 *ZF* 是一致的，那么 *ZQST* 不能证明任何矛盾，即对任意 φ 都没有 $\vdash_{ZQST}(\varphi \wedge \neg \varphi)$ 。

证明：

假设 $\vdash_{ZQST}(\varphi \wedge \neg \varphi)$ 。根据推论 4.55 得 $\vdash_{ZF}(F(\varphi) \wedge \sim F(\varphi))$ ，而这使得 *ZF* 是不一致的。因此根据逆否命题的性质，所证结论成立。

从定理 4.56 可以得出一个结论，对 $L(ZQST)$ 的任意公式 φ ，$(\varphi \wedge \neg \varphi)$ 不是 *ZQST* 的定理。这说明在 *ZQST* 中不存在矛盾，但是可以假设矛盾并研究它们在 *ZQST* 中的后承。

推论 4.57

如果 *ZF* 是一致的，那么 *ZQST* 不是平凡的。

证明：

假设 *ZF* 是一致的。根据定理 4.56，在 *ZQST* 中不能证明任何矛盾，即对 $L(ZQST)$ 的任意公式 φ 而言 $(\varphi \wedge \neg \varphi)$ 都不是 *ZQST* 的定理。因此 *ZQST* 不是平凡的。

第四节　*ZQST* 中的序数和基数

ZQST 的非逻辑公理中的（Ax13）到（Ax21），使用的否定都是强否定，只在非外延公理和关于谓词 C 的公理中使用了弱否定。*ZQST* 中与集合的存在性承诺相关的是从（Ax13）到（Ax21），而非外延公理是为了处理“不是一致的集合”（即 $x \neq x$ 或 $x \in x$ ）；关于谓词 C 的公

理刻画的是谓词 C 、谓词 = 、谓词 $\in$ 的关系[①]。

察看一下 $ZQST$ 承诺了哪些集合。第一，在 $ZQST$ 中不能证明任意矛盾式，即对 $L(ZQST)$ 的任意公式 φ ，$\varphi \wedge \neg \varphi$ 都不是 $ZQST$ 的定理。第二，因为 $ZQST$ 中与集合的存在性承诺相关的部分使用的都是强否定，所以 $ZQST$ 包含 ZF 集合论中的所有集合。第三，因为 ZF 集合论已经包含了所有一致的集合，所以我们期望在 $ZQST$ 中找到“不是一致的集合”（即 $\neg C(x)$ ）。第四，在 $ZQST$ 中与集合的存在性承诺相关的公理部分，除去空集公理和外延公理，对公理、并公理、无穷公理、幂公理、替换公理、分离公理都可以产生新的集合，它们之中使用任意公式 φ 的只有替换公理和分离公理，但是分离公理是个等价式，它承诺的集合的存在依赖于 φ 是 $ZQST$ 的定理，但是前文已经说过任意矛盾式都不是 $ZQST$ 的定理，因此通过分离公理并不能产生“不是一致的集合”；因此似乎只有通过替换公理才能产生“不是一致的集合”。第五，观察替换公理，即（Ax19），如下

$$\forall x \forall y \forall z[(\varphi(x, y) \wedge \varphi(x, z)) \supset y = z] \supset \forall x \exists y \forall z[z \in y \supset \exists u(u \in x \wedge \varphi(u, z))],$$

这是一个蕴涵式，它的前件要求 φ 是一个函数，它的后件承诺了一个新集合 y 的存在，但是利用公式 φ 只能实现 $z \neq z$ ，即 y 的元素 z 不是一致的，$ZQST$ 中没有公理说“不是一致的集合”构成的集合也“不是一致的”，因此不能得出“ y 不是一致的”；通过替换公理也不能获得“不是一致的集合”。综合起来，在 $ZQST$ 中只能获得一致的集合，不能获得“不是一致的集合”。

如果期望在 $ZQST$ 中寻找那些不是一致的传递良序集，并使用它们定义序数，进而定义基数，从而研究 $ZQST$ 中的序数和基数的性质。则

---

① 请在此处和下文中注意区分“不是一致的集合”和“不一致的集合”，前文曾说过“令 $\sim C(x)$ 表示集合 x ‘是不一致的（Inconsistent）’，令 $\neg C(x)$ 表示集合 x ‘不是一致的（Not Consistent 或者 Nonconsistent）’。”

这个期望落空了，因为不能在 *ZQST* 中找到“不是一致的集合”，*ZQST* 承诺的集合都是一致的。但是在 *ZQST* 中可以把“不是一致的集合”作为前提，进而研究它们的后承，因为 *ZQST* 不能保证“不是一致的集合”的存在，也不能进而定义基于“不是一致的集合”的序数和基数。因此在 *ZQST* 中只能使用一致的集合定义序数和基数，如此一来，*ZQST* 中的序数和基数就和 *ZF* 集合论中的序数和基数一样，这里不再赘述了。

可能存在这样的疑问：为什么一开始不使用弱否定定义空集而要使用强否定呢？下面讨论使用弱否定定义空集会怎么样？

在 *ZQST* 中加入使用弱否定定义空集的公理，即 $\exists x\forall y(\neg y\in x)$，不妨称这个空集为弱空集，记为 $\emptyset$ 。因为无法在 *ZQST* 中证明 $\emptyset\in\emptyset$，所以无法证明 $\emptyset$ 是一个“不是一致的集合”，再者经过对、并、幂、无穷、分离等公理获得的集合也不能被证明“不是一致的”，根据前面的讨论可知经过替换公理获得的新集合也不能被证明“不是一致的”。因此即使假设了弱空集的存在，也不能证明它“不是一致的”，也不能证明从它出发生成的集合“不是一致的”。

更进一步地，不但在 *ZQST* 中加入公理 $\exists x\forall y(\neg y\in x)$，而且还将 *ZQST* 中与集合的存在性承诺相关的公理中的强否定全部替换为弱否定。这样也仍然不能获得“不是一致的集合”。通过观察 *ZQST* 的公理可以发现，除了（Ax4），对于所有形如蕴涵式的公理，它们的后件都不以弱否定 $\neg$ 为主联结词，这就说明无法通过它们获得以弱否定 $\neg$ 为主联结词的命题；进一步可知不能获得形如（$\varphi\notin\varphi$）或 $\neg$（$\varphi\in\varphi$）的定理，进而也无法根据非外延公理获得形如（$\varphi\neq\varphi$）或 $\neg$（$\varphi=\varphi$）的定理，进而也无法获得那些“不是一致的集合”。再来看（Ax4），即 $\sim\varphi\supset\neg\varphi$，该公理的前件是 $\sim\varphi$，如果 $\sim\varphi$ 是 *ZQST* 的定理，那么 φ 肯定不是 *ZQST* 的定理，因此无法获得 $\varphi\wedge\neg\varphi$，进而也无法获得“不是一致的集合”。

综合以上讨论得出结论，*ZQST* 无法产生“不是一致的集合”，因此

$ZQST$ 中的序数和基数和 ZF 集合论中的序数和基数是一样的，并且即使在关于集合的公理中全部使用弱否定，这个结果也不会改变。

本章小结

本章首先介绍了张清宇的弗协调命题逻辑系统 Z_n，讨论了 Z_n 与经典命题逻辑之间的关系。本章然后基于 Z_n 构造了弗协调一阶谓词逻辑 ZQ，讨论了 ZQ 与经典一阶谓词逻辑的关系，证明了 ZQ 的可靠性和完全性；基于 ZQ 构造了弗协调 ZF 集合论 $ZQST$，并将它与 ZF 集合论进行比较，将它与科斯塔的弗协调集合论 ZF_n 进行比较，证明了 $ZQST$ 相对于 ZF 的非平凡性，即如果 ZF 是一致的，那么 $ZQST$ 不是平凡的。本章最后指出 $ZQST$ 中的序数和基数与 ZF 集合论中的序数和基数相同。

在构造弗协调一阶逻辑 ZQ 时，本章删去了 Z_n 中的一条公理（A7），因为它不是必要的。本章没有将 ZQ 构造为一系列弗协调逻辑系统，而是引入了一致性算子 $^\circ$，将 ZQ 构造成了一种形式不一致逻辑。在构造 $ZQST$ 时，本章使用的非外延公理和关于谓词 C 的公理借鉴了卡尔涅利和科尼利奥构造的集合论 $ZFCil$ 中的公理，但并不完全相同，因为本章使用的逻辑 ZQ 比 $ZFCil$ 的基础逻辑 mbc 强，所以 $ZQST$ 不必像 $ZFCil$ 需要那样多的公理。

第五章　*ZQST* 的模型

如果一个集合 x 满足 $x \in x$ 或 $x \neq x$，那么 x 不是一致的，其中 $\neq$ 是 = 的弱否定。在 *ZQST* 中不存在不是一致的集合，即 *ZQST* 中的集合都是一致的；因此 *ZQST* 中的集合和 *ZF* 中的集合一样多。从这个结果出发，*ZF* 的模型包含的集合就可以满足 *ZQST* 的需要，因此 *ZF* 的模型就是 *ZQST* 的模型，但是这显然不符合最初的期望。*ZQST* 和 *ZF* 的不同之处在于：在 *ZQST* 中可以把不是一致的集合作为前提，进而讨论它们的后承；这在 *ZF* 中是不可能实现的。

2003 年，李伯特给出了两种构造弗协调集合论的模型的方法：一种是从经典集合的一个收集出发，最后诉诸拓扑（Topology）；另一种是从经典集合的一个收集出发，最后诉诸项模型（Term model）[①]。这两种方法的共同特点是使用经典集合的收集生成弗协调集合的收集；并且它们都被设计用于基于弗协调逻辑 *Pac* 的弗协调朴素集合论。2005 年，李伯特在 2003 年工作的基础上讨论了项模型的缺陷（即在定义集合的公式中不能使用强外延的相等关系），并指出只有使用拓扑方法构造的模型才能完美地服务于弗协调朴素集合论[②]。2015 年，洛维和塔拉法德引入了广义代数值模型，并为 *ZF* 构造了模型，他们猜想该方法可

---

① Thierry Libert, "ZF and the Axiom of Choice in Some Paraconsistent Set Theories", *Logic and Logical Philosophy*, No. 11–12, November 2003, pp. 91–114.

② Thierry Libert, "Models for a Paraconsistent Set Theory", *Journal of Applied Logic*, Vol. 3, No. 1, March 2005, pp. 15–41.

用于构造弗协调集合论的模型①。

本章的内容包括：第一，使用李伯特的技术去讨论如何在弗协调集合的收集中处理 $ZQST$ ，探讨 $ZQST$ 的拓扑模型的构造；第二，实现洛维和塔拉法德的猜想，为 $ZQST$ 构造广义代数值模型。

第一节　弗协调集合的构造方法

本节讨论如何使用经典集合构造弗协调集合，如何在弗协调集合的收集中处理 $ZQST$ ，即 $ZQST$ 的模型应当满足哪些条件。

一　ZQST 的模型的特征

为一个公理化集合论构造模型实际上是为一个语法系统构造语义，因此从语义的角度看，模型的论域中的对象必须是已经存在的对象。这就要求 $ZQST$ 的模型 $\mathfrak{A}$ 的论域 A 中的集合必须是已经存在的集合。

$ZQST$ 是弗协调集合论，我们自然期望它的模型 $\mathfrak{A}$ 的论域 A 中的集合是弗协调集合，即不仅包含一致的经典集合，还包含那些不是一致的集合。一个可行的方案是从经典集合的收集出发构造所需要的弗协调集合的收集，即构造满足我们期望的论域 A 。从第二、三章的讨论可知，ZF 的所有模型的存在都以 ZF 的自然模型的存在为前提，而 ZF 的自然模型的存在以强不可及序数的存在为前提。因此如果假设一个强不可及序数的存在，那么就获得 ZF 的一个自然模型，即获得经典集合的一个收集。此处想表达的是 $ZQST$ 的模型的存在是以 ZF 的模型的存在为前提的。

关于符号的说明。以 $ZQST$ 为例，令 $L(ZQST)$ 表示 $ZQST$ 的语言，这是对象语言，它的谓词符号包括 $\in$ 、$=$ 、$\perp$ 、C ；它的逻辑联结词符

① Benedikt Löwe and Sourav Tarafder, "Generalized Algebra-valued Models of Set Theory", *The Review of Symbolic Logic*, Vol. 8, No. 1, March 2015, pp. 192–205.

号包括 ¬ 、~ 、⊃ 、∧ 、∨ 、° 、≡ ；它的量词符号包括 ∀ 、∃ ；它的变元为 x，y，z（可带下标）；它的项为 t（可带下标）；它的函数为 f（可带下标）。令 $\mathfrak{A}$ 表示 $ZQST$ 的模型，$\mathfrak{A}$ 在元语言中被刻画，谓词符号和逻辑联结词符号在 $\mathfrak{A}$ 中的解释分别为 $\in^{\mathfrak{A}}$ 、$=^{\mathfrak{A}}$ 、$\perp^{\mathfrak{A}}$ 、$C^{\mathfrak{A}}$ 、$\neg^{\mathfrak{A}}$ 、$\sim^{\mathfrak{A}}$ 、$\supset^{\mathfrak{A}}$ 、$\wedge^{\mathfrak{A}}$ 、$\vee^{\mathfrak{A}}$ 、$\circ^{\mathfrak{A}}$ 、$\equiv^{\mathfrak{A}}$ ，量词符号在 $\mathfrak{A}$ 中的解释用自然语言描述，变元、项、函数在 $\mathfrak{A}$ 的解释分别为 $x^{\mathfrak{A}}$ 、$y^{\mathfrak{A}}$ 、$z^{\mathfrak{A}}$ 、$t^{\mathfrak{A}}$ 、$f^{\mathfrak{A}}$ ，这些都是元语言中的符号。在元语言中令 a 、b 、c（可带下标）表示任意对象，用 $\approx$ 表示经典相等，用 ε 表示属于关系，用“并非”或 ~ 表示经典否定。此外还使用 $\notin$ 和 $\neq$ 分别表示 $\in$ 和 = 的弱否定，相应地用 $\notin^{\mathfrak{A}}$ 和 $\neq^{\mathfrak{A}}$ 分别表示 $\notin$ 和 $\neq$ 在 $\mathfrak{A}$ 中的解释。如果用 φ 表示 $L(ZQST)$ 的公式，那么它在 $\mathfrak{A}$ 中的解释为 $\varphi^{\mathfrak{A}}$ ；其他公式和原子公式可作类似的理解。

二 从一个新角度观察经典集合论的模型

因为在 ZF 中 = 可以通过 $\in$ 而被定义，所以可以不考虑 =；因此 ZF 的任意模型 $\mathfrak{A}$ 都可以被记为 $<A, \in^{\mathfrak{A}}>$ ，其中 $\in^{\mathfrak{A}}$ 是 $L(ZF)$ 中的符号 $\in$ 在模型 $\mathfrak{A}$ 中的解释。$\in^{\mathfrak{A}}$ 也可以被理解为一个函数 $[\bullet]_{\mathfrak{A}}$（其中 • 是一个占位符），函数 $[\bullet]_{\mathfrak{A}}$ 是一个从 A 到 $\wp(A)$ 的函数（其中 $\wp(A)$ 是 A 的幂集）；函数 $[\bullet]_{\mathfrak{A}}$ 的定义如下：

对任意的 a，$b\varepsilon A$ 有：$a \in^{\mathfrak{A}} b$ 当且仅当 $a\varepsilon[b]_{\mathfrak{A}}$ 。

因此 $[b]_{\mathfrak{A}}$ 是 A 的一个子集，称 $[b]_{\mathfrak{A}}$ 为 b 在 $\mathfrak{A}$ 中的外延。根据这个定义，如果函数 $[\bullet]_{\mathfrak{A}}$ 被给定，那么关系 $\in^{\mathfrak{A}}$ 也就被给定；进一步的模型 $\mathfrak{A}$ 也就被给定了。因此模型 $\mathfrak{A}$ 也可以被记为 $<A, [\bullet]_{\mathfrak{A}}>$ 。如果函数 $[\bullet]_{\mathfrak{A}}$ 是单射的，那么称模型 $\mathfrak{A}$ 是外延的（Extensional）。此外根据康托定理（一个集合的基数小于它的幂集的基数），函数 $[\bullet]_{\mathfrak{A}}$ 不可能是满射的。

这种观察带来一个结果：给定一个非空的集合 A ，A 自身带有一些恰当的结构，并且定义一个从 A 到一个由 A 的子集构成的集合上的函数 $[\bullet]_{\mathfrak{A}}$ ，其中对于 A 的子集构成的那个集合，要求它的元素是可区分的，即它包含的 A 的那些子集是两两不同的；如此就可以得到集合论的一个模型 $\mathfrak{A}$ 。下面举一个例子来说明这一点。

令 N 表示所有自然数的集合，并且 N 带有一个算术结构，定义一个函数 $[\bullet]_{\mathcal{N}}$ ，对每个 $n\varepsilon N$ ，$[n]_{\mathcal{N}}$ 被定义为 n 的二进制展开的指数的集合，例如由 $2^0\approx 1$ 得 $[1]_{\mathcal{N}}\approx\{0\}$ ；由 $11\approx 2^0+2^1+2^3$ 得 $[11]_{\mathcal{N}}\approx\{0, 1, 3\}$ 等；显然 $[0]_{\mathcal{N}}\approx\emptyset$ 。因为每个自然数的二进制展开是唯一的，所以函数 $[\bullet]_{\mathcal{N}}$ 是单射的。如果令 $[N]_{\mathcal{N}}$ 表示函数 $[\bullet]_{\mathcal{N}}$ 的值域，那么 $[N]_{\mathcal{N}}$ 是 N 的所有有穷子集的集合；显然 $[N]_{\mathcal{N}}$ 中的元素是可区分的。通过这种方式得到一个模型 $<N, \in^{\mathfrak{A}}>$ ，可以证明它是不包含无穷公理的 ZF 的一个模型。

这里要求非空集合 A 自身带有一些恰当的结构，例如在上述例子 $<N, [\bullet]_{\mathcal{N}}>$ 中，集合 N 带有一个算术结构。这实际上是要求集合 A 或者 N 关于逻辑运算是封闭的，进而可以施归纳于公式的结构定义公式在模型中的解释。

这个观察对 ZF 来说没有太大的意义，因为 ZF 的大部分模型是标准模型，即在 ZF 的标准模型中 $\in^{\mathfrak{A}}$ 就是 ε ，此时 b 在模型中的外延 $[b]_{\mathfrak{A}}$ 就是 b 本身，函数 $[\bullet]_{\mathfrak{A}}$ 就是一个恒等函数。但是这个观察对弗协调集合的模型很有价值，接下来从这个角度讨论弗协调集合论的模型。

三　构造弗协调集合

令 a（可带下标）是元语言中的任意对象，并且假设 ZF 的一个自然模型，这个模型在元语言中被描述，因此元语言中的对象都是 ZF 的自然模型中的集合，这些集合都是一致的，即对任意的 a ，并非 $a\in a$ ，并且并非 $\sim(a\approx a)$ 。此外，在元语言中没有弗协调否定，只有经典否定，“并非”和“ ~ ”在元语言中都表示经典否定。因此构造弗协调集合是指：1，利用这些一致的集合生成不是一致的集合；2，定义 $\in^{\mathfrak{A}}$ 、$=^{\mathfrak{A}}$ 、$\perp^{\mathfrak{A}}$ 、$C^{\mathfrak{A}}$ 。

如何生成不是一致的集合呢？一种可能的想法是：如果 M 是一致

集合的一个非空的收集，那么把一个弗协调集合 b 设想为 M 的子集的一个序对。令 M_1 和 M_2 是 M 的两个子集，并且满足“M_1 并 M_2”等于 M，此时 $<M_1, M_2>$ 就是一个弗协调集合。如果称 $<M_1, M_2>$ 这个弗协调集合为 b，那么 M_1 收集的是那些被假设属于 b 的对象，M_2 收集的是那些被假设不属于 b 的对象。如果 M_1 和 M_2 的交集是空集，那么 b 是弗协调集合中的一个一致集合，因为没有对象同时属于且不属于 b。如果 M_1 和 M_2 的交集不是空集，那么说明存在对象同时属于且不属于 b，此时 b 是弗协调集合中的一个不是一致的集合。

令 M 是一致集合的一个非空的收集，令 b 是从 M 出发生成的任意弗协调集合，b 形如 $<M_1, M_2>$。因此，$x^{\mathfrak{A}}$、$y^{\mathfrak{A}}$、$z^{\mathfrak{A}}$、$t^{\mathfrak{A}}$ 都是像 b 这样的集合，它们都是形如 $<M_1, M_2>$。令 *ZQST* 的模型为 $\mathfrak{A}$，$\mathfrak{A}$ 应当形如 $<A, \in^{\mathfrak{A}}, =^{\mathfrak{A}}, \perp^{\mathfrak{A}}, C^{\mathfrak{A}}>$。令 A 是由 M 生成的所有弗协调集合的收集；令 b（可带下标）表示 A 中的任意弗协调集合；$x^{\mathfrak{A}}$、$y^{\mathfrak{A}}$、$z^{\mathfrak{A}}$、$t^{\mathfrak{A}}$ 都是 A 中的对象。任取 A 的两个子集 A_1 和 A_2，并且“A_1 并 A_2”等于 A，它们构造一个序对 $<A_1, A_2>$，定义 $\wp_p(A)$ 是所有这样的序对 $<A_1, A_2>$ 的收集。令函数 $[\bullet]_{\mathfrak{A}}$ 是一个从 A 到 $\wp_p(A)$ 的函数；对于 A 的任意元素 b，$[b]_{\mathfrak{A}}$ 是 $\wp_p(A)$ 中的一个元素 $<\ulcorner b \urcorner_{\mathfrak{A}}, \llcorner b \lrcorner_{\mathfrak{A}}>$。如果一个函数 $[\bullet]_{\mathfrak{A}}$ 被给定，那么一个关系 $\in^{\mathfrak{A}}$ 就被给定。如下：

（1）$b_1 \in^{\mathfrak{A}} b_2$ 当且仅当 $b_1 \varepsilon \ulcorner b_2 \urcorner_{\mathfrak{A}}$；

（2）$b_1 \notin^{\mathfrak{A}} b_2$ 当且仅当 $b_1 \varepsilon \llcorner b_2 \lrcorner_{\mathfrak{A}}$。

如果一个函数 $[\bullet]_{\mathfrak{A}}$ 被给定，那么 $=^{\mathfrak{A}}$ 和弗协调集合间的 $\approx$ 就被给定。如下：

（1）$b_1 \approx b_2$ 当且仅当 $\ulcorner b_1 \urcorner_{\mathfrak{A}} \approx \ulcorner b_2 \urcorner_{\mathfrak{A}}$ 且 $\llcorner b_1 \lrcorner_{\mathfrak{A}} \approx \llcorner b_2 \lrcorner_{\mathfrak{A}}$；

（2）$b_1 =^{\mathfrak{A}} b_2$ 当且仅当 $b_1 \approx b_2$；

（3）$b_1 \neq^{\mathfrak{A}} b_2$ 当且仅当 存在 $b_3 \varepsilon A$ 使得（$b_3 \notin^{\mathfrak{A}} b_1$ 且 $b_3 \in^{\mathfrak{A}} b_2$）或者（$b_3 \in^{\mathfrak{A}} b_1$ 且 $b_3 \notin^{\mathfrak{A}} b_2$）。

其中（1）表明函数 $[\bullet]_{\mathfrak{A}}$ 是一个单射函数，$b_1 \approx b_2$ 表达的是 b_1 和

b_2 是 A 中的同一个对象。因为 $\perp$ 是零元谓词符号，所以它在 $\mathfrak{A}$ 中的解释 $\perp^{\mathfrak{A}}$ 是空集。如果一个函数 $[\ \bullet\ ]_{\mathfrak{A}}$ 被给定，那么 $C^{\mathfrak{A}}$ 就被给定。如下：

(1) $C^{\mathfrak{A}}(b)$ 当且仅当 $\lceil b \rceil_{\mathfrak{A}}$ 和 $\lfloor b \rfloor_{\mathfrak{A}}$ 的交集是空集；

(2) $\neg^{\mathfrak{A}} C^{\mathfrak{A}}(b)$ 当且仅当 $\lceil b \rceil_{\mathfrak{A}}$ 和 $\lfloor b \rfloor_{\mathfrak{A}}$ 的交集不是空集。

从这里可以看出，任意对象 b 不能既有 $C^{\mathfrak{A}}(b)$ 又有 $\neg^{\mathfrak{A}} C^{\mathfrak{A}}(b)$；这是不同于谓词 $\in$ 和 $=$ 的情形的地方。

本小节至此介绍了如何使用一致的集合生成不是一致的集合，并且定义了 $\in^{\mathfrak{A}}$、$=^{\mathfrak{A}}$、$\perp^{\mathfrak{A}}$、$C^{\mathfrak{A}}$，同时也给出了原子公式、原子公式的弱否定在模型 $\mathfrak{A}$ 中的解释。在模型 $\mathfrak{A}$ 中 $\sim^{\mathfrak{A}}$ 就是经典逻辑的否定，$\supset^{\mathfrak{A}}$ 就是经典逻辑的蕴涵；从它们出发可以得到 $\wedge^{\mathfrak{A}}$、$\vee^{\mathfrak{A}}$、$\circ^{\mathfrak{A}}$、$\equiv^{\mathfrak{A}}$ 的具体意义。量词符号 $\forall$ 和 $\exists$ 在模型 $\mathfrak{A}$ 中的解释和经典逻辑中的情形一样。

四　模型 $\mathfrak{A}$ 的赋值函数

已知 $L(ZQST)$ 中的个体变元是 u_0，u_1，…，u_n，…；$n\varepsilon\omega$。定义一个指派 σ，满足对 $i\varepsilon\omega$ 有 $\sigma(u_i)$ 是 A 的一个元素。令 φ 是 $L(ZQST)$ 中的任意公式，在指派 σ 的作用下，φ 在模型 $\mathfrak{A}$ 中的解释 $\varphi^{\mathfrak{A}}$ 被确定。赋值函数 V 是一个从 $L(ZQST)$ 的全体公式的集合到 $\{0, i, 1\}$ 的映射。如果令 t 和 f 分别表示真和假，那么 $0 \approx \{f\}$，$i \approx \{t, f\}$，$1 \approx \{t\}$。

在某一个特殊的指派 σ 下，令 x、y、z 表示任意变元，令 $x^{\mathfrak{A}}$、$y^{\mathfrak{A}}$、$z^{\mathfrak{A}}$ 分别表示 x、y、z 在指派 σ 下的值，即 $\sigma(x) \approx x^{\mathfrak{A}}$，$\sigma(y) \approx y^{\mathfrak{A}}$，$\sigma(z) \approx z^{\mathfrak{A}}$（它们都可带下标）。定义赋值函数 V 如下。

关于原子公式：

(1) $V(x \in y) \approx 1$ 当且仅当 $(x^{\mathfrak{A}} \in^{\mathfrak{A}} y^{\mathfrak{A}})$ 且并非 $(x^{\mathfrak{A}} \notin^{\mathfrak{A}} y^{\mathfrak{A}})$；

(2) $V(x \in y) \approx i$ 当且仅当 $(x^{\mathfrak{A}} \in^{\mathfrak{A}} y^{\mathfrak{A}})$ 且 $(x^{\mathfrak{A}} \notin^{\mathfrak{A}} y^{\mathfrak{A}})$；

(3) $V(x \in y) \approx 0$ 当且仅当（并非 $(x^{\mathfrak{A}} \in^{\mathfrak{A}} y^{\mathfrak{A}})$）且 $(x^{\mathfrak{A}} \notin^{\mathfrak{A}} y^{\mathfrak{A}})$；

(4) $V(x \notin y) \approx 1$ 当且仅当 $(x^{\mathfrak{A}} \notin^{\mathfrak{A}} y^{\mathfrak{A}})$ 且并非 $(x^{\mathfrak{A}} \in^{\mathfrak{A}} y^{\mathfrak{A}})$；

(5) $V(x \notin y) \approx i$ 当且仅当 $(x^{\mathfrak{A}} \notin^{\mathfrak{A}} y^{\mathfrak{A}})$ 且 $(x^{\mathfrak{A}} \in^{\mathfrak{A}} y^{\mathfrak{A}})$；

(6) $V(x \notin y) \approx 0$ 当且仅当（并非 $(x^{\mathfrak{A}} \notin^{\mathfrak{A}} y^{\mathfrak{A}})$）且 $(x^{\mathfrak{A}} \in^{\mathfrak{A}} y^{\mathfrak{A}})$；

(7) $V(x=y)\approx 1$ 当且仅当 $(x^{\mathfrak{A}}=^{\mathfrak{A}}y^{\mathfrak{A}})$ 且并非 $(x^{\mathfrak{A}}\neq^{\mathfrak{A}}y^{\mathfrak{A}})$；

(8) $V(x=y)\approx i$ 当且仅当 $(x^{\mathfrak{A}}=^{\mathfrak{A}}y^{\mathfrak{A}})$ 且 $(x^{\mathfrak{A}}\neq^{\mathfrak{A}}y^{\mathfrak{A}})$；

(9) $V(x=y)\approx 0$ 当且仅当（并非 $(x^{\mathfrak{A}}=^{\mathfrak{A}}y^{\mathfrak{A}})$）且 $(x^{\mathfrak{A}}\neq^{\mathfrak{A}}y^{\mathfrak{A}})$；

(10) $V(x\neq y)\approx 1$ 当且仅当 $(x^{\mathfrak{A}}\neq^{\mathfrak{A}}y^{\mathfrak{A}})$ 且并非 $(x^{\mathfrak{A}}=^{\mathfrak{A}}y^{\mathfrak{A}})$；

(11) $V(x\neq y)\approx i$ 当且仅当 $(x^{\mathfrak{A}}\neq^{\mathfrak{A}}y^{\mathfrak{A}})$ 且 $(x^{\mathfrak{A}}=^{\mathfrak{A}}y^{\mathfrak{A}})$；

(12) $V(x\neq y)\approx 0$ 当且仅当（并非 $(x^{\mathfrak{A}}\neq^{\mathfrak{A}}y^{\mathfrak{A}})$）且 $(x^{\mathfrak{A}}=^{\mathfrak{A}}y^{\mathfrak{A}})$；

(13) $V(\perp)\approx 0$；

(14) $V(\neg\ \perp)\approx 1$；

(15) $V(C(x))\approx 1$ 当且仅当 $C^{\mathfrak{A}}(x^{\mathfrak{A}})$ 且并非 $\neg^{\mathfrak{A}}C^{\mathfrak{A}}(x^{\mathfrak{A}})$；

(16) $V(C(x))\approx i$ 当且仅当 $C^{\mathfrak{A}}(x^{\mathfrak{A}})$ 且 $\neg^{\mathfrak{A}}C^{\mathfrak{A}}(x^{\mathfrak{A}})$；

(17) $V(C(x))\approx 0$ 当且仅当（并非 $C^{\mathfrak{A}}(x^{\mathfrak{A}})$）且 $\neg^{\mathfrak{A}}C^{\mathfrak{A}}(x^{\mathfrak{A}})$；

(18) $V(\neg C(x))\approx 1$ 当且仅当 $\neg^{\mathfrak{A}}C^{\mathfrak{A}}(x^{\mathfrak{A}})$ 且并非 $C^{\mathfrak{A}}(x^{\mathfrak{A}})$；

(19) $V(\neg C(x))\approx i$ 当且仅当 $\neg^{\mathfrak{A}}C^{\mathfrak{A}}(x^{\mathfrak{A}})$ 且 $C^{\mathfrak{A}}(x^{\mathfrak{A}})$；

(20) $V(\neg C(x))\approx 0$ 当且仅当（并非 $\neg^{\mathfrak{A}}C^{\mathfrak{A}}(x^{\mathfrak{A}})$）且 $C^{\mathfrak{A}}(x^{\mathfrak{A}})$。

一个可能的疑问是为什么要同时给出原子公式和原子公式的弱否定在赋值函数 V 下的值？在经典逻辑的情形中，如果知道一个公式在赋值函数下的值，那么就知道该公式的否定在赋值函数下的值，因为经典逻辑中的否定是一个外延算子；在弗协调的情形中，弱否定 $\neg$ 不是一个外延算子，而是一个内涵算子，这一点从第一节第三小节中对弗协调集合的构造就可以看出来，在那里 $\in^{\mathfrak{A}}$ 和 $\notin^{\mathfrak{A}}$ 之间没有依赖，它们是相互独立的，这就导致 $(x\in y)$ 和 $(x\notin y)$ 在赋值函数 V 下的值也是相互独立的；因此要同时给出原子公式和原子公式的弱否定在赋值函数 V 下的值。

从 $C^{\mathfrak{A}}(b)$ 和 $\neg^{\mathfrak{A}}C^{\mathfrak{A}}(b)$ 的定义可知，$V(C(x))$ 只能是 1 或 0，不可能是 i。

通常情况下定义逻辑联结词的赋值函数就是翻译刻画它们的基本规则。例如关于弱否定 $\neg$，我们期望它满足：

(1) $t\varepsilon V(\neg\varphi)$ 当且仅当 $f\varepsilon V(\varphi)$；

(2) $f\varepsilon V(\neg\varphi)$ 当且仅当 $t\varepsilon V(\varphi)$。

因为$\neg$ 是一个内涵联结词，我们还期望它符合原子公式在赋值函数 V 下的情形，所以$\neg$ 的真值表如表 5.1。

表 5.1　　　　$\neg$ **的真值表**

	$\neg$
1	0
i	i
0	1

关于蕴涵联结词 $\supset$，通过 $ZQST$ 中刻画 $\supset$ 的公理发现它和经典逻辑中的蕴涵相同。因此我们期望它满足：

（1）$t\varepsilon V(\varphi \supset \psi)$ 当且仅当 $t\varepsilon V(\varphi)$ 蕴涵 $t\varepsilon V(\psi)$；

（2）$f\varepsilon V(\varphi \supset \psi)$ 当且仅当 $t\varepsilon V(\varphi)$ 且 $f\varepsilon V(\psi)$。

因此 $\supset$ 的真值表如表 5.2。

表 5.2　　　　$\supset$ **的真值表**

$\supset$	1	i	0
1	1	i	0
i	1	i	0
0	1	1	1

关于全称量词 $\forall$，我们期望对 $L(ZQST)$ 的任意公式 φ 有：

（1）$V(\forall x\varphi) \approx 1$ 当且仅当 对所有 $b\varepsilon A$ 都使得 φ 在 $\sigma(x^{\mathfrak{A}}/b)$ 下有 $V(\varphi) \approx 1$；

（2）$V(\forall x\varphi) \approx 0$ 当且仅当 存在 $b\varepsilon A$ 使得 φ 在 $\sigma(x^{\mathfrak{A}}/b)$ 下有 $V(\varphi) \approx 0$；

（3）$V(\forall x\varphi) \approx i$ 当且仅当 其他情况。

其中 $\sigma(x^{\mathfrak{A}}/b)$ 表示在保持 σ 对其他变元的指派不变的情况下，使用 b 代替 $x^{\mathfrak{A}}$ 作为 σ 对 x 的指派。

本小节至此给出了 $L(ZQST)$ 的初始联结词和量词的真值函数，下面讨论被定义联结词 ~ 、°、∧ 、∨ 、≡ 和被定义量词 ∃ 的真值函数。

关于强否定 ~ ，对 $L(ZQST)$ 的任意公式 φ ，~ φ 被定义为 $\varphi \supset \perp$ ，根据 $V(\perp) \approx 0$ 和 ⊃ 的真值表可得 ~ 的真值表如表5.3。

表5.3　**~ 的真值表**

	~
1	0
i	0
0	1

关于合取联结词 ∧ ，对 $L(ZQST)$ 的任意公式 φ 和 ψ ，$\varphi \wedge \psi$ 被定义为 ~（$\varphi \supset$ ~ ψ），根据 ⊃ 和 ~ 的真值表可得 ∧ 的真值表如表5.4。

表5.4　**∧ 的真值表**

∧	1	i	0
1	1	1	0
i	1	1	0
0	0	0	0

关于一致性联结词 °，对 $L(ZQST)$ 的任意公式 φ ，°φ 被定义为 ~（$\varphi \wedge \neg \varphi$），根据 ~ 、¬ 和 ∧ 的真值表可得 ° 的真值表如表5.5。

表5.5　**° 的真值表**

	°
1	1
i	0
0	1

关于析取联结词 $\vee$ ，对 $L(ZQST)$ 的任意公式 φ 和 ψ ，$\varphi \vee \psi$ 被定义为 $\sim \varphi \supset \psi$ ，根据 ~ 和 ⊃ 的真值表可得 ∨ 的真值表如表5.6。

表5.6 ∨ 的真值表

∨	1	i	0
1	1	1	1
i	1	1	1
0	1	i	0

关于等值联结词 ≡ ，对 $L(ZQST)$ 的任意公式 φ 和 ψ ，$\varphi \equiv \psi$ 被定义为 $(\varphi \supset \psi) \wedge (\psi \supset \varphi)$ ，根据 ⊃ 和 ∧ 的真值表可得 ≡ 的真值表如表5.7。

表5.7 ≡ 的真值表

≡	1	i	0
1	1	1	0
i	1	1	0
0	0	0	1

关于存在量词 ∃ ，对 $L(ZQST)$ 的任意公式 φ ，$\exists x\varphi$ 被定义为 $\sim \forall x \sim \varphi$ ，根据 ~ 的真值表和 ∀ 的真值函数可得 ∃ 的真值函数如下：

（1）$V(\exists x\varphi) \approx 0$ 当且仅当 对所有 $b\varepsilon A$ 都使得 φ 在 $\sigma(x^{\mathfrak{A}}/b)$ 下有 $V(\varphi) \approx 0$；

（2）$V(\exists x\varphi) \approx 1$ 当且仅当 其他情况。

其中 $\sigma(x^{\mathfrak{A}}/b)$ 表示在保持 σ 对其他变元的指派不变的情况下，使用 b 代替 $x^{\mathfrak{A}}$ 作为 σ 对 x 的指派。注意，因为 $\exists x\varphi$ 被定义为 $\sim \forall x \sim \varphi$ ，这使得 $\exists x\varphi$ 的主联结词始终为 ~ ，根据 ~ 的真值表，$\exists x\varphi$ 的真值不可能为 i 。

五　语义后承

通过第一节第四小节的讨论可以看出，在每一个特殊的指派 σ 下，原子公式的真值是确定的，根据逻辑联结词的真值表和量词的赋值函数，通过施归纳于公式的结构可以得出 $L(ZQST)$ 的任意公式的真值。令 $\mathfrak{A}$ 是一个模型，V 是 $\mathfrak{A}$ 上的一个赋值，令 φ 是 $L(ZQST)$ 的任意公式，定义语义后承 $\vDash$ 如下：

（1）在一个特殊的指派 σ 下，如果 $t\varepsilon V(\varphi)$，那么称 $<\mathfrak{A},\sigma>$ 满足 φ，记为 $<\mathfrak{A},\sigma>\vDash\varphi$；

（2）令 Σ 是 $L(ZQST)$ 的公式构成的一个集合，如果对 Σ 中的任意公式 ψ 都有 $<\mathfrak{A},\sigma>\vDash\psi$，那么称 $<\mathfrak{A},\sigma>$ 满足 Σ，记为 $<\mathfrak{A},\sigma>\vDash\Sigma$；

（3）如果在所有指派 σ 下都有 $<\mathfrak{A},\sigma>\vDash\Sigma$ 蕴涵 $<\mathfrak{A},\sigma>\vDash\varphi$，那么称 φ 是 Σ 的一个语义后承，记为 $\Sigma\vDash\varphi$；如果 Σ 为空集，那么 $\Sigma\vDash\varphi$ 可记为 $\vDash\varphi$，这表示在所有指派 σ 下都有 $<\mathfrak{A},\sigma>\vDash\varphi$；

（4）如果在所有指派 σ 下都有 $<\mathfrak{A},\sigma>\vDash\varphi$，那么称 φ 在 $\mathfrak{A}$ 中有效，记为 $\mathfrak{A}\vDash\varphi$；在 $\mathfrak{A}$ 为已知的情况下可简记为 $\vDash\varphi$；

（5）如果 *ZQST* 的所有定理都在 $\mathfrak{A}$ 中有效，那么称 $\mathfrak{A}$ 是 *ZQST* 的模型。

在经典逻辑的情形中，语义后承关系不仅传递了真，也传递了非假，但是在弗协调的情形中语义后承后关系只传递了真，关于是否传递了非假，它什么也没说。

如果 $\mathfrak{A}$ 是 *ZQST* 的一个模型，并且在 $L(ZQST)$ 中存在一个公式 ψ 使得 $\mathfrak{A}\nvDash\psi$，那么称 $\mathfrak{A}$ 是 *ZQST* 的一个非平凡模型。

如果 *ZQST* 有一个非平凡的模型，那么 *ZQST* 就是一个非平凡的理论，即 *ZQST* 不是平凡的。

六　弗协调情形中的相等关系

本小节讨论 $ZQST$ 中的相等（即 $=$）要求 $ZQST$ 的模型满足什么样的条件。$ZQST$ 中刻画 $=$ 的公理是（Ax11）、（Ax12）、（Ax14）、（Ax22），它们分别要求 $=$ 满足自反性、代入自由、外延公理、非外延公理。

（Ax11）要求 $L(ZQST)$ 中的 $=$ 满足自反性，即如果 $\mathfrak{A}$ 是 $ZQST$ 的模型，那么对任意变元 x 有 $\mathfrak{A}\vDash(x=x)$；这相当于在所有的指派下都有 $t\varepsilon V(x=x)$。根据第一节第三小节中关于"$b_1 =^{\mathfrak{A}} b_2$"的描述和第一节第四小节中原子公式的赋值函数（7）、（8）、（9），前文对 $=^{\mathfrak{A}}$ 的定义满足这个要求。

（Ax12）要求 $L(ZQST)$ 中的 $=$ 满足代入自由：即如果 $\mathfrak{A}$ 是 $ZQST$ 的模型，那么对任意变元 x，y，z 和任意公式 φ 有 $\mathfrak{A}\vDash((y=z)\supset[\varphi(x/y)\equiv\varphi(x/z)])$，其中 $\varphi(x/y)$ 和 $\varphi(x/z)$ 是分别使用 y 和 z 代入 x 在 φ 中的所有自由出现而得到的；这相当于在所有的指派下，如果 $t\varepsilon V(y=z)$，那么 $t\varepsilon V(\varphi(x/y)\equiv\varphi(x/z))$；施归纳于公式的结构证明 φ 为任意公式时这一点都成立。

当 φ 形如 $(u\in x)$ 或 $(u\notin x)$ 时，假设 $t\varepsilon V(y=z)$，此时根据第一节第四小节中的赋值函数定义得 $V(y=z)\approx 1$ 或 i，不管是哪种情况都有 $(y^{\mathfrak{A}} =^{\mathfrak{A}} z^{\mathfrak{A}})$，根据第一节第三小节中函数 $[\bullet]_{\mathfrak{A}}$ 的定义，由 $(y^{\mathfrak{A}} =^{\mathfrak{A}} z^{\mathfrak{A}})$ 得 $\ulcorner y^{\mathfrak{A}}\urcorner_{\mathfrak{A}}\approx\ulcorner z^{\mathfrak{A}}\urcorner_{\mathfrak{A}}$ 且 $\llcorner y^{\mathfrak{A}}\lrcorner_{\mathfrak{A}}\approx\llcorner z^{\mathfrak{A}}\lrcorner_{\mathfrak{A}}$。再根据第一节第三小节中函数 $[\bullet]_{\mathfrak{A}}$ 的定义得，$u^{\mathfrak{A}}\in^{\mathfrak{A}} y^{\mathfrak{A}}$ 当且仅当 $u^{\mathfrak{A}}\in^{\mathfrak{A}} z^{\mathfrak{A}}$，$u^{\mathfrak{A}}\notin^{\mathfrak{A}} y^{\mathfrak{A}}$ 当且仅当 $u^{\mathfrak{A}}\notin^{\mathfrak{A}} z^{\mathfrak{A}}$。因此 $V(\varphi(x/y))\approx V(\varphi(x/z))$，再根据 $\equiv$ 的真值表得 $V(\varphi(x/y)\equiv\varphi(x/z))\approx 1$，因此 $t\varepsilon V(\varphi(x/y)\equiv\varphi(x/z))$。

当 φ 形如 $(x\in u)$ 或 $(x\notin u)$ 时，假设 $t\varepsilon V(y=z)$，此时根据第一节第四小节中的赋值函数定义得 $V(y=z)\approx 1$ 或 i，不管是哪种情况都有 $(y^{\mathfrak{A}} =^{\mathfrak{A}} z^{\mathfrak{A}})$，根据第一节第三小节中函数 $[\bullet]_{\mathfrak{A}}$ 的定义，由 $(y^{\mathfrak{A}} =^{\mathfrak{A}} z^{\mathfrak{A}})$ 得 $y^{\mathfrak{A}}\approx z^{\mathfrak{A}}$，$y^{\mathfrak{A}}$ 和 $z^{\mathfrak{A}}$ 是同一个对象，因此，$y^{\mathfrak{A}}\in^{\mathfrak{A}} u^{\mathfrak{A}}$ 当且仅当 $z^{\mathfrak{A}}$

$\in^{\mathfrak{A}} u^{\mathfrak{A}}$，$y^{\mathfrak{A}} \notin^{\mathfrak{A}} u^{\mathfrak{A}}$ 当且仅当 $z^{\mathfrak{A}} \notin^{\mathfrak{A}} u^{\mathfrak{A}}$。因此 $V(\varphi(x/y)) \approx V(\varphi(x/z))$，再根据 $\equiv$ 的真值表得 $V(\varphi(x/y) \equiv \varphi(x/z)) \approx 1$，因此 $t\varepsilon V(\varphi(x/y) \equiv \varphi(x/z))$。

当 φ 形如 $(x=u)$ 或 $(x \neq u)$ 时，假设 $t\varepsilon V(y=z)$，此时根据第一节第四小节中的赋值函数定义得 $V(y=z) \approx 1$ 或 i，不管是哪种情况都有 $(y^{\mathfrak{A}} =^{\mathfrak{A}} z^{\mathfrak{A}})$，根据第一节第三小节中函数 $[\bullet]_{\mathfrak{A}}$ 的定义，由 $(y^{\mathfrak{A}} =^{\mathfrak{A}} z^{\mathfrak{A}})$ 得 $y^{\mathfrak{A}} \approx z^{\mathfrak{A}}$，$y^{\mathfrak{A}}$ 和 $z^{\mathfrak{A}}$ 是同一个对象，因此，$y^{\mathfrak{A}} =^{\mathfrak{A}} u^{\mathfrak{A}}$ 当且仅当 $z^{\mathfrak{A}} =^{\mathfrak{A}} u^{\mathfrak{A}}$，$y^{\mathfrak{A}} \neq^{\mathfrak{A}} u^{\mathfrak{A}}$ 当且仅当 $z^{\mathfrak{A}} \neq^{\mathfrak{A}} u^{\mathfrak{A}}$。因此 $V(\varphi(x/y)) \approx V(\varphi(x/z))$，再根据 $\equiv$ 的真值表得 $V(\varphi(x/y) \equiv \varphi(x/z)) \approx 1$，因此 $t\varepsilon V(\varphi(x/y) \equiv \varphi(x/z))$。

当 φ 形如 $(u=x)$ 或 $(u \neq x)$ 时，类似于 φ 形如 $(x=u)$ 或 $(x \neq u)$ 的情形，所证结论成立。

当 φ 形如 $C(x)$ 或 $\neg C(x)$ 时，假设 $t\varepsilon V(y=z)$，此时根据第一节第四小节中的赋值函数定义得 $V(y=z) \approx 1$ 或 i，不管是哪种情况都有 $(y^{\mathfrak{A}} =^{\mathfrak{A}} z^{\mathfrak{A}})$，根据第一节第三小节中函数 $[\bullet]_{\mathfrak{A}}$ 的定义，由 $(y^{\mathfrak{A}} =^{\mathfrak{A}} z^{\mathfrak{A}})$ 得 $\lceil y^{\mathfrak{A}} \rceil_{\mathfrak{A}} \approx \lceil z^{\mathfrak{A}} \rceil_{\mathfrak{A}}$ 且 $\lfloor y^{\mathfrak{A}} \rfloor_{\mathfrak{A}} \approx \lfloor z^{\mathfrak{A}} \rfloor_{\mathfrak{A}}$。根据第一节第三小节中函数 $[\bullet]_{\mathfrak{A}}$ 的定义，$C^{\mathfrak{A}}(y^{\mathfrak{A}})$ 当且仅当 $C^{\mathfrak{A}}(z^{\mathfrak{A}})$，$\neg^{\mathfrak{A}} C^{\mathfrak{A}}(y^{\mathfrak{A}})$ 当且仅当 $\neg^{\mathfrak{A}} C^{\mathfrak{A}}(z^{\mathfrak{A}})$。因此 $V(\varphi(x/y)) \approx V(\varphi(x/z))$，再根据 $\equiv$ 的真值表得 $V(\varphi(x/y) \equiv \varphi(x/z)) \approx 1$，因此 $t\varepsilon V(\varphi(x/y) \equiv \varphi(x/z))$。

至此可以发现在以上情形中，如果 $t\varepsilon V(y=z)$，那么 $V(\varphi(x/y)) \approx V(\varphi(x/z))$。因此，对于剩余的量词情形和联结词情形，容易证明"如果 $t\varepsilon V(y=z)$，那么 $t\varepsilon V(\varphi(x/y) \equiv \varphi(x/z))$"。关于这些剩余情形的证明省略。因此前文对 $=^{\mathfrak{A}}$ 的定义满足（Ax12）的要求。

（Ax14）是外延公理，它要求如果 $t\varepsilon V(\forall z(z \in x \equiv z \in y))$，那么 $t\varepsilon V(x=y)$。已有的定义不能满足这个要求，原因如下。假设 $t\varepsilon V(\forall z(z \in x \equiv z \in y))$，此时根据第一节第四小节中全称量词的赋值定义得，不存在 $b\varepsilon A$ 使得 $V(b \in x \equiv b \in y) \approx 0$。不妨令 $V(b \in x) \approx 1$ 并且 $V(b \in y) \approx i$。根据第一节第四小节中赋值函数的定义，由 $V(b \in$

x）≈ 1 得“（$b \in^{\mathfrak{A}} x^{\mathfrak{A}}$）且并非（$b \notin^{\mathfrak{A}} x^{\mathfrak{A}}$）”，进一步根据第一节第三小节得“$b\varepsilon \lceil x^{\mathfrak{A}} \rceil_{\mathfrak{A}}$ 并且并非 $b\varepsilon \lfloor x^{\mathfrak{A}} \rfloor_{\mathfrak{A}}$”。由 $V(b \in y) \approx i$ 得“（$b \in^{\mathfrak{A}} y^{\mathfrak{A}}$）且（$b \notin^{\mathfrak{A}} y^{\mathfrak{A}}$）”，进一步根据第一节第三小节得“$b\varepsilon \lceil y^{\mathfrak{A}} \rceil_{\mathfrak{A}}$ 并且 $b\varepsilon \lfloor y^{\mathfrak{A}} \rfloor_{\mathfrak{A}}$”。因此 $\lfloor x^{\mathfrak{A}} \rfloor_{\mathfrak{A}} \neq \lfloor y^{\mathfrak{A}} \rfloor_{\mathfrak{A}}$，进一步根据第一节第三小节得 $x^{\mathfrak{A}} \neq y^{\mathfrak{A}}$，进一步根据第一节第四小节得 $V(x = y) \approx 0$。这不满足（Ax14）的要求。

为了满足（Ax14）的要求，我们需要将逻辑联结词 $\equiv$ 加强为 $\equiv'$，$\equiv'$ 的真值表如表 5.8。

表 5.8　　**$\equiv'$ 的真值表**

$\equiv'$	1	i	0
1	1	0	0
i	0	1	0
0	0	0	1

由此（Ax14）的要求转化为如果 $t\varepsilon V(\forall z(z \in x \equiv' z \in y))$，那么 $t\varepsilon V(x = y)$。根据 $\equiv'$ 的真值表，不会出现前文中“$V(b \in x) \approx 1$ 并且 $V(b \in y) \approx i$”这种情形。当“不存在 $b\varepsilon A$ 使得 $V(b \in x \equiv b \in y) \approx 0$”时，$V(b \in x)$ 和 $V(b \in y)$ 同时为 1 或者同时为 i 或者同时为 0。因为 b 是任意的，所以可以证得 $\lceil x^{\mathfrak{A}} \rceil_{\mathfrak{A}} \approx \lceil y^{\mathfrak{A}} \rceil_{\mathfrak{A}}$ 且 $\lfloor x^{\mathfrak{A}} \rfloor_{\mathfrak{A}} \approx \lfloor y^{\mathfrak{A}} \rfloor_{\mathfrak{A}}$。进一步证得 $t\varepsilon V(x = y)$。因此（Ax14）的要求能被满足。

（Ax22）是非外延公理，它要求：$t\varepsilon V(x \neq y)$ 当且仅当 $t\varepsilon V(\exists z(z \in x \land z \notin y) \lor \exists z(z \notin x \land z \in y))$。根据第一节第三小节中关于“$b_1 \neq^{\mathfrak{A}} b_2$”的描述和第一节第四小节中的原子公式的赋值函数（10）、（11）、（12），前文对 $\neq^{\mathfrak{A}}$ 的定义满足这个要求。

本小节至此得出结论，如果把第一节第三小节和第一节第四小节定义的 $\mathfrak{A}$ 作为 $ZQST$ 的一个模型，那么需要将逻辑联结词 $\equiv$ 强化为 $\equiv'$。通过比较 $\equiv$ 和 $\equiv'$ 的真值表可以发现，这种强化不会使得其他和 $\equiv$ 相关的有效公理变得无效。

我们在这一节讨论的是如何一般性地构造弗协调集合、弗协调集合论模型以及需要注意的问题。这并不代表着下文为 ZQST 构造的模型会遵守这种一般性构造。由于广义代数和 ZQ 自身的特点，下文为 ZQST 构造的广义代数值模型没有完全遵守这种一般性构造。

第二节　ZQST 的拓扑模型的构造思路

本节从纯技术的角度探讨 ZQST 的拓扑模型的构造。首先讨论如何从一致集合的一个非空的有穷收集出发构造弗协调集合的一个收集；然后介绍拓扑的一些基础知识；最后讨论为 ZQST 构造拓扑模型的思路。

一　一个模型

令将要构造的模型为 $\mathfrak{A}$，该模型的构造在元语言中发生。

第一步，构造论域。给定一致集合构成的一个有穷的非空集 X，定义：

$$X_0 \approx X;$$

对 $n\varepsilon\omega$ 有 $X_{n+1} \approx \{<a, b> \mid a \cup b \approx X_n\}$。

令 s 是从 X_1 到 X_0 的任意满射 $X_1 \to X_0$。按如下规则将 s 推广：

$$s_1 \approx s;$$

$s_{n+1} \approx X_{n+1} \to X_n$：$<a, b> \mapsto <im_{s_n}a, im_{s_n}b>$；

其中 $im_{s_n}a$ 是 $\{s_n(c) \mid c\varepsilon a\}$，$\mapsto$表示 $s_{n+1}(<a, b>) \approx <im_{s_n}a, im_{s_n}b>$。$s_{n+1}$ 也是一个满射，为了简便性将 s_{n+1} 也简称为 s。对 $n\varepsilon\omega$ 来说 X_{n+1} 的元素都是二元组，这定义了一个第一节第三小节中的函数 $[\bullet]_{\mathfrak{A}}$，对 X_{n+1} 的任意元素 $<a, b>$，$\ulcorner <a, b> \urcorner_{\mathfrak{A}} \approx a$，$\llcorner <a, b> \lrcorner_{\mathfrak{A}} \approx b$。

模型 $\mathfrak{A}$ 的论域为：

$X_\omega \approx \{c\varepsilon \prod_{i\varepsilon\omega} X_i \mid$ 对所有 $j\varepsilon\omega$ 有 $s(c_{j+1}) \approx c_j\}$；

其中 $\prod_{i\varepsilon\omega} X_i$ 表示 X_i 的笛卡尔积，因此 X_ω 的元素 c 是 ω 元组。

第二步，定义论域上的关系 $\in_\omega$ 、$\notin_\omega$ 、$=_\omega$ 、$\neq_\omega$ 、C_ω 、$\neg_\omega C_\omega$ 。

令 a，b，c 表示 A 的任意元素，即 X_ω 的任意元素。令 $\in_i$ 表示 X_i 上的属于关系，其中 $i\varepsilon\omega$；令 $\in_\omega$ 表示 X_ω 上的属于关系；其他符号的情形可作类似的理解。定义：

$a \in_\omega b$ 当且仅当 对所有 $i\varepsilon\omega$ 都有（$a_i \in_i b_{i+1}$）；

$a \notin_\omega b$ 当且仅当 对所有 $i\varepsilon\omega$ 都有（$a_i \notin_i b_{i+1}$）；

$a =_\omega b$ 当且仅当 $a \approx b$；

$a \neq_\omega b$ 当且仅当 存在 $c\varepsilon X_\omega$ 使得（$c \in_\omega a$ 且 $c \notin_\omega b$）或者（$c \notin_\omega a$ 且 $c \in_\omega b$）；

$C_\omega(a)$ 当且仅当 对所有 $i\varepsilon\omega$ 都有 $\ulcorner a_i \urcorner_{\mathfrak{A}}$ 和 $\llcorner a_i \lrcorner_{\mathfrak{A}}$ 的交集是空集；

$\neg_\omega C_\omega(a)$ 当且仅当 并非 $C_\omega(a)$ 。

其中 a_i 是 a 的第 i 个分量，b_{i+1} 是 b 的第 $i+1$ 个分量；$a_i \in_i b_{i+1}$ 是 $a_i\varepsilon \ulcorner b_{i+1} \urcorner_{\mathfrak{A}}$，$a_i \notin_i b_{i+1}$ 是 $a_i\varepsilon \llcorner b_{i+1} \lrcorner_{\mathfrak{A}}$；

至此就获得了一个模型 $\mathfrak{A} \approx < X_\omega,\ \in^{\mathfrak{A}},\ \notin^{\mathfrak{A}},\ =^{\mathfrak{A}},\ \neq^{\mathfrak{A}},\ C_\omega,\ \neg_\omega C_\omega >$，需要说明的是，因为 $\perp$ 是零元谓词，所以这里没有考虑，而且这个模型还不能作为 $ZQST$ 的模型，还需要进一步的工作。

二　拓扑的基础知识

一个拓扑空间（Topological Space）是一个序对 $< X, \tau >$，其中 X 是一个集合，τ 是 X 的子集的一个收集，满足下列规则：

（1）空集和 X 属于 τ；

（2）τ 内任意多个集合的并集仍然属于 τ；

（3）τ 内有穷多个集合的交集仍然属于 τ。

满足上述规则的 τ 被称为 X 上的一个拓扑（Topology）。τ 内的集合被称为开集（Open Set），开集在 X 内的补集被称为闭集（Closed Set）。因此一个集合可能是开集，也可能是闭集，也可能既是开集又闭集，也可能既不是开集也不是闭集。如果一个集合既是开集又是闭集，那么称这个集合为闭开集（Clopen Set）。

举两个拓扑的例子。给定一个集合 X：如果 τ 的元素只有空集和 X，那么 τ 是 X 上的平凡拓扑（Trivial Topology）；如果 τ 是 X 的幂集，那么 τ 是 X 上的离散拓扑（Discrete Topology）。

积拓扑（Product Topology）。假设 $< X, \tau_x >$ 和 $< Y, \tau_y >$ 是两个拓扑空间，记 $X \times Y$ 为 $\{ < x, y > \mid x \varepsilon X, y \varepsilon Y \}$，定义新的子集的收集如下：

$$B \text{ 为 } \{U_1 \times U_2 \mid U_1 \varepsilon \tau_x, U_2 \varepsilon \tau_y\};$$

记

$$\bar{B} \text{ 为 } \{U \subset X \times Y \mid U \text{ 是 } B \text{ 中若干元素的并集}\};$$

则 $\bar{B}$ 是 $X \times Y$ 上的一个拓扑，称它为积拓扑。其中 ε 表示属于关系，$\subset$ 表示真子集关系。

覆盖（Covering）的定义。假设 A 是集合的一个收集，如果 A 的所有元素的并集包含集合 B，那么称 A 是 B 的一个覆盖，或者称 A 覆盖 B。在拓扑空间 $< X, \tau >$ 中，若 A 的每一个元素都是 X 的开集（闭集），并且 A 覆盖 X，那么称 A 是 X 的开覆盖（闭覆盖）。若 A 的一个子收集 A_1 也是 B 的一个覆盖，则称 A_1 是 A 的子覆盖（Subcovering）。当覆盖 A 分别是有穷集、无穷集、可数集时，A 分别被称为有穷覆盖、无穷覆盖（Infinite Covering）、可数覆盖。

拓扑的基（Base 或 Basis）的定义。假设 $< X, \tau >$ 是一个拓扑空间，该拓扑空间的一个基 C 是 τ 中的开集的一个收集，并且满足 τ 中的每个开集都可以被表示为 C 中的元素的一个并。基中的元素被称为基元素。基 C 的准确定义为：C 是 X 的子集的一个收集，满足：①基元素覆盖 X；②令 C_1 和 C_2 是基元素，令 J 是它们的交，那么对 J 的每个元素 x，都存在一个基元素 C_3 使得 x 是 C_3 的元素，并且 C_3 包含于 J。

紧致性（Compactness）的定义。假设 $< X, \tau >$ 是一个拓扑空间，

如果 X 的任意开覆盖都有有穷的子覆盖，那么称这种性质为紧致性。如果 $< X, \tau >$ 有紧致性，那么称 X 是紧致的（Compact）①。

三 拓扑的引入

为了获得 $ZQST$ 的模型，本小节讨论使用拓扑对第二节第一小节中的模型 $\mathfrak{A}$ 进行改造。

第一步，为了使 $\mathfrak{A}$ 可以满足第一节第六小节中关于符号 = 的条件，需要 X_ω 是紧致的②。因为 $X_0 \approx X$ 是有穷的，所以对 $i\varepsilon\omega$ 有 X_i 是有穷的；如果为每个 X_i 装备一个离散拓扑，那么就得到 X_ω 上的一个积拓扑。从 X_ω 和它的这个积拓扑构成的拓扑空间出发可以证明 X_ω 是紧致的③。这个积拓扑的一个基由如下的闭开集给出：

对 $i\varepsilon\omega$, $a\varepsilon X_i$ 有 $U_a \approx \{x\varepsilon X_\omega \mid x_i \approx a\}$ ；

其中 x_i 是 x 的第 i 个分量。这有两个结果：第一，U_a 是 U_b 的子集当且仅当存在 $k\varepsilon\omega$ 使得 $s^{k'} a \approx b$ ，其中 s 是第二节第一小节中的映射，$s^{k'} a$ 表示对 a 施加 k 次 s 映射得到的值，这也表示 a 所在层级比 b 所在层级高 k 层；第二，如果 U_a 不是 U_b 的子集，并且 U_b 也不是 U_a 的子集，那么 U_a 和 U_b 的交是空集。

对任意 $x\varepsilon X_\omega$, $< \lceil x \rceil_{\mathfrak{A}}, \lfloor x \rfloor_{\mathfrak{A}} >$ 是 X_ω 的闭子集构成的一个覆盖对；其中 X_ω 的闭子集是积拓扑中的闭集，覆盖对是说该二元组的两个元素构成的集合是 X_ω 的一个覆盖。关于 X_ω 和它的积拓扑生成的这个模型还有一个性质：对于 X_ω 的闭子集构成的任意覆盖对 $< C1, C2 >$ ，在 X_ω 中都存在一个元素 y ，使得 $\lceil y \rceil_{\mathfrak{A}} \approx C1$ 且 $\lfloor y \rfloor_{\mathfrak{A}} \approx C2$。因此 X_ω 的

① 王元：《数学大辞典》，科学出版社 2010 年版，第 585–598 页。

② Thierry Libert, "ZF and the Axiom of Choice in Some Paraconsistent Set Theories", *Logic and Logical Philosophy*, No. 11–12, November 2003, pp. 91–114.

③ Thierry Libert, "ZF and the Axiom of Choice in Some Paraconsistent Set Theories", *Logic and Logical Philosophy*, No. 11–12, November 2003, pp. 91–114. Roland Hinnion, "Naive Set Theory with Extensionality in Partial Logic and in Paradoxical Logic" *Notre Dame Journal of Formal Logic*, Vol. 35, No. 1, Winter 1994, pp. 15–40.

每个元素都对应着 X_ω 的闭子集构成的一个覆盖对①。

第二步，因为 X_ω 的每个元素都对应着 X_ω 的闭子集构成的一个覆盖对，所以可以在 X_ω 上构造一个布尔代数。这个布尔代数的序 ≤如下：令 x 和 y 是 X_ω 的任意元素，

$x \leq y$，当且仅当，$\lceil x \rceil_{\mathfrak{A}} \subseteq \lceil y \rceil_{\mathfrak{A}}$ 且 $\lfloor y \rfloor_{\mathfrak{A}} \subseteq \lfloor x \rfloor_{\mathfrak{A}}$，

其中 ⊆ 表示元语言的集合之间的包含于关系（子集关系）。这个布尔代数的底元素（Bottom Element）记为 B，顶元素（Top Element）记为 T，它们分别如下：

$$\lceil B \rceil_{\mathfrak{A}} \approx \varnothing,\ \lfloor B \rfloor_{\mathfrak{A}} \approx X_\omega\ ;$$

$$\lceil T \rceil_{\mathfrak{A}} \approx X_\omega,\ \lfloor T \rfloor_{\mathfrak{A}} \approx \varnothing\ ;$$

其中 $\varnothing$ 是元语言中的空集。因为 $\lceil B \rceil_{\mathfrak{A}}$ 和 $\lfloor B \rfloor_{\mathfrak{A}}$ 的交集是空集，$\lceil T \rceil_{\mathfrak{A}}$ 和 $\lfloor T \rfloor_{\mathfrak{A}}$ 的交集是空集，所以 B 和 T 都是一致的集合（即经典集合）。

本小节至此在 X_ω 上构造了一个布尔代数。基于这个布尔代数：①模型 $\mathfrak{A}$ 的经典集合（一致集合）的收集恰好等于 X_ω 中的闭开集的布尔代数；② X_ω 中的遗传经典良基集（Hereditarily Classical Well-Founded Sets）的收集是不包含无穷公理的 ZF 的模型②。

因为 $ZQST$ 承诺存在的集合和 ZF 承诺存在的集合一样多，所以 X_ω 中的遗传经典良基集的收集既然可以满足不包含无穷公理的 ZF，它就可以满足不包含无穷公理的 $ZQST$。需要说明的是：①一个集合 a 是传递的，当且仅当，$\forall b \forall c(c \varepsilon b \varepsilon a \Rightarrow c \varepsilon a)$；②一个集合 a 是遗传经典的，当且仅当，存在一个传递经典集 b 使得 $a \varepsilon b$；③一个集合 a 是良基的，当且仅当，$\forall b(a \varepsilon b \Rightarrow \exists c \varepsilon b(b \cap c \approx \varnothing))$；④前三个说明都发生在元语言中。此外 X_ω 还包含不是一致的集合，例如罗素集 $\{x \mid x \notin x\}$ 在 X_ω 中存在，这

① Thierry Libert, "ZF and the Axiom of Choice in Some Paraconsistent Set Theories", *Logic and Logical Philosophy*, No. 11–12, November 2003, pp. 91–114. Olivier Esser, " A Strong Model of Paraconsistent Logic", *Notre Dame Journal of Formal Logic*, Vol. 44, N0. 3, 2003, pp. 149–156.

② Thierry Libert, "ZF and the Axiom of Choice in Some Paraconsistent Set Theories", *Logic and Logical Philosophy*, No. 11–12, November 2003, pp. 91–114.

满足了我们的期望，即我们构造的论域中包含不是一致的集合，我们可以把不是一致的集合作为前提来研究它们在 *ZQST* 中的后承。

2003 年，埃塞尔（O. Esser）在《A Strong Model of Paraconsistent Logic》中证明了通过假设一个大基数的存在性可以使上面给出的遗传经典良基集的收集成为包含无穷公理的 *ZF* 的模型①。通过应用这个技术有可能实现的是：从前文已获得的模型 $\mathfrak{A}$（即 X_ω）出发，通过假设一个强不可及序数的存在性来获得 *ZQST* 的一个模型。本小节至此完整地描述了为 *ZQST* 构造一个拓扑模型的思路。

第三节　*ZQST* 的广义代数值模型

本节实现洛维和塔拉法德的猜想，为 *ZQST* 构造广义代数值模型。

一　回顾广义代数值模型的一般构造过程

广义代数值模型是布尔值模型的推广，即在布尔值模型的构造过程中用广义代数替换布尔代数。广义代数是添加了额外算子的完全有界格，一个完全有界格的例子是 $\mathcal{A} \approx < A, \wedge^{\mathcal{A}}, \vee^{\mathcal{A}}, 0, 1 >$，其中 $\wedge^{\mathcal{A}}$ 和 $\vee^{\mathcal{A}}$ 分别是交运算和并运算；如果向其添加一个二元运算 $\Rightarrow$，那么所得到的 $< A, \wedge^{\mathcal{A}}, \vee^{\mathcal{A}}, 0, 1, \Rightarrow >$ 是一个蕴涵代数；如果继续向它添加一个一元运算 $*$，那么所得到的 $< A, \wedge^{\mathcal{A}}, \vee^{\mathcal{A}}, 0, 1, \Rightarrow, * >$ 可被称为一个蕴涵否定代数；它们都被称为广义代数。

根据两个性质对蕴涵代数进行分类，一个是合理性，另一个是演绎性。如果一个蕴涵代数满足：

（P1）$((x \wedge^{\mathcal{A}} y) \leqslant z)$ 蕴涵 $(x \leqslant (y \Rightarrow z))$；

（P2）$(y \leqslant z)$ 蕴涵 $((x \Rightarrow y) \leqslant (x \Rightarrow z))$；

---

① Olivier Esser，“A Strong Model of Paraconsistent Logic”，*Notre Dame Journal of Formal Logic*，Vol. 44，No. 3，2003，pp. 149–156.

（P3）$(y \leq z)$ 蕴涵 $((z \Rightarrow x) \leqslant (y \Rightarrow x))$；

那么称这个蕴涵代数为合理的。如果一个蕴涵代数满足：

（P4）$((x \wedge^{\mathcal{A}} y) \Rightarrow z) \approx (x \Rightarrow (y \Rightarrow z))$；

那么称这个蕴涵代数为演绎的。洛维和塔拉法德使用了合理且演绎的蕴涵代数 PS_3 为 ZF 集合论构造了广义代数值模型。

二　关于符号的说明

令对象语言是 $L(ZQST)$，前文已经对 $L(ZQST)$ 进行了详细的说明，$L(ZQST)$ 之外的符号都是元语言中的符号，再给出一些说明如下：

1. 符号 $\wedge$ 和 $\vee$ 已经被用于对象语言中表示逻辑联结词，因此在下文的广义代数中令 $\wedge^{\mathcal{A}}$ 和 $\vee^{\mathcal{A}}$ 表示广义代数中的交运算和并运算；

2. 前文使用符号 $\Rightarrow$ 表示元语言中的蕴涵，而在下文的广义代数中符号 $\Rightarrow$ 表示广义代数中的二元运算，元语言中的蕴涵关系则使用汉字“蕴涵”表示；

3. 前文曾使用“并非”和符号 ~ 表示元语言中的否定（即经典否定），同时符号 ~ 也在对象语言 $L(ZQST)$ 表示强否定。在下文中符号 ~ 仅被用于表示对象语言 $L(ZQST)$ 中的强否定，而元语言中的否定则使用汉字“并非”表示；

4. 前文使用 x，y，z，u，v，w（加下标）作元变元，表示对象语言中的任意变元，这些约定在下文中保持不变；此外还将使用它们（加下标）表示模型的论域中的元素，或者表示广义代数的论域中的元素，下文会在使用时加以说明以避免混淆；

5. 严格来说应当使用不同的符号表示模型的论域中的元素和这些元素在对象语言中的名字，但是下文中并不对二者进行区分，会在定义模型有效性时进行说明以避免混淆；

6. 未做说明的部分与前面的约定相同，例如联结词的结合力和括号的省略等。

三 定义蕴涵否定代数 $\mathcal{A}$

定义蕴涵否定代数 $\mathcal{A}$ 为 $<A, \wedge^{\mathcal{A}}, \vee^{\mathcal{A}}, 0, 1, \Rightarrow, *>$，其中 A 是一个偏序集，它有三个元素，分别是0、i、1，它的序为 $0 \leqslant i \leqslant 1$；$\wedge^{\mathcal{A}}$ 和 $\vee^{\mathcal{A}}$ 是 A 上的运算，令 x 和 y 是 A 的任意元素，如果 $x \leq y$，那么 $(x \wedge^{\mathcal{A}} y \approx x)$ 且 $(x \vee^{\mathcal{A}} y \approx y)$；0 和 1 分别是 A 的底元素和顶元素。$<A, \wedge^{\mathcal{A}}, \vee^{\mathcal{A}}, 0, 1>$ 是一个完全分配格，根据 $\wedge^{\mathcal{A}}$ 和 $\vee^{\mathcal{A}}$ 的定义给出它们运算规则如表5.9和表5.10。

表5.9　　$\wedge^{\mathcal{A}}$ 的真值表

$\wedge^{\mathcal{A}}$	1	i	0
1	1	i	0
i	i	i	0
0	0	0	0

表5.10　　$\vee^{\mathcal{A}}$ 的真值表

$\vee^{\mathcal{A}}$	1	i	0
1	1	1	1
i	1	i	i
0	1	i	0

蕴涵否定代数 $\mathcal{A}$ 还有二元算子 $\Rightarrow$ 和一元算子 $*$，通过给出它们的真值表来定义它们，见表5.11和表5.12。

表5.11　　$\Rightarrow$ 的真值表

$\Rightarrow$	1	i	0
1	1	i	0
i	1	i	0
0	1	1	1

表 5.12 $*$ 的真值表

	$*$
1	0
i	i
0	1

可以看出这里定义的二元运算 $\Rightarrow$ 和一元运算 $*$ 是根据第一节第四小节中 $\supset$ 和 $\neg$ 的赋值函数给出的。

四 蕴涵否定代数 $\mathcal{A}$ 的性质

上一节中定义的蕴涵否定代数 $\mathcal{A}$ 不满足合理性的条件（P1），但是满足合理性的条件（P2）和（P3），也满足演绎性的条件（P4）。

关于（P1）。（P1）为 $((x \wedge^{\mathcal{A}} y) \leqslant z)$ 蕴涵 $(x \leqslant (y \Rightarrow z))$，令 $x \approx 1$，$y \approx i$，$z \approx i$，则 $(x \wedge^{\mathcal{A}} y) \approx i$，$(y \Rightarrow z) \approx i$；此时根据 A 上的序 $0 \leqslant i \leqslant 1$ 得 $(x \wedge^{\mathcal{A}} y) \leqslant z$ 成立，但 $x \leqslant (y \Rightarrow z)$ 不成立；因此 $\mathcal{A}$ 不具有性质（P1）。

关于（P2）。（P2）为 $(y \leq z)$ 蕴涵 $((x \Rightarrow y) \leqslant (x \Rightarrow z))$。首先假设 $(y \leq z)$ 成立，然后分情形证明 $((x \Rightarrow y) \leqslant (x \Rightarrow z))$ 成立：

情形 1，$(x \Rightarrow z) \approx 1$。因为 1 是顶元素，所以显然有 $((x \Rightarrow y) \leqslant (x \Rightarrow z))$ 成立；

情形 2，$(x \Rightarrow z) \approx i$。此时根据 $\Rightarrow$ 的真值表得 $(i \leq x)$ 且 $(z \approx i)$；再由 $(y \leq z)$ 得 $y \approx 0$ 或 $y \approx i$。当 $y \approx 0$ 时由 $i \leq x$ 和 $\Rightarrow$ 的真值表得 $(x \Rightarrow y) \approx 0$；当 $y \approx i$ 时由 $i \leq x$ 和 $\Rightarrow$ 的真值表得 $(x \Rightarrow y) \approx i$；这两种情况下都有 $((x \Rightarrow y) \leqslant (x \Rightarrow z))$ 成立。因此在情形 2 中有 $((x \Rightarrow y) \leqslant (x \Rightarrow z))$ 成立；

情形 3，$(x \Rightarrow z) \approx 0$。根据 $\Rightarrow$ 的真值表得 $i \leq x$ 且 $z \approx 0$；再由 $y \leq z$ 得 $y \approx 0$。再根据 $i \leq x$ 和 $\Rightarrow$ 的真值表得 $(x \Rightarrow y) \approx 0$。因此 $((x \Rightarrow y) \leqslant (x \Rightarrow z))$ 成立。

综合这三种情形得出蕴涵否定代数 $\mathcal{A}$ 具有性质（P2）。

关于（P3）。（P3）为（$y \leq z$）蕴涵（$(z \Rightarrow x) \leqslant (y \Rightarrow x)$）。首先假设 $y \leq z$，然后分情形证明（$(z \Rightarrow x) \leqslant (y \Rightarrow x)$）成立：

情形 1，$(y \Rightarrow x) \approx 1$。因为 1 是顶元素，所以（$(z \Rightarrow x) \leqslant (y \Rightarrow x)$）成立；

情形 2，$(y \Rightarrow x) \approx i$。此时根据 $\Rightarrow$ 的真值表得 $i \leq y$ 且 $x \approx i$。当 $y \approx i$ 时根据 $y \leq z$ 得 $i \leq z$，再加上 $x \approx i$，根据 $\Rightarrow$ 的真值表得 $(z \Rightarrow x) \approx i$；此时（$(z \Rightarrow x) \leqslant (y \Rightarrow x)$）成立。当 $y \approx 1$ 时根据 $y \leq z$ 得 $z \approx 1$，再根据 $\Rightarrow$ 的真值表得 $(z \Rightarrow x) \approx i$；此时（$(z \Rightarrow x) \leqslant (y \Rightarrow x)$）成立。因此（$(z \Rightarrow x) \leqslant (y \Rightarrow x)$）成立。

情形 3，$(y \Rightarrow x) \approx 0$。此时根据 $\Rightarrow$ 的真值表得 $i \leq y$ 且 $x \approx 0$。由 $y \leq z$ 得 $i \leq z$，再根据 $x \approx 0$ 和 $\Rightarrow$ 的真值表得 $(z \Rightarrow x) \approx 0$，因此（$(z \Rightarrow x) \leqslant (y \Rightarrow x)$）成立。

综合这三种情形得出蕴涵否定代数 $\mathcal{A}$ 具有性质（P3）。

关于（P4）。（P4）为（$(x \wedge^{\mathcal{A}} y) \Rightarrow z$）$\approx$（$x \Rightarrow (y \Rightarrow z)$），分情形证明（P4）成立：

情形 1，$(x \wedge^{\mathcal{A}} y) \approx 0$，此时 $((x \wedge^{\mathcal{A}} y) \Rightarrow z) \approx 1$，$x \approx 0$ 或 $y \approx 0$。若 $x \approx 0$，则根据 $\Rightarrow$ 的真值表得 $(x \Rightarrow (y \Rightarrow z)) \approx 1$；（P4）成立。若 $y \approx 0$，则根据 $\Rightarrow$ 的真值表得 $(y \Rightarrow z) \approx 1$；再据 $\Rightarrow$ 的真值表得 $(x \Rightarrow (y \Rightarrow z)) \approx 1$；（P4）成立。因此在情形 1 中（P4）成立；

情形 2，$(x \wedge^{\mathcal{A}} y) \approx i$，此时 $i \leq x$ 且 $i \leq y$。若 $z \approx 0$，则 $((x \wedge^{\mathcal{A}} y) \Rightarrow z) \approx 0$，$(y \Rightarrow z) \approx 0$；进一步得 $(x \Rightarrow (y \Rightarrow z)) \approx 0$；（P4）成立。若 $z \approx i$，则 $((x \wedge^{\mathcal{A}} y) \Rightarrow z) \approx i$，$(y \Rightarrow z) \approx i$；进一步得 $(x \Rightarrow (y \Rightarrow z)) \approx i$；（P4）成立。若 $z \approx 1$，则 $((x \wedge^{\mathcal{A}} y) \Rightarrow z) \approx 1$，$(y \Rightarrow z) \approx 1$；进一步得 $(x \Rightarrow (y \Rightarrow z)) \approx 1$；（P4）成立。因此在情形 2 中（P4）成立；

情形 3，$(x \wedge^{\mathcal{A}} y) \approx 1$，此时 $x \approx 1$ 且 $y \approx 1$。若 $z \approx 0$，则 $((x \wedge^{\mathcal{A}} y) \Rightarrow z) \approx 0$，$(y \Rightarrow z) \approx 0$；进一步得 $(x \Rightarrow (y \Rightarrow z)) \approx 0$；（P4）成立。若 $z \approx i$，则 $((x \wedge^{\mathcal{A}} y) \Rightarrow z) \approx i$，$(y \Rightarrow z) \approx i$；进一步得 $(x \Rightarrow (y \Rightarrow z)) \approx i$；（P4）成立。若 $z \approx 1$，则 $((x \wedge^{\mathcal{A}} y) \Rightarrow z) \approx 1$，$(y \Rightarrow z) \approx 1$；进一

步得 $(x \Rightarrow (y \Rightarrow z)) \approx 1$；（P4）成立。因此在情形 3 中（P4）成立。

综合这三种情形得出蕴涵否定代数 $\mathcal{A}$ 具有性质（P4）。

综上所述可知蕴涵否定代数 $\mathcal{A}$ 不具有合理性，但具有演绎性。洛维和塔拉法德构造的蕴涵代数 PS_3 是一个合理且演绎的广义代数，并且在证明他们构造的模型 V^{PS_3} 满足 ZF 的公理时，合理性是一个非常有用的性质。本章构造的蕴涵否定代数 $\mathcal{A}$ 不具有合理性，这将增加证明 $ZQST$ 的公理的模型有效性的复杂程度。

五 广义代数值模型 $V^{\mathcal{A}}$

广义代数值模型的构造过程和布尔值模型的构造过程相同，因为前文已经在第二章第一节中详细介绍了布尔值模型的构造过程，所以这里只是简略介绍广义代数值模型的构造过程。

给定 ZF 的一个自然模型 V，结合蕴涵否定代数 $\mathcal{A}$，以超穷递归的方式构造广义代数值模型 $V^{\mathcal{A}}$ 如下：

$V_0^{\mathcal{A}} \approx \emptyset$；

$V_\alpha^{\mathcal{A}} \approx \{x \mid x$ 是一个函数，并且存在 $\beta < \alpha$ 使得：x 的定义域 $dom(x)$ 是 $V_\beta^{\mathcal{A}}$ 的子集，且 x 的值域 $ran(x)$ 是 A 的子集$\}$；

$V^{\mathcal{A}} \approx \{x \mid$ 存在一个 α 使得 x 是 $V_\alpha^{\mathcal{A}}$ 的元素$\}$；

其中 α 和 β 是序数，它们都存在于元语言中，更准确地说它们存在于 V 中。需要说明的是 $V^{\mathcal{A}}$ 的元素并不是本体论意义上存在的对象，而只是名字，因此 $V^{\mathcal{A}}$ 只是名字的一个收集。令小写的英文字母（可加下标）表示 $V^{\mathcal{A}}$ 的任意元素。

对 $ZQST$ 的语言 $L(ZQST)$ 进行扩张，扩张的方式是向 $L(ZQST)$ 中添加个体常项，每个个体常项都对应着 $V^{\mathcal{A}}$ 的一个元素，不同的个体常项对应 $V^{\mathcal{A}}$ 的不同元素，$V^{\mathcal{A}}$ 的每个元素都有一个个体常项对应着它。正如第三节第二小节中所约定的，不在符号上区分 $V^{\mathcal{A}}$ 的元素和这些被添加的个体常项，小写的英文字母（可加下标）不仅用于表示 $V^{\mathcal{A}}$ 的任意元素，而且用于表示任意的个体常项。令 $L(ZQST)(\mathcal{A})$ 表示扩张后的语言。

和布尔值模型的情形一样，广义归纳法对 $V^{\mathcal{A}}$ 有效，即如果对 $V^{\mathcal{A}}$ 的任意元素 x 有：

若对任意 $y \varepsilon x$ 有 $\Phi(y)$，则 $\Phi(x)$；

那么对 $V^{\mathcal{A}}$ 的所有元素 x 都有 $\Phi(x)$。其中 Φ 是关于 $V^{\mathcal{A}}$ 的元素的某种性质。

接下来定义 $V^{\mathcal{A}}$ 上的赋值函数 $[\![\bullet]\!]$（其中 $\bullet$ 是占位符），它是一个从 $L(ZQST)(\mathcal{A})$ 的公式集到 A 的映射。令 x 和 y 是 $V^{\mathcal{A}}$ 的任意元素，φ 和 ψ 是 $L(ZQST)(\mathcal{A})$ 的任意公式，则：

$[\![\bot]\!] \approx 0$；

$[\![x \in y]\!] \approx \bigvee^{\mathcal{A}}_{u \varepsilon dom(y)} (y(u) \wedge^{\mathcal{A}} [\![u = x]\!])$；

$[\![x = y]\!] \approx ([\bigwedge^{\mathcal{A}}_{u \varepsilon dom(x)} (x(u) \Rightarrow [\![u \in y]\!])] \wedge^{\mathcal{A}} [\bigwedge^{\mathcal{A}}_{v \in dom(y)} (y(v) \Rightarrow [\![v \in x]\!])])$；

$[\![C(x)]\!] \approx \bigwedge^{\mathcal{A}}_{u \varepsilon dom(x)} (x(u) \Rightarrow [\![C(u)]\!])$；

$[\![\neg \varphi]\!] \approx * [\![\varphi]\!]$；

$[\![\varphi \supset \psi]\!] \approx ([\![\varphi]\!] \Rightarrow [\![\psi]\!])$；

$[\![\forall x \varphi(x)]\!] \approx \bigwedge^{\mathcal{A}}_{u \varepsilon V^{\mathcal{A}}} ([\![\varphi(u)]\!])$。

本小节至此给出了赋值函数在原子公式和初始联结词、量词上的定义。

关于赋值函数 $[\![\bullet]\!]$ 的一些说明。赋值函数 $[\![\bullet]\!]$ 在谓词 $\in$ 和 $=$ 上的定义和布尔值模型相同，至少表面上看起来是这样，这表示 $V^{\mathcal{A}}$ 中的属于关系和相等关系分别等同于布尔值模型中的属于关系和相同关系。之所以说“至少表面上看起来是这样”是因为 $V^{\mathcal{A}}$ 使用的广义代数和布尔值模型使用的布尔代数是不同的，因此关于属于关系和相等关系，二者的定义不可能真正地等同。赋值函数 $[\![\bullet]\!]$ 在谓词 C 上的定义表达了这样一种思想：如果一个集合的所有元素是一致的，那么该集合也是一致的。

在 $ZQST$ 中，除了这些初始联结词和量词，还有被定义的联结词和量词，例如 ~ 、∧ 、∨ 、°、≡、∃ ，包含这些联结词和量词的公式可以被还原为只包含原子公式和初始联结词、量词的公式。下面以真值表的形式给出这些被定义联结词的赋值函数，见表 5.13、表 5.14、表 5.15、表 5.16、表 5.17。

表 5.13　　**~ 的真值表**

	~
1	0
i	0
0	1

表 5.14　　**∧ 的真值表**

∧	1	i	0
1	1	1	0
i	1	1	0
0	0	0	0

表 5.15　　**∨ 的真值表**

∨	1	i	0
1	1	1	1
i	1	1	1
0	1	i	0

表 5.16　　**° 的真值表**

	°
1	1
i	0
0	1

表 5.17 **≡ 的真值表**

≡	1	i	0
1	1	1	0
i	1	1	0
0	0	0	1

存在量词 ∃ 的真值计算比较特殊，已知 $\exists x\varphi(x)$ 被定义为 $\sim \forall x \sim \varphi(x)$，从 ~ 的真值表可以看出$[\![\exists x\varphi(x)]\!]$的值只能是0或1，不可能是 i，因此根据$[\![\forall x\varphi(x)]\!]$的定义和 ~ 的真值表得到$[\![\exists x\varphi(x)]\!]$的定义如下：

(1) $[\![\exists x\varphi(x)]\!] \approx 0$ 当且仅当 对于所有 $u\varepsilon V^{\mathcal{A}}$ 都有$[\![\varphi(u)]\!] \approx 0$；

(2) $[\![\exists x\varphi(x)]\!] \approx 1$ 当且仅当 存在 $u\varepsilon V^{\mathcal{A}}$ 使得 $i \trianglelefteq [\![\varphi(u)]\!]$。

说明 5.1

在 ZF 的布尔值模型的情形中，逻辑联结词 ∧ 和 ∨ 分别被解释为布尔代数中的交运算和并运算，即$[\![\varphi \wedge \psi]\!] \approx ([\![\varphi]\!] \wedge^{\mathcal{A}} [\![\psi]\!])$，且$[\![\varphi \vee \psi]\!] \approx ([\![\varphi]\!] \vee^{\mathcal{A}} [\![\psi]\!])$；但是这在 $V^{\mathcal{A}}$ 中是不成立的。在 $V^{\mathcal{A}}$ 中，$[\![\varphi \wedge \psi]\!]$的值是$[\![\varphi]\!]$和$[\![\psi]\!]$根据 ∧ 的真值表计算得出的，~ 、∨ 、° 、≡ 的情形类似，也是根据它们的真值表计算得出的。存在量词 ∃ 的计算也是特殊的，如上面说明的那样。之所以会这样是因为被定义联结词的真值表只能根据赋值函数$[\![\bullet]\!]$在初始联结词上的定义得出，而这些所得的结果又不符合蕴涵否定代数 $\mathcal{A}$ 中的交运算 $\wedge^{\mathcal{A}}$ 和并运算 $\vee^{\mathcal{A}}$ 的运算规则，例如在 ∧ 的真值表中，$i \wedge i$ 的值为1，这显然是违背蕴涵否定代数的运算规则的。但这并不代表 $\wedge^{\mathcal{A}}$ 和 $\vee^{\mathcal{A}}$ 是多余的，因为它们应用在赋值函数对原子公式的定义中。这种区别使得布尔值情形中的很多定理都失效了，进一步使得 $ZQST$ 的公理的模型有效性证明变得异常复杂。在接下来的证明中要特别注意这种区别。

六 一些有用的命题

约定 5.2

为了书写上的方便定义符号 $\geq$，“$[\![\varphi]\!] \geq [\![\psi]\!]$”表示“$[\![\psi]\!] \leq [\![\varphi]\!]$”。

命题5.3

对 $V^{\mathcal{A}}$ 的任意元素 u 都有 $[\![u=u]\!] \geq i$。

证明：使用广义归纳法证明 $[\![u=u]\!] \geq i$。归纳假设：对任意 $x\varepsilon dom(u)$ 都有 $[\![x=x]\!] \geq i$。下面证明 $[\![u=u]\!] \geq i$。

假设 $[\![u=u]\!] \approx 0$，则

$[\![u=u]\!] \approx ([\wedge^{\mathcal{A}}{}_{x\varepsilon dom(u)}(u(x) \Rightarrow [\![x \in u]\!])] \wedge^{\mathcal{A}} [\wedge^{\mathcal{A}}{}_{x\in dom(u)}(u(x) \Rightarrow [\![x \in u]\!])])$

$\approx [\wedge^{\mathcal{A}}{}_{x\varepsilon dom(u)}(u(x) \Rightarrow [\![x \in u]\!])]$

≈ 0。

因此存在 $x_0\varepsilon dom(u)$ 使得 $(u(x_0) \Rightarrow [\![x_0 \in u]\!]) \approx 0$；进一步得 $u(x_0) \geqslant i$ 且 $[\![x_0 \in u]\!] \approx 0$。

$[\![x_0 \in u]\!] \approx \vee^{\mathcal{A}}{}_{x\varepsilon dom(u)}(u(x) \wedge^{\mathcal{A}} [\![x=x_0]\!]) \geqslant (u(x_0) \wedge^{\mathcal{A}} [\![x_0=x_0]\!])$。因为 $u(x_0) \geqslant i$，并且根据归纳假设有 $[\![x_0=x_0]\!] \geqslant i$，所以 $(u(x_0) \wedge^{\mathcal{A}} [\![x_0=x_0]\!]) \geqslant i$；进一步地 $[\![x_0 \in u]\!] \geq i$；与 $[\![x_0 \in u]\!] \approx 0$ 矛盾。

因此假设不成立，所证结论成立，即对 $V^{\mathcal{A}}$ 的任意元素 u 都有 $[\![u=u]\!] \geqslant i$。

命题5.4

对 $V^{\mathcal{A}}$ 的任意元素 u、v 有 $[\![u=v]\!] \approx [\![v=u]\!]$。

证明：根据赋值函数的定义有

$[\![u=v]\!] \approx ([\wedge^{\mathcal{A}}{}_{x\varepsilon dom(u)}(u(x) \Rightarrow [\![x \in v]\!])] \wedge^{\mathcal{A}} [\wedge^{\mathcal{A}}{}_{y\in dom(v)}(v(y) \Rightarrow [\![y \in u]\!])])$。

$[\![v=u]\!] \approx ([\wedge^{\mathcal{A}}{}_{y\in dom(v)}(v(y) \Rightarrow [\![y \in u]\!])] \wedge^{\mathcal{A}} [\wedge^{\mathcal{A}}{}_{x\varepsilon dom(u)}(u(x) \Rightarrow [\![x \in v]\!])])$。

根据 $\wedge^{\mathcal{A}}$ 的真值表可知运算 $\wedge^{\mathcal{A}}$ 满足交换律，因此 $[\![u=v]\!] \approx [\![v=u]\!]$。

说明5.5

下文中将不加提醒地使用命题5.3和命题5.4。

命题5.6

对$V^{\mathcal{A}}$的任意元素u，v，w有($[\![u=v]\!]\wedge^{\mathcal{A}}[\![v=w]\!]$) $\leqslant[\![u=w]\!]$。

证明：使用广义归纳法，归纳假设：对任意$s\varepsilon V^{\mathcal{A}}$、$t\varepsilon V^{\mathcal{A}}$、$z\varepsilon dom(w)$有($[\![s=t]\!]\wedge^{\mathcal{A}}[\![t=z]\!]$) $\leqslant[\![s=z]\!]$。下面证明($[\![u=v]\!]\wedge^{\mathcal{A}}[\![v=w]\!]$) $\leqslant[\![u=w]\!]$。分情形讨论。

情形1，$[\![u=w]\!]\approx 0$；此时假设($[\![u=v]\!]\wedge^{\mathcal{A}}[\![v=w]\!]$) $\leqslant[\![u=w]\!]$不成立，则$[\![u=v]\!]\geq i$且$[\![v=w]\!]\geq i$。

$[\![u=w]\!]\approx([\wedge^{\mathcal{A}}{}_{x\varepsilon dom(u)}(u(x)\Rightarrow[\![x\in w]\!])]\wedge^{\mathcal{A}}[\wedge^{\mathcal{A}}{}_{z\in dom(w)}(w(z)\Rightarrow[\![z\in u]\!])])\approx 0$。因此存在$x_0\varepsilon dom(u)$使得($u(x_0)\Rightarrow[\![x_0\in w]\!]$) ≈ 0；或者存在$z_0\varepsilon dom(w)$使得($w(z_0)\Rightarrow[\![z_0\in u]\!]$) ≈ 0。

情形1.1，存在$x_0\varepsilon dom(u)$使得($u(x_0)\Rightarrow[\![x_0\in w]\!]$) ≈ 0。此时$u(x_0)\geqslant i$且$[\![x_0\in w]\!]\approx 0$。因为$[\![x_0\in w]\!]\approx\vee^{\mathcal{A}}{}_{z\varepsilon dom(w)}(w(z)\wedge^{\mathcal{A}}[\![z=x_0]\!])\approx 0$，所以对所有$z\varepsilon dom(w)$都有($w(z)\wedge^{\mathcal{A}}[\![z=x_0]\!]$) ≈ 0。根据情形1的假设得$[\![u=v]\!]\geqslant i$，因此$[\![u=v]\!]\approx([\wedge^{\mathcal{A}}{}_{x\varepsilon dom(u)}(u(x)\Rightarrow[\![x\in v]\!])]\wedge^{\mathcal{A}}[\wedge^{\mathcal{A}}{}_{y\in dom(v)}(v(y)\Rightarrow[\![y\in u]\!])])\geqslant i$；再根据$u(x_0)\geqslant i$得$[\![x_0\in v]\!]\geqslant i$。因为$[\![x_0\in v]\!]\approx\vee^{\mathcal{A}}{}_{y\varepsilon dom(v)}(v(y)\wedge^{\mathcal{A}}[\![y=x_0]\!])\geqslant i$，所以存在$y_0\varepsilon dom(v)$使得($v(y_0)\wedge^{\mathcal{A}}[\![y_0=x_0]\!]$) $\geqslant i$；因此$v(y_0)\geqslant i$且$[\![y_0=x_0]\!]\geqslant i$。根据情形1的假设得$[\![v=w]\!]\geqslant i$，因此$[\![v=w]\!]\approx([\wedge^{\mathcal{A}}{}_{y\varepsilon dom(v)}(v(y)\Rightarrow[\![y\in w]\!])]\wedge^{\mathcal{A}}[\wedge^{\mathcal{A}}{}_{z\in dom(w)}(w(z)\Rightarrow[\![z\in v]\!])])\geqslant i$；再根据$v(y_0)\geqslant i$得$[\![y_0\in w]\!]\geqslant i$。因为$[\![y_0\in w]\!]\approx\vee^{\mathcal{A}}{}_{z\varepsilon dom(w)}(w(z)\wedge^{\mathcal{A}}[\![z=y_0]\!])\geqslant i$；所以存在$z_0\varepsilon w$使得($w(z_0)\wedge^{\mathcal{A}}[\![z_0=y_0]\!]$) $\geqslant i$；因此$w(z_0)\geq i$且$[\![z_0=y_0]\!]\geq i$。由$[\![y_0=x_0]\!]\geq i$和$[\![z_0=y_0]\!]\geq i$得($[\![x_0=y_0]\!]\wedge^{\mathcal{A}}[\![y_0=z_0]\!]$) $\geqslant i$；再根据归纳假设得$[\![x_0=z_0]\!]\geq i$。又因为$w(z_0)\geq i$，所以($w(z_0)\wedge^{\mathcal{A}}[\![x_0=z_0]\!]$) $\geqslant i$；进一步得$[\![x_0\in w]\!]\geq i$。容易看出($u(x_0)\Rightarrow[\![x_0\in w]\!]$) $\geqslant i$，与($u(x_0)\Rightarrow[\![x_0\in w]\!]$) ≈ 0矛盾。因此情形1.1不成立。

情形 1.2，存在 $z_0 \varepsilon dom(w)$ 使得 $(w(z_0) \Rightarrow [\![z_0 \in u]\!]) \approx 0$。此时 $w(z_0) \geq i$ 且 $[\![z_0 \in u]\!] \approx 0$。因为 $[\![z_0 \in u]\!] \approx \bigvee^{\mathcal{A}}_{x\varepsilon dom(u)}(u(x) \wedge^{\mathcal{A}} [\![x = z_0]\!]) \approx 0$，所以对所有 $x\varepsilon dom(u)$ 都有 $(u(x) \wedge^{\mathcal{A}} [\![x = z_0]\!]) \approx 0$。根据情形 1 的假设得 $[\![v = w]\!] \geq i$，因此 $[\![v = w]\!] \approx ([\bigwedge^{\mathcal{A}}_{y\varepsilon dom(v)}(v(y) \Rightarrow [\![y \in w]\!])] \wedge^{\mathcal{A}} [\bigwedge^{\mathcal{A}}_{z \in dom(w)}(w(z) \Rightarrow [\![z \in v]\!])]) \geqslant i$；再根据 $w(z_0) \geqslant i$ 得 $[\![z_0 \in v]\!] \geqslant i$。因为 $[\![z_0 \in v]\!] \approx \bigvee^{\mathcal{A}}_{y\varepsilon dom(v)}(v(y) \wedge^{\mathcal{A}} [\![y = z_0]\!]) \geqslant i$，所以存在 $y_0 \varepsilon dom(v)$ 使得 $(v(y_0) \wedge^{\mathcal{A}} [\![y_0 = z_0]\!]) \geqslant i$；进一步得 $v(y_0) \geqslant i$ 且 $[\![y_0 = z_0]\!] \geqslant i$。根据情形 1 的假设得 $[\![u = v]\!] \geqslant i$，因此 $[\![u = v]\!] \approx ([\bigwedge^{\mathcal{A}}_{x\varepsilon dom(u)}(u(x) \Rightarrow [\![x \in v]\!])] \wedge^{\mathcal{A}} [\bigwedge^{\mathcal{A}}_{y \in dom(v)}(v(y) \Rightarrow [\![y \in u]\!])]) \geqslant i$；再根据 $v(y_0) \geqslant i$ 得 $[\![y_0 \in u]\!] \geqslant i$。因为 $[\![y_0 \in u]\!] \approx \bigvee^{\mathcal{A}}_{x\varepsilon dom(u)}(u(x) \wedge^{\mathcal{A}} [\![x = y_0]\!]) \geqslant i$，所以存在 $x_0 \varepsilon dom(u)$ 使得 $(u(x_0) \wedge^{\mathcal{A}} [\![x_0 = y_0]\!]) \geqslant i$；进一步得 $u(x_0) \geqslant i$ 且 $[\![x_0 = y_0]\!] \geqslant i$。根据归纳假设，由 $[\![x_0 = y_0]\!] \geqslant i$ 和 $[\![y_0 = z_0]\!] \geqslant i$ 可得 $[\![x_0 = z_0]\!] \geqslant i$；再加上 $u(x_0) \geqslant i$，可得 $u(x_0) \wedge^{\mathcal{A}} [\![x_0 = z_0]\!] \geqslant i$，与“对所有 $x\varepsilon dom(u)$ 都有 $(u(x) \wedge^{\mathcal{A}} [\![x = z_0]\!]) \approx 0$”矛盾。因此情形 1.2 不成立。

综合情形 1.1 和情形 1.2 可知情形 1 中的假设不成立，因此所证结论在情形 1 中成立。

情形 2，$[\![u = w]\!] \approx i$；此时假设 $([\![u = v]\!] \wedge^{\mathcal{A}} [\![v = w]\!]) \leqslant [\![u = w]\!]$ 不成立，则 $[\![u = v]\!] \approx 1$ 且 $[\![v = w]\!] \approx 1$。

$[\![u = w]\!] \approx ([\bigwedge^{\mathcal{A}}_{x\varepsilon dom(u)}(u(x) \Rightarrow [\![x \in w]\!])] \wedge^{\mathcal{A}} [\bigwedge^{\mathcal{A}}_{z \in dom(w)}(w(z) \Rightarrow [\![z \in u]\!])]) \approx i$。因此存在 $x_0 \varepsilon dom(u)$ 使得 $(u(x_0) \Rightarrow [\![x_0 \in w]\!]) \approx i$；或者存在 $z_0 \varepsilon dom(w)$ 使得 $(w(z_0) \Rightarrow [\![z_0 \in u]\!]) \approx i$。

情形 2.1，存在 $x_0 \varepsilon dom(u)$ 使得 $(u(x_0) \Rightarrow [\![x_0 \in w]\!]) \approx i$。此时 $u(x_0) \geqslant i$ 且 $[\![x_0 \in w]\!] \approx i$。根据情形 2 的假设得 $[\![u = v]\!] \approx 1$，因此 $[\![u = v]\!] \approx ([\bigwedge^{\mathcal{A}}_{x\varepsilon dom(u)}(u(x) \Rightarrow [\![x \in v]\!])] \wedge^{\mathcal{A}} [\bigwedge^{\mathcal{A}}_{y \in dom(v)}(v(y) \Rightarrow [\![y \in u]\!])]) \approx 1$；再根据 $u(x_0) \geqslant i$ 得 $[\![x_0 \in v]\!] \approx 1$。因为 $[\![x_0 \in v]\!] \approx \bigvee^{\mathcal{A}}_{y\varepsilon dom(v)}(v(y) \wedge^{\mathcal{A}} [\![y = x_0]\!]) \approx 1$，所以存在 $y_0 \varepsilon dom(v)$ 使得 $(v(y_0) \wedge^{\mathcal{A}} [\![y_0 = x_0]\!]) \approx 1$；

进一步得 $v(y_0)\approx 1$ 且 $[\![y_0=x_0]\!]\approx 1$。根据情形 2 的假设得 $[\![v=w]\!]\approx 1$，因此 $[\![v=w]\!]\approx([\wedge^{\mathcal{A}}{}_{y\varepsilon dom(v)}(v(y)\Rightarrow[\![y\in w]\!])]\wedge^{\mathcal{A}}[\wedge^{\mathcal{A}}{}_{z\in dom(w)}(w(z)\Rightarrow[\![z\in v]\!])])\approx 1$；再根据 $v(y_0)\approx 1$ 得 $[\![y_0\in w]\!]\approx 1$。因为 $[\![y_0\in w]\!]\approx\vee^{\mathcal{A}}{}_{z\varepsilon dom(w)}(w(z)\wedge^{\mathcal{A}}[\![z=y_0]\!])\approx 1$；所以存在 $z_0\varepsilon w$ 使得 $(w(z_0)\wedge^{\mathcal{A}}[\![z_0=y_0]\!])\approx 1$；进一步得 $w(z_0)\approx 1$ 且 $[\![z_0=y_0]\!]\approx 1$。根据归纳假设得由 $[\![y_0=x_0]\!]\approx 1$ 和 $[\![z_0=y_0]\!]\approx 1$ 得 $[\![x_0=z_0]\!]\approx 1$；再加上 $w(z_0)\approx 1$ 得 $(w(z_0)\wedge^{\mathcal{A}}[\![x_0=z_0]\!])\approx 1$；进一步得 $[\![x_0\in w]\!]\approx 1$，与 $[\![x_0\in w]\!]\approx i$ 矛盾。因此情形 2.1 不成立。

情形 2.2，存在 $z_0\varepsilon dom(w)$ 使得 $(w(z_0)\Rightarrow[\![z_0\in u]\!])\approx i$。此时 $w(z_0)\geqslant i$ 且 $[\![z_0\in u]\!]\approx i$。根据情形 2 的假设得 $[\![v=w]\!]\approx 1$，因此 $[\![v=w]\!]\approx([\wedge^{\mathcal{A}}{}_{y\varepsilon dom(v)}(v(y)\Rightarrow[\![y\in w]\!])]\wedge^{\mathcal{A}}[\wedge^{\mathcal{A}}{}_{z\in dom(w)}(w(z)\Rightarrow[\![z\in v]\!])])\approx 1$；再根据 $w(z_0)\geqslant i$ 得 $[\![z_0\in v]\!]\approx 1$。因为 $[\![z_0\in v]\!]\approx\vee^{\mathcal{A}}{}_{y\varepsilon dom(v)}(v(y)\wedge^{\mathcal{A}}[\![y=z_0]\!])\approx 1$，所以存在 $y_0\varepsilon dom(v)$ 使得 $(v(y_0)\wedge^{\mathcal{A}}[\![y_0=z_0]\!])\approx 1$；进一步得 $v(y_0)\approx 1$ 且 $[\![y_0=z_0]\!]\approx 1$。根据情形 2 的假设得 $[\![u=v]\!]\approx 1$，因此 $[\![u=v]\!]\approx([\wedge^{\mathcal{A}}{}_{x\varepsilon dom(u)}(u(x)\Rightarrow[\![x\in v]\!])]\wedge^{\mathcal{A}}[\wedge^{\mathcal{A}}{}_{y\in dom(v)}(v(y)\Rightarrow[\![y\in u]\!])])\approx 1$；再根据 $v(y_0)\approx 1$ 得 $[\![y_0\in u]\!]\approx 1$。因为 $[\![y_0\in u]\!]\approx\vee^{\mathcal{A}}{}_{x\varepsilon dom(u)}(u(x)\wedge^{\mathcal{A}}[\![x=y_0]\!])\approx 1$，所以存在 $x_0\varepsilon dom(u)$ 使得 $(u(x_0)\wedge^{\mathcal{A}}[\![x_0=y_0]\!])\approx 1$；进一步得 $u(x_0)\approx 1$ 且 $[\![x_0=y_0]\!]\approx 1$。根据归纳假设，由 $[\![x_0=y_0]\!]\approx 1$ 和 $[\![y_0=z_0]\!]\approx 1$ 可得 $[\![x_0=z_0]\!]\approx 1$；再加上 $u(x_0)\approx 1$ 可得 $(u(x_0)\wedge^{\mathcal{A}}[\![x_0=z_0]\!])\approx 1$；进一步地 $[\![z_0\in u]\!]\approx 1$，与 $[\![z_0\in u]\!]\approx i$ 矛盾。因此情形 2.2 不成立。

综合情形 2.1 和情形 2.2，可知情形 2 中的假设不成立。因此所证结论在情形 2 中成立。

情形 3，$[\![u=w]\!]\approx 1$。此时所证结论显然是成立的。

综合以上三种情形，所证结论成立，即对 $V^{\mathcal{A}}$ 的任意元素 u，v，w 有 $([\![u=v]\!]\wedge^{\mathcal{A}}[\![v=w]\!])\leqslant[\![u=w]\!]$。

命题 5.7

对 $V^{\mathcal{A}}$ 的任意元素 u，v，w 有 $([\![u=v]\!]\wedge^{\mathcal{A}}[\![v\in w]\!])\leqslant[\![u\in w]\!]$。

证明：$(\llbracket u=v\rrbracket\wedge^{\mathcal{A}}\llbracket v\in w\rrbracket)\approx(\llbracket u=v\rrbracket\wedge^{\mathcal{A}}(\vee^{\mathcal{A}}_{z\varepsilon dom(w)}(w(z)\wedge^{\mathcal{A}}\llbracket z=v\rrbracket)))$；再根据分配格的性质得 $(\llbracket u=v\rrbracket\wedge^{\mathcal{A}}\llbracket v\in w\rrbracket)\approx\vee^{\mathcal{A}}_{z\varepsilon dom(w)}(w(z)\wedge^{\mathcal{A}}\llbracket z=v\rrbracket\wedge^{\mathcal{A}}\llbracket u=v\rrbracket)$。根据命题5.6有 $(\llbracket z=v\rrbracket\wedge^{\mathcal{A}}\llbracket u=v\rrbracket)\leqslant\llbracket z=u\rrbracket$；因此 $(\llbracket u=v\rrbracket\wedge^{\mathcal{A}}\llbracket v\in w\rrbracket)\leqslant\vee^{\mathcal{A}}_{z\varepsilon dom(w)}(w(z)\wedge^{\mathcal{A}}\llbracket z=u\rrbracket)\approx\llbracket u\in w\rrbracket$。因此所证结论成立，即对 $V^{\mathcal{A}}$ 的任意元素 u，v，w 有 $(\llbracket u=v\rrbracket\wedge^{\mathcal{A}}\llbracket v\in w\rrbracket)\leqslant\llbracket u\in w\rrbracket$。

命题5.8

对 $V^{\mathcal{A}}$ 的任意元素 u，v，w 有 $(\llbracket u=v\rrbracket\wedge^{\mathcal{A}}\llbracket w\in v\rrbracket)\leqslant\llbracket w\in u\rrbracket$。

证明：分情形讨论。

情形1，$\llbracket w\in u\rrbracket\approx 0$。此时假设 $(\llbracket u=v\rrbracket\wedge^{\mathcal{A}}\llbracket w\in v\rrbracket)\leqslant\llbracket w\in u\rrbracket$ 不成立，则 $\llbracket u=v\rrbracket\geq i$ 且 $\llbracket w\in v\rrbracket\geq i$。因为 $\llbracket w\in u\rrbracket\approx\vee^{\mathcal{A}}_{x\varepsilon dom(u)}(u(x)\wedge^{\mathcal{A}}\llbracket x=w\rrbracket)\approx 0$，所以对所有 $x\varepsilon dom(u)$ 都有 $(u(x)\wedge^{\mathcal{A}}\llbracket x=w\rrbracket)\approx 0$。因为 $\llbracket w\in v\rrbracket\approx\vee^{\mathcal{A}}_{y\varepsilon dom(v)}(v(y)\wedge^{\mathcal{A}}\llbracket y=w\rrbracket)\geqslant i$，所以存在 $y_0\varepsilon dom(v)$ 使得 $(v(y_0)\wedge^{\mathcal{A}}\llbracket y_0=w\rrbracket)\geqslant i$；进一步得 $v(y_0)\geq i$ 且 $\llbracket y_0=w\rrbracket\geq i$。因为 $\llbracket u=v\rrbracket\approx([\wedge^{\mathcal{A}}_{x\varepsilon dom(u)}(u(x)\Rightarrow\llbracket x\in v\rrbracket)]\wedge^{\mathcal{A}}[\wedge^{\mathcal{A}}_{y\in dom(v)}(v(y)\Rightarrow\llbracket y\in u\rrbracket)])\geqslant i$，所以根据 $v(y_0)\geq i$ 得 $\llbracket y_0\in u\rrbracket\geqslant i$。因为 $\llbracket y_0\in u\rrbracket\approx\vee^{\mathcal{A}}_{x\varepsilon dom(u)}(u(x)\wedge^{\mathcal{A}}\llbracket x=y_0\rrbracket)\geqslant i$，所以存在 $x_0\varepsilon dom(u)$ 使得 $(u(x_0)\wedge^{\mathcal{A}}\llbracket x_0=y_0\rrbracket)\geqslant i$；进一步得 $u(x_0)\geqslant i$ 且 $\llbracket x_0=y_0\rrbracket\geqslant i$。根据命题5.6，由 $\llbracket x_0=y_0\rrbracket\geqslant i$ 和 $\llbracket y_0=w\rrbracket\geqslant i$ 得 $\llbracket x_0=w\rrbracket\geqslant i$。由 $u(x_0)\geqslant i$ 和 $\llbracket x_0=w\rrbracket\geqslant i$ 得 $(u(x_0)\wedge^{\mathcal{A}}\llbracket x_0=w\rrbracket)\geqslant i$，与"对所有 $x\varepsilon dom(u)$ 都有 $(u(x)\wedge^{\mathcal{A}}\llbracket x=w\rrbracket)\approx 0$"矛盾。因此假设不成立，所证结论在情形1中成立。

情形2，$\llbracket w\in u\rrbracket\approx i$。此时假设 $(\llbracket u=v\rrbracket\wedge^{\mathcal{A}}\llbracket w\in v\rrbracket)\leqslant\llbracket w\in u\rrbracket$ 不成立，则 $\llbracket u=v\rrbracket\approx 1$ 且 $\llbracket w\in v\rrbracket\approx 1$。因为 $\llbracket w\in u\rrbracket\approx\vee^{\mathcal{A}}_{x\varepsilon dom(u)}(u(x)\wedge^{\mathcal{A}}\llbracket x=w\rrbracket)\approx i$。因为 $\llbracket w\in v\rrbracket\approx\vee^{\mathcal{A}}_{y\varepsilon dom(v)}(v(y)\wedge^{\mathcal{A}}\llbracket y=w\rrbracket)\approx 1$，所以存在 $y_0\varepsilon dom(v)$ 使得 $(v(y_0)\wedge^{\mathcal{A}}\llbracket y_0=w\rrbracket)\approx 1$；进一步得 $v(y_0)\approx 1$ 且 $\llbracket y_0=w\rrbracket\approx 1$。因为 $\llbracket u=v\rrbracket\approx([\wedge^{\mathcal{A}}_{x\varepsilon dom(u)}(u(x)\Rightarrow\llbracket x\in v\rrbracket)]\wedge^{\mathcal{A}}[\wedge^{\mathcal{A}}_{y\in dom(v)}(v(y)\Rightarrow\llbracket y\in u\rrbracket)])\approx 1$，所以根据 $v(y_0)\approx 1$ 得 $\llbracket y_0\in u$

$]\!]\approx 1$。因为$[\![y_0 \in u]\!]\approx \bigvee^{\mathcal{A}}_{x\varepsilon dom(u)}(u(x)\wedge^{\mathcal{A}}[\![x=y_0]\!])\approx 1$，所以存在$x_0\varepsilon dom(u)$使得$(u(x_0)\wedge^{\mathcal{A}}[\![x_0=y_0]\!])\approx 1$；进一步得$u(x_0)\approx 1$且$[\![x_0=y_0]\!]\approx 1$。根据命题5.6，由$[\![x_0=y_0]\!]\approx 1$和$[\![y_0=w]\!]\approx 1$得$[\![x_0=w]\!]\approx 1$。由$u(x_0)\approx 1$和$[\![x_0=w]\!]\approx 1$得$(u(x_0)\wedge^{\mathcal{A}}[\![x_0=w]\!])\approx 1$；进一步地$[\![w \in u]\!]\approx 1$，与$[\![w\in u]\!]\approx i$矛盾，假设不成立。因此所证结论在情形2中成立。

情形3，$[\![w\in u]\!]\approx 1$。此时所证结论显然成立。

综合以上三种情形，所证结论成立，即对$V^{\mathcal{A}}$的任意元素u，v，w有$([\![u=v]\!]\wedge^{\mathcal{A}}[\![w\in v]\!])\leqslant[\![w\in u]\!]$。

命题5.9

对$V^{\mathcal{A}}$的任意元素u，v有$([\![u=v]\!]\wedge^{\mathcal{A}}[\![C(u)]\!])\leqslant[\![C(v)]\!]$。

证明：使用广义归纳法。归纳假设对任意的$s\varepsilon V^{\mathcal{A}}$、$y\varepsilon dom(v)$都有$([\![s=y]\!]\wedge^{\mathcal{A}}[\![C(s)]\!])\leqslant[\![C(y)]\!]$。下面证明$([\![u=v]\!]\wedge^{\mathcal{A}}[\![C(u)]\!])\leqslant[\![C(v)]\!]$，分情形讨论。

情形1，$[\![C(v)]\!]\approx 0$。此时假设$([\![u=v]\!]\wedge^{\mathcal{A}}[\![C(u)]\!])\leqslant[\![C(v)]\!]$不成立，则$[\![u=v]\!]\geq i$且$[\![C(u)]\!]\geq i$。因为$[\![C(v)]\!]\approx \bigwedge^{\mathcal{A}}_{y\varepsilon dom(v)}(v(y)\Rightarrow[\![C(y)]\!])\approx 0$，所以存在$y_0\varepsilon dom(v)$使得$(v(y_0)\Rightarrow[\![C(y_0)]\!])\approx 0$；进一步得$v(y_0)\geqslant i$且$[\![C(y_0)]\!]\approx 0$。因为$[\![u=v]\!]\approx([\bigwedge^{\mathcal{A}}_{x\varepsilon dom(u)}(u(x)\Rightarrow[\![x\in v]\!])]\wedge^{\mathcal{A}}[\bigwedge^{\mathcal{A}}_{y\in dom(v)}(v(y)\Rightarrow[\![y\in u]\!])])\geqslant i$，所以根据$v(y_0)\geqslant i$得$[\![y_0\in u]\!]\geqslant i$。因为$[\![y_0\in u]\!]\approx \bigvee^{\mathcal{A}}_{x\varepsilon dom(u)}(u(x)\wedge^{\mathcal{A}}[\![x=y_0]\!])\geqslant i$，所以存在$x_0\varepsilon dom(u)$使得$(u(x_0)\wedge^{\mathcal{A}}[\![x_0=y_0]\!])\geqslant i$；进一步得$u(x_0)\geqslant i$且$[\![x_0=y_0]\!]\geq i$。因为$[\![C(u)]\!]\approx \bigwedge^{\mathcal{A}}_{x\varepsilon dom(u)}(u(x)\Rightarrow[\![C(x)]\!])\geqslant i$，所以根据$u(x_0)\geqslant i$得$[\![C(x_0)]\!]\geqslant i$。根据归纳假设，由$[\![x_0=y_0]\!]\geq i$和$[\![C(x_0)]\!]\geqslant i$得$[\![C(y_0)]\!]\geqslant i$；而这与$[\![C(y_0)]\!]\approx 0$矛盾。因此假设不成立；进一步地所证结论在情形1中成立。

情形2，$[\![C(v)]\!]\approx i$。此时假设$([\![u=v]\!]\wedge^{\mathcal{A}}[\![C(u)]\!])\leqslant[\![C(v)]\!]$不成立，则$[\![u=v]\!]\approx 1$且$[\![C(u)]\!]\approx 1$。因为$[\![C(v)]\!]\approx \bigwedge^{\mathcal{A}}_{y\varepsilon dom(v)}(v(y)\Rightarrow[\![C(y)]\!])\approx i$，所以存在$y_0\varepsilon dom(v)$使得$(v(y_0)\Rightarrow[\![C(y_0)]\!])\approx i$；进一

步得 $v(y_0)\geqslant i$ 且 $[\![C(y_0)]\!]\approx i$。因为 $[\![u=v]\!]\approx([\wedge^{\mathcal{A}}{}_{x\varepsilon dom(u)}(u(x)\Rightarrow[\![x\in v]\!])]\wedge^{\mathcal{A}}[\wedge^{\mathcal{A}}{}_{y\in dom(v)}(v(y)\Rightarrow[\![y\in u]\!])])\approx 1$，所以根据 $v(y_0)\geqslant i$ 得 $[\![y_0\in u]\!]\approx 1$。因为 $[\![y_0\in u]\!]\approx\vee^{\mathcal{A}}{}_{x\varepsilon dom(u)}(u(x)\wedge^{\mathcal{A}}[\![x=y_0]\!])\approx 1$，所以存在 $x_0\varepsilon dom(u)$ 使得 $(u(x_0)\wedge^{\mathcal{A}}[\![x_0=y_0]\!])\approx 1$；进一步得 $u(x_0)\approx 1$ 且 $[\![x_0=y_0]\!]\approx 1$。因为 $[\![C(u)]\!]\approx\wedge^{\mathcal{A}}{}_{x\varepsilon dom(u)}(u(x)\Rightarrow[\![C(x)]\!])\approx 1$，所以根据 $u(x_0)\approx 1$ 得 $[\![C(x_0)]\!]\approx 1$。根据归纳假设，由 $[\![x_0=y_0]\!]\approx 1$ 和 $[\![C(x_0)]\!]\approx 1$ 得 $[\![C(y_0)]\!]\approx 1$；而这与 $[\![C(y_0)]\!]\approx i$ 矛盾。因此假设不成立；进一步地所证结论在情形 2 中成立。

情形 3，$[\![C(v)]\!]\approx 1$。此时所证结论显然是成立的。

综合以上三种情形，所证结论成立，即对 $V^{\mathcal{A}}$ 的任意元素 u，v 有 $([\![u=v]\!]\wedge^{\mathcal{A}}[\![C(u)]\!])\leqslant[\![C(v)]\!]$。

命题 5.10

令 φ 是 $L(ZQST)(\mathcal{A})$ 中不包含弱否定 $\neg$ 的任意公式，对 $V^{\mathcal{A}}$ 的任意元素 u，v 有 $([\![u=v]\!]\wedge^{\mathcal{A}}[\![\varphi(u)]\!])\leqslant[\![\varphi(v)]\!]$。

证明：根据命题 5.6、5.7、5.8、5.9，此外由 $[\![\perp]\!]\approx 0$ 可得 $([\![u=v]\!]\wedge^{\mathcal{A}}[\![\perp]\!])\leqslant[\![\perp]\!]$，因此所证结论对原子公式成立。施归纳于公式的结构证明结论对复合公式也成立。

归纳假设：对 φ 的真子公式 ψ 和 χ 有 $([\![u=v]\!]\wedge^{\mathcal{A}}[\![\psi(u)]\!])\leqslant[\![\psi(v)]\!]$ 且 $([\![u=v]\!]\wedge^{\mathcal{A}}[\![\chi(u)]\!])\leqslant[\![\chi(v)]\!]$。分情形证明。

情形 1，φ 形如 $\psi\supset\chi$。分情形讨论：

情形 1.1，$[\![\varphi(v)]\!]\approx 0$。此时假设 $([\![u=v]\!]\wedge^{\mathcal{A}}[\![\varphi(u)]\!])\leqslant[\![\varphi(v)]\!]$ 不成立，则 $[\![u=v]\!]\geqslant i$ 且 $[\![\varphi(u)]\!]\geqslant i$。因为 $[\![\varphi(v)]\!]\approx([\![\psi(v)]\!]\Rightarrow[\![\chi(v)]\!])\approx 0$，所以 $[\![\psi(v)]\!]\geqslant i$ 且 $[\![\chi(v)]\!]\approx 0$。根据归纳假设得 $([\![u=v]\!]\wedge^{\mathcal{A}}[\![\chi(u)]\!])\leqslant[\![\chi(v)]\!]$，因为 $[\![\chi(v)]\!]\approx 0$ 且 $[\![u=v]\!]\geq i$，所以 $[\![\chi(u)]\!]\approx 0$。因为 $[\![\varphi(u)]\!]\approx([\![\psi(u)]\!]\Rightarrow[\![\chi(u)]\!])\geqslant i$；所以根据 $[\![\chi(u)]\!]\approx 0$ 得 $[\![\psi(u)]\!]\approx 0$。根据归纳假设得 $([\![v=u]\!]\wedge^{\mathcal{A}}[\![\psi(v)]\!])\leqslant[\![\psi(u)]\!]$，因为 $[\![\psi(u)]\!]\approx 0$ 且 $[\![v=u]\!]\geq i$，所以 $[\![\psi(v)]\!]\approx 0$；这与 $[\![\psi(v)]\!]\geqslant i$ 矛盾，假设不成立。因此所证结论在情形 1.1 中成立。

情形 1. 2, $[\![\varphi(v)]\!] \approx i$ 。此时假设 ($[\![u=v]\!] \wedge^{\mathcal{A}} [\![\varphi(u)]\!]$) $\leqslant [\![\varphi(v)]\!]$不成立，则$[\![u=v]\!] \approx 1$ 且$[\![\varphi(u)]\!] \approx 1$。因为$[\![\varphi(v)]\!] \approx$ ($[\![\psi(v)]\!] \Rightarrow [\![\chi(v)]\!]$) $\approx i$，所以$[\![\psi(v)]\!] \geq i$ 且$[\![\chi(v)]\!] \approx i$ 。根据归纳假设得 ($[\![u=v]\!] \wedge^{\mathcal{A}} [\![\chi(u)]\!]$) $\leqslant [\![\chi(v)]\!]$，因为$[\![\chi(v)]\!] \approx i$ 且$[\![u=v]\!] \approx 1$，所以$[\![\chi(u)]\!] \leqslant i$ 。因为$[\![\varphi(u)]\!] \approx$ ($[\![\psi(u)]\!] \Rightarrow [\![\chi(u)]\!]$) ≈ 1；所以根据$[\![\chi(u)]\!] \leqslant i$ 得$[\![\psi(u)]\!] \approx 0$。根据归纳假设得 ($[\![v=u]\!] \wedge^{\mathcal{A}} [\![\psi(v)]\!]$) $\leqslant [\![\psi(u)]\!]$，因为$[\![\psi(u)]\!] \approx 0$ 且$[\![v=u]\!] \approx 1$，所以$[\![\psi(v)]\!] \approx 0$；这与$[\![\psi(v)]\!] \geq i$矛盾，假设不成立。因此所证结论在情形 1. 2 中成立。

情形 1. 3, $[\![\varphi(v)]\!] \approx 1$。此时所证结论显然成立。

综合以上三种情形，所证结论在情形 1 中所立。

情形 2, φ 形如 $\forall x\psi(x)$ 。分情形讨论：

情形 2. 1, $[\![\varphi(v)]\!] \approx 0$。此时假设 ($[\![u=v]\!] \wedge^{\mathcal{A}} [\![\varphi(u)]\!]$) $\leqslant [\![\varphi(v)]\!]$不成立，则$[\![u=v]\!] \geq i$ 且$[\![\varphi(u)]\!] \geq i$ 。因为$[\![\varphi(u)]\!] \approx$ ($\wedge^{\mathcal{A}}{}_{u\varepsilon V^{\mathcal{A}}} [\![\psi(u)]\!]$) $\geqslant i$，所以对所有 $u\varepsilon V^{\mathcal{A}}$ 都有$[\![\psi(u)]\!] \geq i$ 。根据归纳假设得 ($[\![u=v]\!] \wedge^{\mathcal{A}} [\![\psi(u)]\!]$) $\leqslant [\![\psi(v)]\!]$，因为$[\![u=v]\!] \geq i$ 且$[\![\psi(u)]\!] \geq i$，所以$[\![\psi(v)]\!] \geq i$ 。因为 v 是 $V^{\mathcal{A}}$ 中的任意元素，所以对所有 $v\varepsilon V^{\mathcal{A}}$ 都有$[\![\psi(v)]\!] \geq i$；进一步得 $\forall x\psi(x) \approx$ ($\wedge^{\mathcal{A}}{}_{v\varepsilon V^{\mathcal{A}}} [\![\psi(v)]\!]$) $\geqslant i$，即$[\![\varphi(v)]\!] \geq i$，与$[\![\varphi(v)]\!] \approx 0$矛盾，假设不成立。因此所证结论在情形 2. 1 中成立。

情形 2. 2, $[\![\varphi(v)]\!] \approx i$ 。此时假设 ($[\![u=v]\!] \wedge^{\mathcal{A}} [\![\varphi(u)]\!]$) $\leqslant [\![\varphi(v)]\!]$不成立，则$[\![u=v]\!] \approx 1$ 且$[\![\varphi(u)]\!] \approx 1$。因为$[\![\varphi(u)]\!] \approx$ ($\wedge^{\mathcal{A}}{}_{u\varepsilon V^{\mathcal{A}}} [\![\psi(u)]\!]$) ≈ 1，所以对所有 $u\varepsilon V^{\mathcal{A}}$ 都有$[\![\psi(u)]\!] \approx 1$。根据归纳假设得 ($[\![u=v]\!] \wedge^{\mathcal{A}} [\![\psi(u)]\!]$) $\leqslant [\![\psi(v)]\!]$，因为$[\![u=v]\!] \approx 1$ 且$[\![\psi(u)]\!] \approx 1$，所以$[\![\psi(v)]\!] \approx 1$。因为 v 是 $V^{\mathcal{A}}$ 中的任意元素，所以对所有 $v\varepsilon V^{\mathcal{A}}$ 都有$[\![\psi(v)]\!] \approx 1$；进一步得 $\forall x\psi(x) \approx$ ($\wedge^{\mathcal{A}}{}_{v\varepsilon V^{\mathcal{A}}} [\![\psi(v)]\!]$) ≈ 1，即$[\![\varphi(v)]\!] \approx 1$，与$[\![\varphi(v)]\!] \approx i$ 矛盾，假设不成立。因此所证结论在情形 2. 2 中成立。

情形 2. 3, $[\![\varphi(v)]\!] \approx 1$。此时所证结论显然成立。

综合以上三种情形，所证结论在情形 2 中所立。

因此所证结论成立，即如果 φ 是 $L(ZQST)(\mathcal{A})$ 中不包含弱否定 $\neg$ 的任意公式，那么对 $V^{\mathcal{A}}$ 的任意元素 u，v 有 $(\llbracket u=v\rrbracket\wedge^{\mathcal{A}}\llbracket\varphi(u)\rrbracket)\leqslant\llbracket\varphi(v)\rrbracket$。

命题5.11

令 φ 是 $L(ZQST)(\mathcal{A})$ 中的包含否定的任意公式，对 $V^{\mathcal{A}}$ 的任意元素 u，v，如果 $\llbracket u=v\rrbracket\not\approx i$，那么 $(\llbracket u=v\rrbracket\wedge^{\mathcal{A}}\llbracket\varphi(u)\rrbracket)\leqslant\llbracket\varphi(v)\rrbracket$。

证明：如果能证明 $\varphi\approx\neg\psi$ 时结论成立，那么根据命题5.10可知能够证明结论对任意包含否定 $\neg$ 的公式成立。因此这里只证明 $\varphi\approx\neg\psi$ 的情形。

当 φ 形如 $\neg\psi$ 时。施归纳于 φ 的结构，归纳假设：对于 ψ，如果 $\llbracket u=v\rrbracket\not\approx i$，那么 $(\llbracket u=v\rrbracket\wedge^{\mathcal{A}}\llbracket\psi(u)\rrbracket)\leqslant\llbracket\psi(v)\rrbracket$。分情形讨论。

情形1，$\llbracket\varphi(v)\rrbracket\approx 0$。假设 $\llbracket u=v\rrbracket\not\approx i$，且 $(\llbracket u=v\rrbracket\wedge^{\mathcal{A}}\llbracket\varphi(u)\rrbracket)\leqslant\llbracket\varphi(v)\rrbracket$ 不成立。因此 $\llbracket u=v\rrbracket\approx 1$ 且 $\llbracket\varphi(u)\rrbracket\geq i$。因为 $\llbracket\varphi(u)\rrbracket\approx\llbracket\neg\psi(u)\rrbracket\approx *\llbracket\psi(u)\rrbracket\geqslant i$，所以 $\llbracket\psi(u)\rrbracket\leq i$。根据归纳假设和命题5.4，由 $\llbracket v=u\rrbracket\approx 1$ 和 $\llbracket\psi(u)\rrbracket\leq i$ 得 $\llbracket\psi(v)\rrbracket\leq i$；进一步得 $\llbracket\varphi(v)\rrbracket\approx\llbracket\neg\psi(v)\rrbracket\approx *\llbracket\psi(v)\rrbracket\geqslant i$，与 $\llbracket\varphi(v)\rrbracket\approx 0$ 矛盾。因此假设不成立，即“$\llbracket u=v\rrbracket\not\approx i$，且 $(\llbracket u=v\rrbracket\wedge^{\mathcal{A}}\llbracket\varphi(u)\rrbracket)\leqslant\llbracket\varphi(v)\rrbracket$ 不成立”不成立；进一步得，如果 $\llbracket u=v\rrbracket\not\approx i$，那么 $(\llbracket u=v\rrbracket\wedge^{\mathcal{A}}\llbracket\varphi(u)\rrbracket)\leqslant\llbracket\varphi(v)\rrbracket$。所证结论在情形1中成立。

情形2，$\llbracket\varphi(v)\rrbracket\approx i$。假设 $\llbracket u=v\rrbracket\not\approx i$，且 $(\llbracket u=v\rrbracket\wedge^{\mathcal{A}}\llbracket\varphi(u)\rrbracket)\leqslant\llbracket\varphi(v)\rrbracket$ 不成立。因此 $\llbracket u=v\rrbracket\approx 1$ 且 $\llbracket\varphi(u)\rrbracket\approx 1$。因为 $\llbracket\varphi(u)\rrbracket\approx\llbracket\neg\psi(u)\rrbracket\approx *\llbracket\psi(u)\rrbracket\approx 1$，所以 $\llbracket\psi(u)\rrbracket\approx 0$。根据归纳假设，由 $\llbracket u=v\rrbracket\approx 1$ 和 $\llbracket\psi(u)\rrbracket\approx 0$ 得 $\llbracket\psi(v)\rrbracket\approx 0$；进一步得 $\llbracket\varphi(v)\rrbracket\approx\llbracket\neg\psi(v)\rrbracket\approx *\llbracket\psi(v)\rrbracket\approx 1$，与 $\llbracket\varphi(v)\rrbracket\approx i$ 矛盾。因此假设不成立，即“$\llbracket u=v\rrbracket\not\approx i$，且 $(\llbracket u=v\rrbracket\wedge^{\mathcal{A}}\llbracket\varphi(u)\rrbracket)\leqslant\llbracket\varphi(v)\rrbracket$ 不成立”不成立；进一步得，如果 $\llbracket u=v\rrbracket\not\approx i$，那么 $(\llbracket u=v\rrbracket\wedge^{\mathcal{A}}\llbracket\varphi(u)\rrbracket)\leqslant\llbracket\varphi(v)\rrbracket$。所证结论在情形2中成立。

情形3，$\llbracket\varphi(v)\rrbracket\approx 1$。此时所证结论显然是成立的。

综合以上三种情形得所证结论成立，即如果$[\![u=v]\!]\not\approx i$，那么$([\![u=v]\!]\wedge^{\mathcal{A}}[\![\varphi(u)]\!])\leqslant[\![\varphi(v)]\!]$。

说明5.12

在命题5.11中强调$[\![u=v]\!]\not\approx i$的原因是：当φ形如$\neg\psi$时，如果$[\![u=v]\!]\approx i$，且$[\![\psi(u)]\!]\approx i$，且$[\![\psi(v)]\!]\approx 1$，那么$([\![u=v]\!]\wedge^{\mathcal{A}}[\![\psi(u)]\!])\leqslant[\![\psi(v)]\!]$成立且$([\![v=u]\!]\wedge^{\mathcal{A}}[\![\psi(v)]\!])\leqslant[\![\psi(u)]\!]$成立；这满足归纳假设。但是$[\![\varphi(u)]\!]\approx i$且$[\![\varphi(v)]\!]\approx 0$；此时$([\![u=v]\!]\wedge^{\mathcal{A}}[\![\varphi(u)]\!])\approx i$且$[\![\varphi(v)]\!]\approx 0$，可得$([\![u=v]\!]\wedge^{\mathcal{A}}[\![\varphi(u)]\!])\leqslant[\![\varphi(v)]\!]$不成立。

命题5.13

令u是$V^{\mathcal{A}}$的任意元素。求证：$[\![u=u]\!]\approx i$，当且仅当，存在$x_0\varepsilon dom(u)$使得$(u(x_0)\wedge^{\mathcal{A}}[\![x_0=x_0]\!])\approx i$。

证明：从左到右方向：假设$[\![u=u]\!]\approx i$。因为$[\![u=u]\!]$

$\approx([\wedge^{\mathcal{A}}{}_{x\varepsilon dom(u)}(u(x)\Rightarrow[\![x\in u]\!])]\wedge^{\mathcal{A}}[\wedge^{\mathcal{A}}{}_{x\in dom(u)}(u(x)\Rightarrow[\![x\in u]\!])])$

$\approx[\wedge^{\mathcal{A}}{}_{x\in dom(u)}(u(x)\Rightarrow[\![x\in u]\!])]\approx i$，

所以存在$x_0\varepsilon dom(u)$使得$(u(x_0)\Rightarrow[\![x_0\in u]\!])\approx i$；进一步得$u(x_0)\geqslant i$且$[\![x_0\in u]\!]\approx i$。因为$[\![x_0\in u]\!]\approx\vee^{\mathcal{A}}{}_{x\varepsilon dom(u)}(u(x)\wedge^{\mathcal{A}}[\![x=x_0]\!])\geqslant(u(x_0)\wedge^{\mathcal{A}}[\![x_0=x_0]\!])$，所以根据$u(x_0)\geqslant i$和$[\![x_0=x_0]\!]\geqslant i$得$(u(x_0)\wedge^{\mathcal{A}}[\![x_0=x_0]\!])\approx i$。

从右到左方向：

假设存在$x_0\varepsilon dom(u)$使得$(u(x_0)\wedge^{\mathcal{A}}[\![x_0=x_0]\!])\approx i$，且$[\![u=u]\!]\approx 1$。因为$[\![u=u]\!]\approx([\wedge^{\mathcal{A}}{}_{x\varepsilon dom(u)}(u(x)\Rightarrow[\![x\in u]\!])]\wedge^{\mathcal{A}}[\wedge^{\mathcal{A}}{}_{x\in dom(u)}(u(x)\Rightarrow[\![x\in u]\!])])$

$\approx[\wedge^{\mathcal{A}}{}_{x\in dom(u)}(u(x)\Rightarrow[\![x\in u]\!])]\approx 1$，

所以对所有$x\varepsilon dom(u)$都有$(u(x)\Rightarrow[\![x\in u]\!])\approx 1$。与“存在$x_0\varepsilon dom(u)$使得$(u(x_0)\wedge^{\mathcal{A}}[\![x_0=x_0]\!])\approx i$”矛盾；因此假设不成立。因此如果存在$x_0\varepsilon dom(u)$使得$(u(x_0)\wedge^{\mathcal{A}}[\![x_0=x_0]\!])\approx i$，那么$[\![u=u]\!]\not\approx 1$；又因为$[\![u=u]\!]\geq i$，所以$[\![u=u]\!]\approx i$。

命题5.14

令 u 是 $V^{\mathcal{A}}$ 的任意元素。求证：$[\![u \in u]\!] \approx 0$。

证明：使用广义归纳法证明。归纳假设对任意 $x\varepsilon dom(u)$ 都有 $[\![x \in x]\!] \approx 0$。下面证明 $[\![u \in u]\!] \approx 0$。

如果 $[\![u \in u]\!] \geq i$，那么 $[\![u \in u]\!] \approx \bigvee^{\mathcal{A}}_{x\varepsilon dom(u)}(u(x) \wedge^{\mathcal{A}} [\![x = u]\!]) \geqslant i$；进一步得，存在 $x_0\varepsilon dom(u)$ 使得 $(u(x_0) \wedge^{\mathcal{A}} [\![x_0 = u]\!]) \geqslant i$；进一步得 $u(x_0) \geq i$ 且 $[\![x_0 = u]\!] \geq i$。根据归纳假设得 $[\![x_0 \in x_0]\!] \approx 0$。根据命题5.7得 $([\![x_0 = u]\!] \wedge^{\mathcal{A}} [\![u \in x_0]\!]) \leqslant [\![x_0 \in x_0]\!]$；因为 $[\![x_0 = u]\!] \geq i$ 且 $[\![x_0 \in x_0]\!] \approx 0$，所以 $[\![u \in x_0]\!] \approx 0$。根据命题5.8得 $([\![x_0 = u]\!] \wedge^{\mathcal{A}} [\![u \in u]\!]) \leqslant [\![u \in x_0]\!]$；因为 $[\![u \in x_0]\!] \approx 0$ 且 $[\![x_0 = u]\!] \geq i$，所以 $[\![u \in u]\!] \approx 0$；与 $[\![u \in u]\!] \geq i$ 矛盾。因此"$[\![u \in u]\!] \geq i$"不成立，即 $[\![u \in u]\!] \approx 0$。

综上所述所证结论成立，即对 $V^{\mathcal{A}}$ 的任意元素 u 都有 $[\![u \in u]\!] \approx 0$。

命题5.15

下面给出一些常用的结果：

(1) $[\![\forall u\varphi(u)]\!] \approx 0$，当且仅当，存在 $x_0\varepsilon V^{\mathcal{A}}$ 使得 $[\![\varphi(x_0)]\!] \approx 0$；

(2) $[\![\forall u\varphi(u)]\!] \approx 1$，当且仅当，对所有 $x\varepsilon V^{\mathcal{A}}$ 都有 $[\![\varphi(x)]\!] \approx 1$；

(3) 如果 $[\![\forall u\varphi(u)]\!] \approx i$，那么存在 $x_0\varepsilon V^{\mathcal{A}}$ 使得 $[\![\varphi(x_0)]\!] \geq i$；

(4) $[\![\exists u\varphi(u)]\!] \approx 0$，当且仅当，对所有 $x\varepsilon V^{\mathcal{A}}$ 都有 $[\![\varphi(x)]\!] \approx 0$；

(5) $[\![\exists u\varphi(u)]\!] \approx 1$，当且仅当，存在 $x_0\varepsilon V^{\mathcal{A}}$ 使得 $[\![\varphi(x_0)]\!] \geq i$；

(6) $[\![v \in u]\!] \approx 1$，当且仅当，存在 $x_0\varepsilon dom(u)$ 使得 $(u(x_0) \wedge^{\mathcal{A}} [\![x_0 = v]\!]) \approx 1$；

(7) 如果 $[\![v \in u]\!] \approx i$，那么存在 $x_0\varepsilon dom(u)$ 使得 $(u(x_0) \wedge^{\mathcal{A}} [\![x_0 = v]\!]) \approx i$；

(8) $[\![v \in u]\!] \approx 0$，当且仅当，对所有 $x\varepsilon dom(u)$ 都有 $(u(x) \wedge^{\mathcal{A}} [\![x = v]\!]) \approx 0$；

(9) $[\![v = u]\!] \approx 1$，当且仅当，对所有 $x\varepsilon dom(u)$ 都有 $(u(x) \Rightarrow [\![x \in v]\!]) \approx 1$ 并且对所有 $y\varepsilon dom(v)$ 都有 $(v(y) \Rightarrow [\![y \in u]\!]) \approx 1$；

(10) 如果 $[\![v = u]\!] \approx i$，那么存在 $x_0\varepsilon dom(u)$ 使得 $(u(x_0) \Rightarrow [\![x_0 \in$

v ⟧) $\approx i$ 或者存在 $y_0 \varepsilon dom$ (v) 使得 ($v(y_0) \Rightarrow$ ⟦$y_0 \in u$⟧) $\approx i$；

(11) ⟦$v = u$⟧ ≈ 0，当且仅当，存在 $x_0 \varepsilon dom$ (u) 使得 ($u(x_0) \Rightarrow$ ⟦$x_0 \in v$⟧) ≈ 0 或者存在 $y_0 \varepsilon dom$ (v) 使得 ($v(y_0) \Rightarrow$ ⟦$y_0 \in u$⟧) ≈ 0。

根据赋值函数的定义和量词的解释很容易得出这些结果，证明省略。

命题 5.16

令 u 是 $V^{\mathcal{A}}$ 的任意元素。对所有 $x \varepsilon dom$ (u) 都有如果 $u(x) \geqslant i$，那么⟦$x \in u$⟧ $\geqslant i$。

证明：假设 $u(x) \geqslant i$。⟦$x \in u$⟧ $\approx \bigvee^{\mathcal{A}}_{y \varepsilon dom(u)} (u(y) \wedge^{\mathcal{A}}$ ⟦$y = x$⟧$) \geqslant (u(x) \wedge^{\mathcal{A}}$ ⟦$x = x$⟧)，根据命题 5.3 得⟦$x = x$⟧ $\geq i$，又因为 $u(x) \geqslant i$，所以⟦$x \in u$⟧ $\geqslant i$。

七　定义模型 $V^{\mathcal{A}}$ 有效性

首先给出 A 的一个滤子 D 作为真值的指定集。如果 A 的一个子集 D 满足以下条件：① $1 \varepsilon D$；② 并非 $0 \varepsilon D$；③ 如果 x，$y \varepsilon D$，那么 $(x \wedge^{\mathcal{A}} y) \varepsilon D$；④如果 $x \varepsilon D$ 且 $x \leqslant y$，那么 $y \varepsilon D$，那么 D 是 A 的一个滤子。这里给定 $D \approx \{i, 1\}$，即 $\{i, 1\}$ 是真值的指定集。

这里选用 $\{i, 1\}$ 作为真值的指定集的原因是我们期望蕴涵联结词 $\supset$ 是一个经典的蕴涵联结词，即实质蕴涵。蕴涵联结词 $\supset$ 在模型 $V^{\mathcal{A}}$ 的解释为 $\Rightarrow$，见表 5.18。

表 5.18　　$\Rightarrow$ 的运算规则

$\Rightarrow$	1	i	0
1	1	i	0
i	1	i	0
0	1	1	1

从这个表格可以看出只有将 $\{i, 1\}$ 作为真值的指定集，才能满足

$\supset$ 是一个实质蕴涵，即假命题蕴涵任意命题，并且真命题被任意命题蕴涵。

然后定义公式的模型有效性。前文第一节第四小节中已经给出了指派的定义，这里不再赘述。给定 $L(ZQST)$ 的任意公式 φ，如果在任意指派下都有 $[\![\varphi]\!]\varepsilon D$，那么称公式 φ 是模型 $V^{\mathcal{A}}$ 有效的。还可以采用另外一种方式定义公式的模型有效性，前文中将 $L(ZQST)$ 扩张为 $L(ZQST)(\mathcal{A})$；$L(ZQST)$ 的任意公式 φ 在 $L(ZQST)(\mathcal{A})$ 都对应着一个公式 φ'，φ' 是将 φ 中的自由变元替换为模型中对象的名字得到的，这样的 φ' 被称为 φ 的一个实例。φ 显然不只有一个实例。公式 φ 是模型 $V^{\mathcal{A}}$ 有效的，当且仅当，对它的所有实例 φ' 都有 $[\![\varphi']\!]\varepsilon D$。如果一个公式集 Γ 中的所有公式都是模型 $V^{\mathcal{A}}$ 有效的，那么称 $V^{\mathcal{A}}$ 是 Γ 的模型。

证明 $V^{\mathcal{A}}$ 是 $ZQST$ 的模型只需要证明 $ZQST$ 的公理都是模型 $V^{\mathcal{A}}$ 有效的，并且推理规则传递有效性。

八　公理的模型有效性

命题 5.17

（Ax1）是模型 $V^{\mathcal{A}}$ 有效的。

证明：假设 $[\![(Ax1)]\!]\approx 0$，即 $[\![\varphi\supset\psi\supset\varphi]\!]\approx 0$。因此 $[\![\varphi]\!]\geqslant i$ 且 $[\![\psi\supset\varphi]\!]\approx 0$。由 $[\![\psi\supset\varphi]\!]\approx 0$ 得 $[\![\psi]\!]\geqslant i$ 且 $[\![\varphi]\!]\approx 0$；与 $[\![\varphi]\!]\geqslant i$ 矛盾，假设不成立。因此 $[\![(Ax1)]\!]\geq i$；进一步得 $[\![(Ax1)]\!]\varepsilon D$，（Ax1）是模型 $V^{\mathcal{A}}$ 有效的。

命题 5.18

（Ax2）是模型 $V^{\mathcal{A}}$ 有效的。

证明：假设 $[\![(Ax2)]\!]\approx 0$，即 $[\![(\varphi\supset\psi)\supset(\varphi\supset\psi\supset\chi)\supset(\varphi\supset\chi)]\!]\approx 0$。因此 $[\![(\varphi\supset\psi)]\!]\geqslant i$ 且 $[\![(\varphi\supset\psi\supset\chi)\supset(\varphi\supset\chi)]\!]\approx 0$。由 $[\![(\varphi\supset\psi\supset\chi)\supset(\varphi\supset\chi)]\!]\approx 0$ 得 $[\![(\varphi\supset\psi\supset\chi)]\!]\geq i$ 且 $[\![(\varphi\supset\chi)]\!]\approx 0$。由 $[\![(\varphi\supset\chi)]\!]\approx 0$ 得 $[\![\varphi]\!]\geq i$ 且 $[\![\chi]\!]\approx 0$。由 $[\![\varphi]\!]\geq i$ 和 $[\![(\varphi\supset\psi\supset\chi)]\!]\geq i$ 得 $[\![(\psi\supset\chi)]\!]\geq i$。由 $[\![(\psi\supset\chi)]\!]\geq i$ 和 $[\![\chi]\!]\approx 0$ 得 $[\![\psi]\!]\approx 0$。由 $[\![\psi]\!]\approx 0$ 和 $[\![\varphi]\!]\geq i$

得$[\![(\varphi \supset \psi)]\!] \approx 0$，与$[\![(\varphi \supset \psi)]\!] \geq i$矛盾，假设不成立。因此$[\![(Ax2)]\!] \geq i$；进一步得$[\![(Ax2)]\!] \varepsilon D$，（Ax2）是模型$V^{\mathcal{A}}$有效的。

命题 5.19

（Ax3）是模型$V^{\mathcal{A}}$有效的。

证明：假设$[\![(Ax3)]\!] \approx 0$，即$[\![\sim\sim\varphi \supset \varphi]\!] \approx 0$。因此$[\![\sim\sim\varphi]\!] \geqslant i$且$[\![\varphi]\!] \approx 0$。由$[\![\varphi]\!] \approx 0$得$[\![\sim\varphi]\!] \approx 1$，再得$[\![\sim\sim\varphi]\!] \approx 0$，与$[\![\sim\sim\varphi]\!] \geq i$矛盾，假设不成立。因此$[\![(Ax3)]\!] \geq i$，即$[\![(Ax3)]\!] \varepsilon D$，（Ax3）是模型$V^{\mathcal{A}}$有效的。

命题 5.20

（Ax4）是模型$V^{\mathcal{A}}$有效的。

证明：假设$[\![(Ax4)]\!] \approx 0$，即$[\![\sim\varphi \supset \neg\varphi]\!] \approx 0$。因此$[\![\sim\varphi]\!] \geq i$且$[\![\neg\varphi]\!] \approx 0$。根据 ~ 的真值表得$[\![\sim\varphi]\!]$只能是0或1；由$[\![\sim\varphi]\!] \geq i$得$[\![\sim\varphi]\!] \approx 1$；进一步得$[\![\varphi]\!] \approx 0$；进一步得$[\![\neg\varphi]\!] \approx 1$；与$[\![\neg\varphi]\!] \approx 0$矛盾，假设不成立。因此$[\![(Ax4)]\!] \geq i$，即$[\![(Ax4)]\!] \varepsilon D$，（Ax4）是模型$V^{\mathcal{A}}$有效的。

命题 5.21

（Ax5）是模型$V^{\mathcal{A}}$有效的。

证明：假设$[\![(Ax5)]\!] \approx 0$，即$[\![\neg\neg\varphi \equiv \varphi]\!] \approx 0$。因此：①$[\![\neg\neg\varphi]\!] \geq i$且$[\![\varphi]\!] \approx 0$；或者②$[\![\neg\neg\varphi]\!] \approx 0$且$[\![\varphi]\!] \geq i$。分情形讨论。

情形1，$[\![\neg\neg\varphi]\!] \geq i$且$[\![\varphi]\!] \approx 0$。由$[\![\varphi]\!] \approx 0$得$[\![\neg\varphi]\!] \approx 1$；再由$[\![\neg\varphi]\!] \approx 1$得$[\![\neg\neg\varphi]\!] \approx 0$；与$[\![\neg\neg\varphi]\!] \geq i$矛盾，假设在情形1中不成立。

情形2，$[\![\neg\neg\varphi]\!] \approx 0$且$[\![\varphi]\!] \geq i$。由$[\![\neg\neg\varphi]\!] \approx 0$得$[\![\neg\varphi]\!] \approx 1$；再由$[\![\neg\varphi]\!] \approx 1$得$[\![\varphi]\!] \approx 0$；与$[\![\varphi]\!] \geq i$矛盾，假设在情形2中不成立。

综合以上两种情形，假设不成立。因此$[\![(Ax5)]\!] \geq i$，即$[\![(Ax5)]\!] \varepsilon D$，（Ax5）是模型$V^{\mathcal{A}}$有效的。

命题 5.22

（Ax6）是模型$V^{\mathcal{A}}$有效的。

证明：假设$[\![(Ax6)]\!]\approx 0$，即$[\![{}^\circ\varphi\supset\neg\varphi\supset\sim\varphi]\!]\approx 0$。因此$[\![{}^\circ\varphi]\!]\geqslant i$且$[\![\neg\varphi\supset\sim\varphi]\!]\approx 0$。由$[\![\neg\varphi\supset\sim\varphi]\!]\approx 0$得$[\![\neg\varphi]\!]\geq i$且$[\![\sim\varphi]\!]\approx 0$；进一步得$[\![\varphi]\!]\approx i$；进一步得$[\![{}^\circ\varphi]\!]\approx 0$；与$[\![{}^\circ\varphi]\!]\geq i$矛盾，假设不成立。因此$[\![(Ax6)]\!]\geq i$，即$[\![(Ax6)]\!]\varepsilon D$，（Ax6）是模型$V^{\mathcal{A}}$有效的。

命题5.23

（Ax7）是模型$V^{\mathcal{A}}$有效的。

证明：假设$[\![(Ax7)]\!]\approx 0$，即$[\![({}^\circ\varphi\wedge{}^\circ\psi)\supset{}^\circ(\varphi\wedge\psi)]\!]\approx 0$。因此$[\![({}^\circ\varphi\wedge{}^\circ\psi)]\!]\geqslant i$且$[\![{}^\circ(\varphi\wedge\psi)]\!]\approx 0$。因为$[\![({}^\circ\varphi\wedge{}^\circ\psi)]\!]\geqslant i$，并且联结词$^\circ$的真值表中只有0和1，所以$[\![({}^\circ\varphi\wedge{}^\circ\psi)]\!]\approx 1$；进一步得$[\![{}^\circ\varphi]\!]\approx 1$且$[\![{}^\circ\psi]\!]\approx 1$。由$[\![{}^\circ(\varphi\wedge\psi)]\!]\approx 0$得$[\![\varphi\wedge\psi]\!]\approx i$；进一步得$[\![\varphi]\!]\approx i$或者$[\![\psi]\!]\approx i$；进一步得$[\![{}^\circ\varphi]\!]\approx 0$或者$[\![{}^\circ\psi]\!]\approx 0$；这与"$[\![{}^\circ\varphi]\!]\approx 1$且$[\![{}^\circ\psi]\!]\approx 1$"矛盾，假设不成立。因此$[\![(Ax7)]\!]\geq i$，即$[\![(Ax7)]\!]\varepsilon D$，（Ax7）是模型$V^{\mathcal{A}}$有效的。

命题5.24

（Ax8）是模型$V^{\mathcal{A}}$有效的。

证明：假设$[\![(Ax8)]\!]\approx 0$，即$[\![\forall x\varphi\supset\varphi(x/t)]\!]\approx 0$。因此$[\![\forall x\varphi]\!]\geqslant i$且$[\![\varphi(x/t)]\!]\approx 0$。因为$[\![\forall x\varphi]\!]\approx(\wedge^{\mathcal{A}}_{u\varepsilon V^{\mathcal{A}}}[\![\varphi(u)]\!])\geqslant i$，所以对所有$u\varepsilon V^{\mathcal{A}}$都有$[\![\varphi(u)]\!]\geqslant i$。由$[\![\varphi(x/t)]\!]\approx 0$得，存在$u_0\varepsilon V^{\mathcal{A}}$使得$[\![\varphi(u_0)]\!]\approx 0$；这与"对所有$u\varepsilon V^{\mathcal{A}}$都有$[\![\varphi(u)]\!]\geqslant i$"矛盾，假设不成立。因此$[\![(Ax8)]\!]\geq i$，即$[\![(Ax8)]\!]\varepsilon D$，（Ax8）是模型$V^{\mathcal{A}}$有效的。

命题5.25

（Ax9）是模型$V^{\mathcal{A}}$有效的。

证明：假设$[\![(Ax9)]\!]\approx 0$，即$[\![\forall x{}^\circ\varphi\supset{}^\circ(\forall x\varphi)]\!]\approx 0$。因此$[\![\forall x{}^\circ\varphi]\!]\geqslant i$且$[\![{}^\circ(\forall x\varphi)]\!]\approx 0$。由$[\![\forall x{}^\circ\varphi]\!]\geqslant i$得，对所有$u\varepsilon V^{\mathcal{A}}$都有$[\![{}^\circ\varphi(u)]\!]\geqslant i$；再根据$^\circ$的真值表得，对所有$u\varepsilon V^{\mathcal{A}}$都有$[\![{}^\circ\varphi(u)]\!]\approx 1$。由$[\![{}^\circ(\forall x\varphi)]\!]\approx 0$得$[\![\forall x\varphi]\!]\approx i$；进一步得，存在$u_0\varepsilon V^{\mathcal{A}}$使得$[\![\varphi(u_0)]\!]\approx i$；进一步得$[\![{}^\circ\varphi(u_0)]\!]\approx 0$；这与"对所有$u\varepsilon V^{\mathcal{A}}$都有$[\![{}^\circ\varphi(u)]\!]\approx 1$"矛盾，假设不成立。因此$[\![(Ax9)]\!]\geq i$，即$[\![(Ax9)]\!]\varepsilon D$，（Ax9）是模型

$V^{\mathcal{A}}$ 有效的。

命题 5.26

（Ax10）是模型 $V^{\mathcal{A}}$ 有效的。

证明（Ax10）是模型 $V^{\mathcal{A}}$ 有效的就是证明：如果 φ' 是 φ 的变式，那么 $[\![\varphi \equiv \varphi']\!] \varepsilon D$ 。根据变式的定义可知通过以下两种情形获得 φ' ：①以 $\forall y[\psi(x/y)]$ 替换 φ 的一个部分 $\forall x\psi$ ，其中 y 不在 ψ 中自由出现；②以 ψ 替换 φ 的一个部分 $\forall x\psi$ ，其中 x 不在 ψ 中自由出现。

第一步，证明 $[\![\forall y[\psi(x/y)]]\!] \approx [\![\forall x\psi]\!]$，其中 y 不在 ψ 中自由出现。因为 y 不在 ψ 中自由出现，所以 $[\![\forall y[\psi(x/y)]]\!] \approx (\wedge^{\mathcal{A}}{}_{u\varepsilon V^{\mathcal{A}}}[\![\psi(u)]\!])$，并且 $[\![\forall x\psi]\!] \approx (\wedge^{\mathcal{A}}{}_{u\varepsilon V^{\mathcal{A}}}[\![\psi(u)]\!])$，所以 $[\![\forall y[\psi(x/y)]]\!] \approx [\![\forall x\psi]\!]$。

第二步，证明 $[\![\forall x\psi]\!] \approx [\![\psi]\!]$，其中 x 不在 ψ 中自由出现。$[\![\forall x\psi]\!] \approx (\wedge^{\mathcal{A}}{}_{u\varepsilon V^{\mathcal{A}}}[\![\psi(u)]\!])$，因为 x 不在 ψ 中自由出现，所以 $[\![\psi(u)]\!] \approx [\![\psi]\!]$；进一步得 $[\![\forall x\psi]\!] \approx [\![\psi]\!]$。

第三步，证明：如果 $[\![\varphi]\!] \approx [\![\varphi']\!]$，那么 $[\![\neg\varphi]\!] \approx [\![\neg\varphi']\!]$，并且 $[\![\varphi \supset \chi]\!] \approx [\![\varphi' \supset \chi]\!]$，并且 $[\![\chi \supset \varphi]\!] \approx [\![\chi \supset \varphi']\!]$，并且 $[\![\forall x\varphi]\!] \approx [\![\forall x\varphi']\!]$。假设 $[\![\varphi]\!] \approx [\![\varphi']\!]$，接下来逐个证明：

（1）证明 $[\![\neg\varphi]\!] \approx [\![\neg\varphi']\!]$。$[\![\neg\varphi]\!] \approx *[\![\varphi]\!] \approx *[\![\varphi']\!] \approx [\![\neg\varphi']\!]$；

（2）证明 $[\![\varphi \supset \chi]\!] \approx [\![\varphi' \supset \chi]\!]$。$[\![\varphi \supset \chi]\!] \approx ([\![\varphi]\!] \Rightarrow [\![\chi]\!]) \approx ([\![\varphi']\!] \Rightarrow [\![\chi]\!]) \approx [\![\varphi' \supset \chi]\!]$；

（3）证明 $[\![\chi \supset \varphi]\!] \approx [\![\chi \supset \varphi']\!]$。$[\![\chi \supset \varphi]\!] \approx ([\![\chi]\!] \Rightarrow [\![\varphi]\!]) \approx ([\![\chi]\!] \Rightarrow [\![\varphi']\!]) \approx [\![\chi \supset \varphi']\!]$；

（4）证明 $[\![\forall x\varphi]\!] \approx [\![\forall x\varphi']\!]$。$[\![\forall x\varphi]\!] \approx (\wedge^{\mathcal{A}}{}_{u\varepsilon V^{\mathcal{A}}}[\![\varphi(u)]\!]) \approx (\wedge^{\mathcal{A}}{}_{u\varepsilon V^{\mathcal{A}}}[\![\varphi'(u)]\!]) \approx [\![\forall x\varphi']\!]$。

综合这四个结果得第三步所证结论成立。

通过这三步可以得出结论：如果 φ' 是 φ 的变式，那么 $[\![\varphi]\!] \approx [\![\varphi']\!]$；再根据 $\equiv$ 的真值表得 $[\![\varphi \equiv \varphi']\!] \approx 1\varepsilon D$ 。因此（Ax10）是模型 $V^{\mathcal{A}}$ 有效的。

命题 5.27

（Ax11）是模型 $V^{\mathcal{A}}$ 有效的。

证明（Ax11）是模型 $V^{\mathcal{A}}$ 有效的就是证明：对任意 $x\varepsilon V^{\mathcal{A}}$ 都有 $[\![x=x]\!]\varepsilon D$。根据命题 5.3 可知对 $V^{\mathcal{A}}$ 的任意元素 u 都有 $[\![u=u]\!]\geqslant i$；因此对任意 $x\varepsilon V^{\mathcal{A}}$ 都有 $[\![x=x]\!]\varepsilon D$ 成立。因此（Ax11）是模型 $V^{\mathcal{A}}$ 有效的。

命题 5.28

（Ax12）是（部分地）模型 $V^{\mathcal{A}}$ 有效的。

首先证明：如果（Ax12）中的 φ 不包含弱否定 ¬，那么（Ax12）是模型 $V^{\mathcal{A}}$ 有效的。

假设（Ax12）中的 φ 不包含弱否定 ¬，并且 $[\![(Ax12)]\!]\approx 0$，即 $[\![(y=z)\supset[\varphi(x/y)\equiv\varphi(x/z)]]\!]\approx 0$。因此 $[\![(y=z)]\!]\geqslant i$ 且 $[\![\varphi(x/y)\equiv\varphi(x/z)]\!]\approx 0$。由 $[\![\varphi(x/y)\equiv\varphi(x/z)]\!]\approx 0$ 得：① $[\![\varphi(x/y)]\!]\geqslant i$ 且 $[\![\varphi(x/z)]\!]\approx 0$；或者② $[\![\varphi(x/y)]\!]\approx 0$ 且 $[\![\varphi(x/z)]\!]\geqslant i$。分情形讨论。

情形 1，$[\![\varphi(x/y)]\!]\geqslant i$ 且 $[\![\varphi(x/z)]\!]\approx 0$。因为 φ 不包含弱否定 ¬，所以根据命题 5.10 得 $([\![(y=z)]\!]\wedge^{\mathcal{A}}[\![\varphi(x/y)]\!])\leqslant[\![\varphi(x/z)]\!]$；又因为 $[\![(y=z)]\!]\geqslant i$ 且 $[\![\varphi(x/y)]\!]\geqslant i$，所以 $[\![\varphi(x/z)]\!]\geqslant i$，与 $[\![\varphi(x/z)]\!]\approx 0$ 矛盾。因此假设在情形 1 中不成立。

情形 2，$[\![\varphi(x/y)]\!]\approx 0$ 且 $[\![\varphi(x/z)]\!]\geqslant i$。讨论类似于情形 1，可得假设在情形 2 中不成立。

综合这两种情形可知假设不成立。因此如果 φ 不包含弱否定 ¬，那么 $[\![(y=z)\supset[\varphi(x/y)\equiv\varphi(x/z)]]\!]\geqslant i$，即 $[\![(y=z)\supset[\varphi(x/y)\equiv\varphi(x/z)]]\!]\varepsilon D$。因此如果（Ax12）中的 φ 不包含弱否定 ¬，那么（Ax12）是模型 $V^{\mathcal{A}}$ 有效的。

下面讨论 φ 是否定式的情形。

令 φ 形如 ¬ ψ。可以证明：如果 $[\![(y=z)]\!]\neq i$，那么（Ax12）是模型 $V^{\mathcal{A}}$ 有效的。证明如下：

假设 $[\![(y=z)\supset[\varphi(x/y)\equiv\varphi(x/z)]]\!]\approx 0$，则 $[\![(y=z)]\!]\approx 1$ 且 $[\![\varphi(x/y)\equiv\varphi(x/z)]\!]\approx 0$。由 $[\![\varphi(x/y)\equiv\varphi(x/z)]\!]\approx 0$ 得：① $[\![\varphi(x/y)]\!]\geq$

i 且$[\![\varphi(x/z)]\!]\approx 0$；或者②$[\![\varphi(x/y)]\!]\approx 0$ 且$[\![\varphi(x/z)]\!]\geq i$。在①中由命题5.11 和$[\![\varphi(x/y)]\!]\geq i$得$[\![\varphi(x/z)]\!]\geq i$，这与$[\![\varphi(x/z)]\!]\approx 0$矛盾。在②中由命题5.11 和$[\![\varphi(x/z)]\!]\geq i$得$[\![\varphi(x/y)]\!]\geq i$，这与$[\![\varphi(x/y)]\!]\approx 0$矛盾。因此假设不成立，可得$[\![(y=z)\supset[\varphi(x/y)\equiv\varphi(x/z)]]\!]\geq i$；进一步得$[\![(y=z)\supset[\varphi(x/y)\equiv\varphi(x/z)]]\!]\varepsilon D$。

因此当（Ax12）包含的φ是否定式时：如果$[\![y=z]\!]\neq i$，那么（Ax12）是模型$V^{\mathcal{A}}$有效的。

基于以上结果，称（Ax12）是（部分地）模型$V^{\mathcal{A}}$有效的。

当$[\![y=z]\!]\approx i$并且φ是否定式时（Ax12）不是模型$V^{\mathcal{A}}$有效的原因请参见第三节第六小节中的说明5.12。

说明5.29

命题5.28 所遇的困难说明模型$V^{\mathcal{A}}$对“=”的解释不同于第一节第三小节和第一节第四小节中对“=”的解释。不过从使用模型来证明$ZQST$的非平凡性这个角度看，“要求$[\![y=z]\!]$不等于i”不会产生破坏性影响。

一个无用但有趣的现象是，如果将（Ax12）修改为$[(y=z)\wedge{}^{\circ}(y=z)]\supset[\varphi(x/y)\equiv\varphi(x/z)]$，则它是模型$V^{\mathcal{A}}$有效的。

命题5.30

（Ax13）是模型$V^{\mathcal{A}}$有效的。

证明：假设$[\![(Ax13)]\!]\approx 0$，即$[\![\exists x\forall y(\sim y\in x)]\!]\approx 0$。根据命题5.15 可知对于所有$u\varepsilon V^{\mathcal{A}}$都有$[\![\forall y(\sim y\in u)]\!]\approx 0$；再根据命题5.15 可知存在$v_0\varepsilon V^{\mathcal{A}}$使得$[\![\sim v_0\in u]\!]\approx 0$；进一步得$[\![v_0\in u]\!]\geqslant i$。$[\![v_0\in u]\!]\geqslant i$的意思是对任意$u\varepsilon V^{\mathcal{A}}$都存在$v_0\varepsilon V^{\mathcal{A}}$使得$[\![v_0\in u]\!]\geqslant i$。因为空集$\emptyset$是$V^{\mathcal{A}}$的元素，所以令$u$为空集$\emptyset$，此时不存在$v_0\varepsilon V^{\mathcal{A}}$使得$[\![v_0\in u]\!]\geqslant i$，矛盾。因此假设不成立；进一步得$[\![\exists x\forall y(\sim y\in x)]\!]\geq i$，即$[\![\exists x\forall y(\sim y\in x)]\!]\varepsilon D$，（Ax13）是模型$V^{\mathcal{A}}$有效的。

命题5.31

（Ax14）是模型$V^{\mathcal{A}}$有效的。

证明：假设$[\![(Ax14)]\!]\approx 0$，即$[\![\forall x\forall y[\forall z(z\in x\equiv z\in y)\supset(x=y)]]\!]\approx 0$。此时根据命题5.15得，存在$u_0\varepsilon V^{\mathcal{A}}$使得$[\![\forall y[\forall z(z\in u_0\equiv z\in y)\supset(u_0=y)]]\!]\approx 0$；再根据命题5.15得，存在$v_0\varepsilon V^{\mathcal{A}}$使得$[\![\forall z(z\in u_0\equiv z\in v_0)\supset(u_0=v_0)]\!]\approx 0$；再根据赋值函数的定义和$\Rightarrow$的真值表得$[\![\forall z(z\in u_0\equiv z\in v_0)]\!]\geqslant i$且$[\![u_0=v_0]\!]\approx 0$。根据命题5.15，由$[\![u_0=v_0]\!]\approx 0$得：①存在$r_0\varepsilon dom(u_0)$使得$(u_0(r_0)\Rightarrow[\![r_0\in v_0]\!])\approx 0$；或者②存在$s_0\varepsilon dom(v_0)$使得$(v_0(s_0)\Rightarrow[\![s_0\in u_0]\!])\approx 0$。分情形讨论。

情形1，$[\![\forall z(z\in u_0\equiv z\in v_0)]\!]\geqslant i$，并且存在$r_0\varepsilon dom(u_0)$使得$(u_0(r_0)\Rightarrow[\![r_0\in v_0]\!])\approx 0$。因此$u_0(r_0)\geqslant i$且$[\![r_0\in v_0]\!]\approx 0$。根据命题5.3有$[\![r_0=r_0]\!]\geqslant i$，并且$u_0(r_0)\geqslant i$，所以$(u_0(r_0)\wedge^{\mathcal{A}}[\![r_0=r_0]\!])\geqslant i$。因为$[\![r_0\in u_0]\!]\approx\bigvee^{\mathcal{A}}_{r\varepsilon dom(u_0)}(u_0(r)\wedge^{\mathcal{A}}[\![r=r_0]\!])\geqslant(u_0(r_0)\wedge^{\mathcal{A}}[\![r_0=r_0]\!])$，所以$[\![r_0\in u_0]\!]\geq i$。再根据$[\![\forall z(z\in u_0\equiv z\in v_0)]\!]\geqslant i$和$\equiv$的真值表得$[\![r_0\in v_0]\!]\geq i$；与$[\![r_0\in v_0]\!]\approx 0$矛盾，因此假设在情形1中不成立。

情形2，$[\![\forall z(z\in u_0\equiv z\in v_0)]\!]\geqslant i$，并且存在$s_0\varepsilon dom(v_0)$使得$(v_0(s_0)\Rightarrow[\![s_0\in u_0]\!])\approx 0$。过程和情形1类似，可得假设在情形2中不成立。

综合以上两种情形，假设不成立。因此$[\![(Ax14)]\!]\geqslant i$，进一步地$[\![(Ax14)]\!]\varepsilon D$，因此（Ax14）是模型$V^{\mathcal{A}}$有效的。

命题5.32

（Ax15）是模型$V^{\mathcal{A}}$有效的。

证明：假设$[\![(Ax15)]\!]\approx 0$，即$[\![\forall x\forall y\exists z[\forall u(u\in z\equiv u=x\vee u=y)]]\!]\approx 0$。根据命题5.15可得，存在$a_0\varepsilon V^{\mathcal{A}}$使得$[\![\forall y\exists z[\forall u(u\in z\equiv u=a_0\vee u=y)]]\!]\approx 0$；再根据命题5.15可得，存在$v_0\varepsilon V^{\mathcal{A}}$使得$[\![\exists z[\forall u(u\in z\equiv u=a_0\vee u=v_0)]]\!]\approx 0$；再根据命题5.15可得，对所有$w\varepsilon V^{\mathcal{A}}$都有$[\![\forall u(u\in w\equiv u=a_0\vee u=v_0)]\!]\approx 0$；再根据命题5.15可得，存在$b_0\varepsilon V^{\mathcal{A}}$使得$[\![(b_0\in w\equiv b_0=a_0\vee b_0=v_0)]\!]\approx 0$；进一步得：①$[\![(b_0\in w)]\!]\geq i$且$[\![(b_0=a_0\vee b_0=v_0)]\!]\approx 0$；或者②$[\![(b_0\in w)]\!]\approx 0$且$[\![(b_0=a_0\vee b_0=v_0)]\!]\geq i$。分情形讨论。

情形 1，$[\![(b_0 \in w)]\!] \geqslant i$ 且 $[\![(b_0 = a_0 \vee b_0 = v_0)]\!] \approx 0$。因为 w 是 $V^{\mathcal{A}}$ 的任意元素，所以可以令 $w \approx \emptyset$，那么"$[\![(b_0 \in w)]\!] \geqslant i$"不成立，矛盾。因此假设在情形 1 中不成立。

情形 2，$[\![(b_0 \in w)]\!] \approx 0$ 且 $[\![(b_0 = a_0 \vee b_0 = v_0)]\!] \geq i$。因为 w 是 $V^{\mathcal{A}}$ 的任意元素，所以令 $w \approx \{<a_0, 1>, <v_0, 1>\}$，那么根据赋值函数的定义得 $[\![(b_0 \in w)]\!] \approx ([w(a_0) \wedge^{\mathcal{A}} [\![b_0 = a_0]\!]] \vee^{\mathcal{A}} [w(v_0) \wedge^{\mathcal{A}} [\![b_0 = v_0]\!]]) \approx ([\![b_0 = a_0]\!] \vee^{\mathcal{A}} [\![b_0 = v_0]\!])$。因为 $[\![(b_0 \in w)]\!] \approx 0$，那么 $[\![b_0 = a_0]\!] \approx 0$ 且 $[\![b_0 = v_0]\!] \approx 0$；进一步得 $[\![(b_0 = a_0 \vee b_0 = v_0)]\!] \approx 0$；与 $[\![(b_0 = a_0 \vee b_0 = v_0)]\!] \geq i$ 矛盾。因此假设在情形 2 中不成立。

综合以上两种情形，假设不成立。因此 $[\![(Ax15)]\!] \geq i$，进一步地 $[\![(Ax15)]\!] \varepsilon D$，因此（Ax15）是模型 $V^{\mathcal{A}}$ 有效的。

命题 5.33

（Ax16）是模型 $V^{\mathcal{A}}$ 有效的。

证明：假设 $[\![(Ax16)]\!] \approx 0$，即 $[\![\forall x \exists y \forall z[z \in y \equiv \exists u(z \in u \wedge u \in x)]]\!] \approx 0$。根据命题 5.15 可得，存在 $a_0 \varepsilon V^{\mathcal{A}}$ 使得 $[\![\exists y \forall z[z \in y \equiv \exists u(z \in u \wedge u \in a_0)]]\!] \approx 0$；再根据命题 5.15 可得，对所有 $v \varepsilon V^{\mathcal{A}}$ 都有 $[\![\forall z[z \in v \equiv \exists u(z \in u \wedge u \in a_0)]]\!] \approx 0$；再根据命题 5.15 可得，存在 $w_0 \varepsilon V^{\mathcal{A}}$ 使得 $[\![w_0 \in v \equiv \exists u(w_0 \in u \wedge u \in a_0)]\!] \approx 0$；进一步得：① $[\![w_0 \in v]\!] \geqslant i$ 且 $[\![\exists u(w_0 \in u \wedge u \in a_0)]\!] \approx 0$；或者② $[\![w_0 \in v]\!] \approx 0$ 且 $[\![\exists u(w_0 \in u \wedge u \in a_0)]\!] \geq i$。分情形讨论。

情形 1，$[\![w_0 \in v]\!] \geqslant i$ 且 $[\![\exists u(w_0 \in u \wedge u \in a_0)]\!] \approx 0$。因为 v 是 $V^{\mathcal{A}}$ 的任意元素，所以可以令 $v \approx \emptyset$，此时不存在 $w_0 \varepsilon V^{\mathcal{A}}$ 使得 $[\![w_0 \in v]\!] \geqslant i$，矛盾。因此假设在情形 1 中不成立。

情形 2，$[\![w_0 \in v]\!] \approx 0$ 且 $[\![\exists u(w_0 \in u \wedge u \in a_0)]\!] \geq i$。根据命题 5.15，由 $[\![\exists u(w_0 \in u \wedge u \in a_0)]\!] \geq i$ 得，存在 $u_0 \varepsilon V^{\mathcal{A}}$ 使得 $[\![(w_0 \in u_0 \wedge u_0 \in a_0)]\!] \geqslant i$；进一步得 $[\![(w_0 \in u_0)]\!] \geqslant i$ 且 $[\![(u_0 \in a_0)]\!] \geqslant i$。因为 v 是 $V^{\mathcal{A}}$ 的任意元素，所以定义 $dom(v) \approx \cup \{dom(r) \mid r \varepsilon dom(a_0)\}$，（此处的 $\cup$ 是元语言中的并运算），并且对所有 $s \varepsilon dom(v)$ 都有 $v(s) \approx$

1。因为 $[\![(u_0 \in a_0)]\!] \geqslant i$，所以根据命题5.15可知存在 $r_0 \varepsilon dom(a_0)$ 使得 $(a_0(r_0) \wedge^{\mathcal{A}} [\![r_0 = u_0]\!]) \geqslant i$；进一步得 $[\![r_0 = u_0]\!] \geq i$。根据命题5.8，由 $[\![(w_0 \in u_0)]\!] \geq i$ 和 $[\![r_0 = u_0]\!] \geq i$ 得 $[\![(w_0 \in r_0)]\!] \geq i$；再根据命题5.15可知存在 $t_0 \varepsilon dom(r_0)$ 使得 $(r_0(t_0) \wedge^{\mathcal{A}} [\![t_0 = w_0]\!]) \geqslant i$；进一步得 $[\![t_0 = w_0]\!] \geq i$。根据命题5.7，由 $[\![t_0 = w_0]\!] \geq i$ 和 $[\![w_0 \in v]\!] \approx 0$ 得 $[\![t_0 \in v]\!] \approx 0$。因为 $t_0 \varepsilon dom(r_0)$ 且 $r_0 \varepsilon dom(a_0)$，所以 $t_0 \varepsilon dom(v)$；进一步得 $[\![t_0 \in v]\!] \approx \bigvee^{\mathcal{A}}_{s\varepsilon dom(v)}(v(s) \wedge^{\mathcal{A}} [\![s = t_0]\!]) \geq (v(t_0) \wedge^{\mathcal{A}} [\![t_0 = t_0]\!]) \approx (1 \wedge^{\mathcal{A}} [\![t_0 = t_0]\!]) \approx [\![t_0 = t_0]\!] \geqslant i$（根据命题5.3），与 $[\![t_0 \in v]\!] \approx 0$ 矛盾。因此假设在情形2中不成立。

综合以上两种情形，假设不成立。因此 $[\![(Ax16)]\!] \geqslant i$，进一步地 $[\![(Ax16)]\!] \varepsilon D$，因此（Ax16）是模型 $V^{\mathcal{A}}$ 有效的。

命题5.34

（Ax17）是模型 $V^{\mathcal{A}}$ 有效的。

证明：假设 $[\![(Ax17)]\!] \approx 0$，即

$[\![\exists x \exists y[y \in x \wedge \forall z(z \in x \supset \exists u[u \in x \wedge \sim(u=z) \wedge \forall v(v \in z \supset v \in u)])]]\!] \approx 0$。

此时根据命题5.15可知对所有 $a \varepsilon V^{\mathcal{A}}$ 都有

$[\![\exists y[y \in a \wedge \forall z(z \in a \supset \exists u[u \in a \wedge \sim(u=z) \wedge \forall v(v \in z \supset v \in u)])]]\!] \approx 0$。

再根据命题5.15可知对所有 $b \varepsilon V^{\mathcal{A}}$ 都有

$[\![b \in a \wedge \forall z(z \in a \supset \exists u[u \in a \wedge \sim(u=z) \wedge \forall v(v \in z \supset v \in u)])]\!] \approx 0$。

因为 a 和 b 是 $V^{\mathcal{A}}$ 的任意元素，所以可以令 $b \approx \emptyset$，并且令 $<\varphi, 1>$ 是 a 的元素，此时根据命题5.15得 $[\![b \in a]\!] \approx \bigvee^{\mathcal{A}}_{r\varepsilon dom(a)}(a(r) \wedge^{\mathcal{A}} [\![r = b]\!]) \geqslant (a(\varphi) \wedge^{\mathcal{A}} [\![\varphi = \varphi]\!]) \geqslant i$。因此根据 $\wedge$ 的真值表得

$[\![\forall z(z \in a \supset \exists u[u \in a \wedge \sim(u=z) \wedge \forall v(v \in z \supset v \in u)])]\!] \approx 0$。

再根据命题5.15可知存在 $c_0 \varepsilon V^{\mathcal{A}}$ 使得

$[\![(c_0 \in a \supset \exists u[u \in a \wedge \sim(u=c_0) \wedge \forall v(v \in c_0 \supset v \in u)])]\!] \approx 0$。

进一步得$[\![(c_0\in a)]\!]\geqslant i$且$[\![\exists u[u\in a\wedge\sim(u=c_0)\wedge\forall v(v\in c_0\supset v\in u)]]\!]\approx 0$。根据命题5.15，由$[\![\exists u[u\in a\wedge\sim(u=c_0)\wedge\forall v(v\in c_0\supset v\in u)]]\!]\approx 0$得对所有$d\varepsilon V^{\mathcal{A}}$都有$[\![d\in a\wedge\sim(d=c_0)\wedge\forall v(v\in c_0\supset v\in d)]\!]\approx 0$。令$s$是$V^{\mathcal{A}}$的一个元素使得$[\![(s\in c_0)]\!]\approx 0$。可以找到$V^{\mathcal{A}}$的一个元素$d_0$使得：$dom(d_0)\approx(dom(c_0)\cup\{s\})$；并且如果$t\varepsilon dom(c_0)$，那么$d_0(t)\approx c_0(t)$；并且$d_0(s)\approx 1$。因为$d$是$V^{\mathcal{A}}$的任意元素，所以可以令$d\approx d_0$；因为$a$是包含$\{<\varphi,1>\}$的任意元素，所以可以令$[\![(d_0\in a)]\!]\geqslant i$；此时$[\![d\in a\wedge\sim(d=c_0)\wedge\forall v(v\in c_0\supset v\in d)]\!]\approx 0$就变成了$[\![d_0\in a\wedge\sim(d_0=c_0)\wedge\forall v(v\in c_0\supset v\in d_0)]\!]\approx 0$。因为$s$使得$(d_0(s)\Rightarrow[\![(s\in c_0)]\!])\approx 0$，所以根据命题5.15得$[\![d_0=c_0]\!]\approx 0$；进一步得$[\![\sim(d_0=c_0)]\!]\approx 1$。因此根据$\wedge$的真值表可得$[\![\forall v(v\in c_0\supset v\in d_0)]\!]\approx 0$。再根据命题5.15得，存在$e_0\varepsilon V^{\mathcal{A}}$使得$[\![e_0\in c_0\supset e_0\in d_0]\!]\approx 0$；进一步得$[\![e_0\in c_0]\!]\geq i$且$[\![e_0\in d_0]\!]\approx 0$。因为$[\![e_0\in c_0]\!]\approx\bigvee^{\mathcal{A}}{}_{g\varepsilon dom(c_0)}(c_0(g)\wedge^{\mathcal{A}}[\![g=e_0]\!])\geqslant i$，所以存在$g_0\varepsilon dom(c_0)$使得$(c_0(g_0)\wedge^{\mathcal{A}}[\![g_0=e_0]\!])\geqslant i$；进一步得$c_0(g_0)\geqslant i$且$[\![g_0=e_0]\!]\geq i$。根据命题5.7，由$[\![e_0\in c_0]\!]\geq i$和$[\![g_0=e_0]\!]\geq i$得$[\![g_0\in c_0]\!]\geqslant i$。因为$g_0\varepsilon dom(c_0)$，所以根据$d_0$的定义有$g_0\varepsilon dom(d_0)$，并且$c_0(g_0)\approx d_0(g_0)$。因此$[\![g_0\in d_0]\!]\approx\bigvee^{\mathcal{A}}{}_{w\varepsilon dom(d_0)}(d_0(w)\wedge^{\mathcal{A}}[\![w=g_0]\!])\geqslant(d_0(g_0)\wedge^{\mathcal{A}}[\![g_0=g_0]\!])\approx(c_0(g_0)\wedge^{\mathcal{A}}[\![g_0=g_0]\!])\geqslant i$。但是根据命题5.7，由$[\![e_0\in d_0]\!]\approx 0$和$[\![g_0=e_0]\!]\geqslant i$得$[\![g_0\in d_0]\!]\approx 0$，这与$[\![g_0\in d_0]\!]\geq i$矛盾。因此假设不成立，可得$[\![(Ax17)]\!]\geq i$，进一步地$[\![(Ax17)]\!]\varepsilon D$，因此（Ax17）是模型$V^{\mathcal{A}}$有效的。

命题5.35

（Ax18）是模型$V^{\mathcal{A}}$有效的。

证明：假设$[\![(Ax18)]\!]\approx 0$，即$[\![\forall x\exists y\forall z[z\in y\equiv\forall u(u\in z\supset u\in x)]]\!]\approx 0$。此时根据命题5.15得，存在$a_0\varepsilon V^{\mathcal{A}}$使得$[\![\exists y\forall z[z\in y\equiv\forall u(u\in z\supset u\in a_0)]]\!]\approx 0$；再根据命题5.15得，对所有$b\varepsilon V^{\mathcal{A}}$都有$[\![$

$\forall z[z \in b \equiv \forall u(u \in z \supset u \in a_0)]]\approx 0$；再根据命题5.15得，存在$c_0 \varepsilon V^{\mathcal{A}}$使得$[\![c_0 \in b \equiv \forall u(u \in c_0 \supset u \in a_0)]\!] \approx 0$。

因为b是$V^{\mathcal{A}}$的任意元素，所以定义$dom(b) \approx A^{dom(a_0)}$，其中$A$是蕴涵否定代数$\mathcal{A}$的偏序集$A$，$A^{dom(a_0)}$表示从$dom(a_0)$到$A$的所有函数的集合，并且对所有$r \varepsilon dom(b)$都有$b(r) \approx [\![\forall v(v \in r \supset v \in a_0)]\!]$。根据$b$的定义可知对所有$r \varepsilon dom(b)$都有$dom(r) \approx dom(a_0)$且$a_0 \varepsilon dom(b)$。根据$\equiv$的真值表分情形讨论。

情形1，假设$[\![c_0 \in b]\!] \geqslant i$且$[\![\forall u(u \in c_0 \supset u \in a_0)]\!] \approx 0$。因为$[\![c_0 \in b]\!] \approx \bigvee^{\mathcal{A}}_{r \varepsilon dom(b)}(b(r) \wedge^{\mathcal{A}} [\![r = c_0]\!]) \geqslant i$，所以存在$r_0 \varepsilon dom(b)$使得$(b(r_0) \wedge^{\mathcal{A}} [\![r_0 = c_0]\!]) \geqslant i$，进一步得$b(r_0) \geqslant i$且$[\![r_0 = c_0]\!] \geq i$。根据命题5.15，由$[\![\forall u(u \in c_0 \supset u \in a_0)]\!] \approx 0$得，存在$s_0 \varepsilon V^{\mathcal{A}}$使得$[\![(s_0 \in c_0 \supset s_0 \in a_0)]\!] \approx 0$；进一步得$[\![(s_0 \in c_0)]\!] \geqslant i$且$[\![(s_0 \in a_0)]\!] \approx 0$。根据命题5.8，由$[\![(s_0 \in c_0)]\!] \geqslant i$和$[\![r_0 = c_0]\!] \geq i$得$[\![(s_0 \in r_0)]\!] \geqslant i$。由$b(r_0) \geqslant i$和$b(r) \approx [\![\forall v(v \in r \supset v \in a_0)]\!]$得$[\![\forall v(v \in r_0 \supset v \in a_0)]\!] \geqslant i$；又因为$[\![(s_0 \in r_0)]\!] \geqslant i$，所以$[\![(s_0 \in a_0)]\!] \geqslant i$，与$[\![(s_0 \in a_0)]\!] \approx 0$矛盾，因此情形1的假设不成立。

情形2，假设$[\![c_0 \in b]\!] \approx 0$且$[\![\forall u(u \in c_0 \supset u \in a_0)]\!] \geqslant i$。定义$dom(b)$的一个子集$\Delta$，满足对任意$r_1 \varepsilon \Delta$都有$b(r_1) \geqslant i$。因为$[\![c_0 \in b]\!] \approx 0$，根据命题5.15得，对所有$r \varepsilon dom(b)$都有$(b(r) \wedge^{\mathcal{A}} [\![r = c_0]\!]) \approx 0$，所以$(b(r_1) \wedge^{\mathcal{A}} [\![r_1 = c_0]\!]) \approx 0$。因为$b(r_1) \geqslant i$，所以$[\![r_1 = c_0]\!] \approx 0$；再根据命题5.15得，存在$d_0 \varepsilon dom(r_1)$使得$(r_1(d_0) \Rightarrow [\![d_0 \in c_0]\!]) \approx 0$，或者存在$e_0 \varepsilon dom(c_0)$使得$(c_0(e_0) \Rightarrow [\![e_0 \in r_1]\!]) \approx 0$。考虑“存在$d_0 \varepsilon dom(r_1)$使得$(r_1(d_0) \Rightarrow [\![d_0 \in c_0]\!]) \approx 0$”可得$r_1(d_0) \geqslant i$且$[\![d_0 \in c_0]\!] \approx 0$。令$d_0$表示$dom(r_1)$中的那些满足$[\![d_0 \in c_0]\!] \approx 0$的任意元素。因为$b(a_0) \approx [\![\forall v(v \in a_0 \supset v \in a_0)]\!] \geqslant i$，所以$a_0 \varepsilon \Gamma$。定义$dom(b)$的一个元素$r_2$，满足对任意$g \varepsilon dom(r_2)$有

$$r_2(g) \approx \begin{cases} 0，当 g \approx d_0 \\ a_0(g)，当 g \not\approx d_0 \end{cases}。$$

容易验证 $r_2\varepsilon\Gamma$。因为 $r_2\varepsilon\Gamma$，并且根据 r_2 的定义可得，不存在 $d_0\varepsilon dom$（r_1）使得（$r_2(d_0)\Rightarrow[\![d_0 \in c_0]\!]$）$\approx 0$（注意 dom（r_1）$\approx dom$（r_2））。所以根据 $[\![r_2 = c_0]\!] \approx 0$ 只能得到，存在 $e_0\varepsilon dom$（c_0）使得（$c_0(e_0)\Rightarrow[\![e_0 \in r_2]\!]$）$\approx 0$；进一步得 $c_0(e_0) \geq i$ 且 $[\![e_0 \in r_2]\!] \approx 0$。根据命题 5.16，由 $c_0(e_0) \geq i$ 得 $[\![e_0 \in c_0]\!] \geqslant i$；再根据 $[\![\forall u(u \in c_0 \supset u \in a_0)]\!] \geqslant i$ 得 $[\![e_0 \in a_0]\!] \geqslant i$；进一步得，存在 $t_0\varepsilon dom$（a_0）使得（$a_0(t_0) \wedge^{\mathcal{A}} [\![t_0 = e_0]\!]$）$\geqslant i$；进一步得 $a_0(t_0) \geq i$ 且 $[\![t_0 = e_0]\!] \geq i$。因为 $[\![d_0 \in c_0]\!] \approx 0$，所以 $d_0 \not\approx t_0$；这是因为如果 $d_0 \approx t_0$，那么可得 $[\![d_0 = e_0]\!] \geqslant i$，再根据命题 5.7 可得 $[\![e_0 \in c_0]\!] \approx 0$，与 $[\![e_0 \in c_0]\!] \geq i$ 矛盾；因此 $d_0 \not\approx t_0$。因为 $d_0 \not\approx t_0$，所以 $r_2(t_0) \approx a_0(t_0) \geqslant i$；再根据命题 5.16 得 $[\![t_0 \in r_2]\!] \geqslant i$。根据命题 5.7，由 $[\![t_0 = e_0]\!] \geqslant i$ 和 $[\![t_0 \in r_2]\!] \geqslant i$ 得 $[\![e_0 \in r_2]\!] \geqslant i$，与 $[\![e_0 \in r_2]\!] \approx 0$ 矛盾。因此情形 2 中的假设不成立。

综合情形 1 和情形 2 可得，$[\![(Ax18)]\!] \approx 0$ 这个假设不成立。因此 $[\![(Ax18)]\!] \geq i$，进一步地 $[\![(Ax18)]\!]\varepsilon D$，因此（Ax18）是模型 $V^{\mathcal{A}}$ 有效的。

命题 5.36

（Ax19）是（部分地）模型 $V^{\mathcal{A}}$ 有效的。

只能证明：如果（Ax19）中的 φ 不包含弱否定 $\neg$，那么（Ax19）是模型 $V^{\mathcal{A}}$ 有效的。

假设：（Ax19）中的 φ 不包含弱否定 $\neg$，并且 $[\![(Ax19)]\!] \approx 0$。此时 $[\![\forall x \forall y \forall z[(\varphi(x, y) \wedge \varphi(x, z)) \supset y = z] \supset \forall x \exists y \forall z[z \in y \equiv \exists u(u \in x \wedge \varphi(u, z))]]\!] \approx 0$。因此 $[\![\forall x \forall y \forall z[(\varphi(x, y) \wedge \varphi(x, z)) \supset y = z]]\!] \geqslant i$ 且 $[\![\forall x \exists y \forall z[z \in y \equiv \exists u(u \in x \wedge \varphi(u, z))]]\!] \approx 0$。根据命题 5.15，由 $[\![\forall x \forall y \forall z[(\varphi(x, y) \wedge \varphi(x, z)) \supset y = z]]\!] \geqslant i$ 得，对所有 $a\varepsilon V^{\mathcal{A}}$、$b\varepsilon V^{\mathcal{A}}$、$c\varepsilon V^{\mathcal{A}}$ 都有 $[\![[(\varphi(a, b) \wedge \varphi(a, c)) \supset b = c]]\!] \geqslant i$。根据命题 5.15，由 $[\![\forall x \exists y \forall z[z \in y \equiv \exists u(u \in x \wedge \varphi(u, z))]]\!] \approx 0$ 得，存在 $d_0\varepsilon V^{\mathcal{A}}$ 使得 $[\![\exists y \forall z[z \in y \equiv \exists u(u \in d_0 \wedge \varphi(u, z))]]\!] \approx 0$；再根据命题 5.15，对所有 $e\varepsilon V^{\mathcal{A}}$ 都有 $[\![\forall z[z \in e \equiv \exists u(u \in d_0 \wedge \varphi(u,$

$z))]]\approx 0$；再根据命题5.15，存在$r_0\varepsilon V^{\mathcal{A}}$使得$[\![r_0\in e\equiv\exists u(u\in d_0\wedge\varphi(u,\ r_0))]\!]\approx 0$。

令$\varphi[dom(d_0)]$是$dom(d_0)$在φ下的象①，即存在$u\varepsilon d_0$使得$[\![\varphi(u,\ t)]\!]\varepsilon D$当且仅当$t\varepsilon\varphi[dom(d_0)]$。定义$dom(e)\approx\varphi[dom(d_0)]$，并且对所有$s\varepsilon dom(e)$有$e(s)\approx[\![\exists u(u\in d_0\wedge\varphi(u,\ s))]\!]$。

根据$\equiv$的真值表，由$[\![r_0\in e\equiv\exists u(u\in d_0\wedge\varphi(u,\ r_0))]\!]\approx 0$得$[\![r_0\in e]\!]\geqslant i$且$[\![\exists u(u\in d_0\wedge\varphi(u,\ r_0))]\!]\approx 0$，或者$[\![r_0\in e]\!]\approx 0$且$[\![\exists u(u\in d_0\wedge\varphi(u,\ r_0))]\!]\geq i$。分情形讨论。

情形1，假设$[\![r_0\in e]\!]\geq i$且$[\![\exists u(u\in d_0\wedge\varphi(u,\ r_0))]\!]\approx 0$。因为$[\![r_0\in e]\!]\approx\bigvee^{\mathcal{A}}_{s\varepsilon dom(e)}(e(s)\wedge^{\mathcal{A}}[\![s=r_0]\!])\geqslant i$，所以存在$s_0\varepsilon dom(e)$使得$(e(s_0)\wedge^{\mathcal{A}}[\![s_0=r_0]\!])\geqslant i$；进一步得$e(s_0)\geq i$且$[\![s_0=r_0]\!]\geq i$。根据$e$的定义得$e(s_0)\approx[\![\exists u(u\in d_0\wedge\varphi(u,\ s_0))]\!]\geqslant i$。因为$\varphi$不包含弱否定$\neg$，所以根据命题5.10，由$[\![\exists u(u\in d_0\wedge\varphi(u,\ s_0))]\!]\geqslant i$和$[\![s_0=r_0]\!]\geq i$得$[\![\exists u(u\in d_0\wedge\varphi(u,\ r_0))]\!]\geqslant i$，与$[\![\exists u(u\in d_0\wedge\varphi(u,\ r_0))]\!]\approx 0$矛盾。因此情形1的假设不成立。

情形2，假设$[\![r_0\in e]\!]\approx 0$且$[\![\exists u(u\in d_0\wedge\varphi(u,\ r_0))]\!]\geqslant i$。因为$[\![r_0\in e]\!]\approx\bigvee^{\mathcal{A}}_{s\varepsilon dom(e)}(e(s)\wedge^{\mathcal{A}}[\![s=r_0]\!])\approx 0$，所以对所有$s\varepsilon dom(e)$都有$(e(s)\wedge^{\mathcal{A}}[\![s=r_0]\!])\approx 0$。根据命题5.15，由$[\![\exists u(u\in d_0\wedge\varphi(u,\ r_0))]\!]\geqslant i$得，存在$u_0\varepsilon V^{\mathcal{A}}$使得$[\![u_0\in d_0\wedge\varphi(u_0,\ r_0)]\!]\geqslant i$；进一步得$[\![u_0\in d_0]\!]\geqslant i$且$[\![\varphi(u_0,\ r_0)]\!]\geqslant i$。因为$[\![u_0\in d_0]\!]\approx\bigvee^{\mathcal{A}}_{g\varepsilon dom(d_0)}(d_0(g)\wedge^{\mathcal{A}}[\![g=u_0]\!])\geqslant i$，所以存在$g_0\varepsilon dom(d_0)$使得$(d_0(g_0)\wedge^{\mathcal{A}}[\![g_0=u_0]\!])\geqslant i$；进一步得$d_0(g_0)\geq i$且$[\![g_0=u_0]\!]\geq i$。因为$\varphi$不包含弱否定$\neg$，所以根据命题5.10由$[\![u_0\in d_0\wedge\varphi(u_0,\ r_0)]\!]\geqslant i$和$[\![g_0=u_0]\!]\geqslant i$得$[\![g_0\in d_0\wedge\varphi(g_0,\ r_0)]\!]\geqslant i$；对于该$g_0\varepsilon dom(d_0)$，根据$dom(e)$的定义得，存在$s_0\varepsilon dom(e)$使得$[\![\varphi(g_0,\ s_0)]\!]\varepsilon D$，即$[\![\varphi(g_0,\ s_0)]\!]\geq i$。根据命题

① 关于象的定义参见 Karel Hrbacek and Thomas Jech, *Introduction to Set Theory*, *Revised and Expanded*, New York: CRC Press, 1999, p. 20.

5.16，由 $d_0(g_0) \geqslant i$ 得 $[\![g_0 \in d_0]\!] \geqslant i$，又因为 $[\![\varphi(g_0, s_0)]\!] \geqslant i$，所以 $[\![g_0 \in d_0 \wedge \varphi(g_0, s_0)]\!] \geqslant i$；再根据命题5.16得 $[\![\exists u(u \in d_0 \wedge \varphi(u, s_0))]\!] \approx 1$；进一步得 $e(s_0) \approx [\![\exists u(u \in d_0 \wedge \varphi(u, s_0))]\!] \approx 1$。因为对所有 $a \varepsilon V^{\mathcal{A}}$、$b \varepsilon V^{\mathcal{A}}$、$c \varepsilon V^{\mathcal{A}}$ 都有 $[\![(\varphi(a, b) \wedge \varphi(a, c)) \supset b = c]\!] \geqslant i$，所以由 $[\![\varphi(g_0, s_0)]\!] \geqslant i$ 和 $[\![\varphi(g_0, r_0)]\!] \geqslant i$ 得 $[\![s_0 = r_0]\!] \geqslant i$。因此 $(e(s_0) \wedge^{\mathcal{A}} [\![s_0 = r_0]\!]) \geqslant i$，与"对所有 $s \varepsilon dom(e)$ 都有 $(e(s) \wedge^{\mathcal{A}} [\![s = r_0]\!]) \approx 0$"矛盾。因此情形2中的假设不成立。

综合以上两种情形可知"（Ax19）中的 φ 不包含弱否定 ¬，并且 $[\![(Ax19)]\!] \approx 0$"这个假设不成立。因此，如果（Ax19）中的 φ 不包含弱否定 ¬，那么 $[\![(Ax19)]\!] \geqslant i$，即 $[\![(Ax19)]\!] \varepsilon D$。称这个结果为（Ax19）是（部分地）模型 $V^{\mathcal{A}}$ 有效的。

命题5.37

（Ax20）是（部分地）模型 $V^{\mathcal{A}}$ 有效的。

只能证明：如果（Ax20）中的公式 φ 不包含弱否定 ¬，那么（Ax20）是模型 $V^{\mathcal{A}}$ 有效的。

假设（Ax20）中的公式 φ 不包含弱否定 ¬，并且 $[\![(Ax20)]\!] \approx 0$，即 $[\![\forall x \exists y \forall z[z \in y \equiv z \in x \wedge \varphi(z)]]\!] \approx 0$。此时根据命题5.16得，存在 $a_0 \varepsilon V^{\mathcal{A}}$ 使得 $[\![\exists y \forall z[z \in y \equiv z \in a_0 \wedge \varphi(z)]]\!] \approx 0$；再根据命题5.16得，对所有 $b \varepsilon V^{\mathcal{A}}$ 都有 $[\![\forall z[z \in b \equiv z \in a_0 \wedge \varphi(z)]]\!] \approx 0$；再根据命题5.16得，存在 $c_0 \varepsilon V^{\mathcal{A}}$ 使得 $[\![c_0 \in b \equiv c_0 \in a_0 \wedge \varphi(c_0)]\!] \approx 0$。

定义 $dom(b) \approx dom(a_0)$，并且对所有 $s \varepsilon dom(b)$ 都有 $b(s) \approx (a_0(s) \wedge^{\mathcal{A}} [\![\varphi(s)]\!])$。根据 ≡ 的真值表由 $[\![c_0 \in b \equiv c_0 \in a_0 \wedge \varphi(c_0)]\!] \approx 0$ 得：$[\![c_0 \in b]\!] \geqslant i$ 且 $[\![c_0 \in a_0 \wedge \varphi(c_0)]\!] \approx 0$，或者 $[\![c_0 \in b]\!] \approx 0$ 且 $[\![c_0 \in a_0 \wedge \varphi(c_0)]\!] \geq i$。分情形讨论。

情形1，假设 $[\![c_0 \in b]\!] \geq i$ 且 $[\![c_0 \in a_0 \wedge \varphi(c_0)]\!] \approx 0$。因为 $[\![c_0 \in b]\!] \geq i$，所以存在 $s_0 \varepsilon dom(b)$ 使得 $(b(s_0) \wedge^{\mathcal{A}} [\![s_0 = c_0]\!]) \geqslant i$；进一步得 $b(s_0) \geq i$ 且 $[\![s_0 = c_0]\!] \geq i$。因为 φ 不包含弱否定 ¬，所以根据命题5.10由 $[\![c_0 \in a_0 \wedge \varphi(c_0)]\!] \approx 0$ 和 $[\![s_0 = c_0]\!] \geq i$ 得 $[\![s_0 \in a_0 \wedge \varphi(s_0)]\!] \approx 0$。但是

由 $b(s_0)\geq i$ 和 $b(s)\approx(a_0(s)\wedge^{\mathcal{A}}[\![\varphi(s)]\!])$ 得 $(a_0(s_0)\wedge^{\mathcal{A}}[\![\varphi(s_0)]\!])\geq i$；进一步得 $a_0(s_0)\geqslant i$ 且 $[\![\varphi(s_0)]\!]\geqslant i$。根据命题5.16，由 $a_0(s_0)\geqslant i$ 得 $[\![s_0\in a_0]\!]\geqslant i$；又因为 $[\![\varphi(s_0)]\!]\geqslant i$，所以 $[\![s_0\in a_0\wedge\varphi(s_0)]\!]\approx 1$，与 $[\![s_0\in a_0\wedge\varphi(s_0)]\!]\approx 0$ 矛盾。因此情形1中的假设不成立。

情形2，假设 $[\![c_0\in b]\!]\approx 0$ 且 $[\![c_0\in a_0\wedge\varphi(c_0)]\!]\geq i$。由 $[\![c_0\in a_0\wedge\varphi(c_0)]\!]\geq i$ 得 $[\![c_0\in a_0]\!]\geqslant i$ 且 $[\![\varphi(c_0)]\!]\geqslant i$。因为 $[\![c_0\in a_0]\!]\approx\bigvee^{\mathcal{A}}_{d\varepsilon dom(a_0)}(a_0(d)\wedge^{\mathcal{A}}[\![d=c_0]\!])\geqslant i$，所以存在 $d_0\varepsilon dom(a_0)$ 使得 $(a_0(d_0)\wedge^{\mathcal{A}}[\![d_0=c_0]\!])\geqslant i$；进一步得 $a_0(d_0)\geqslant i$ 且 $[\![d_0=c_0]\!]\geqslant i$。因为 $d_0\varepsilon dom(a_0)$，所以 $d_0\varepsilon dom(b)$。$b(d_0)\approx(a_0(d_0)\wedge^{\mathcal{A}}[\![\varphi(d_0)]\!])$。因为 φ 是不包含 $\neg$ 的公式，所以根据命题5.10由 $[\![d_0=c_0]\!]\geqslant i$ 和 $[\![\varphi(c_0)]\!]\geqslant i$ 得 $[\![\varphi(d_0)]\!]\geqslant i$；再加上 $a_0(d_0)\geqslant i$ 可得 $b(d_0)\geqslant i$。此时 $[\![c_0\in b]\!]\approx\bigvee^{\mathcal{A}}_{s\varepsilon dom(b)}(b(s)\wedge^{\mathcal{A}}[\![s=c_0]\!])\geqslant(b(d_0)\wedge^{\mathcal{A}}[\![d_0=c_0]\!])\geqslant i$，与 $[\![c_0\in b]\!]\approx 0$ 矛盾。因此情形2中的假设不成立。

综合以上两种情形得“（Ax20）中的公式 φ 不包含弱否定 $\neg$，并且 $[\![(Ax20)]\!]\approx 0$”这个假设不成立。因此，如果（Ax20）中的公式 φ 不包含弱否定 $\neg$，那么 $[\![(Ax20)]\!]\geq i$，即 $[\![(Ax20)]\!]\varepsilon D$。称（Ax20）是（部分地）模型 $V^{\mathcal{A}}$ 有效的。

命题5.38

（Ax21）是模型 $V^{\mathcal{A}}$ 有效的。

证明：假设 $[\![(Ax21)]\!]\approx 0$，即

$[\![\forall x[C(x)\supset(\exists y(y\in x)\supset\exists z(z\in x\wedge\forall u[u\in x\supset\sim(u\in z)]))]]\!]\approx 0$。

此时根据命题5.16，存在 $a_0\varepsilon V^{\mathcal{A}}$ 使得

$[\![C(a_0)\supset(\exists y(y\in a_0)\supset\exists z(z\in a_0\wedge\forall u[u\in a_0\supset\sim(u\in z)]))]\!]\approx 0$；

进一步得 $[\![C(a_0)]\!]\geqslant i$ 且 $[\![(\exists y(y\in a_0)\supset\exists z(z\in a_0\wedge\forall u[u\in a_0\supset\sim(u\in z)]))]\!]\approx 0$。

进一步得 $[\![C(a_0)]\!]\geqslant i$ 且 $[\![\exists y(y\in a_0)]\!]\geqslant i$ 且 $[\![\exists z(z\in a_0\wedge\forall u[u$

$\in a_0 \supset \sim (u \in z)])]\!] \approx 0$。根据命题5.16由$[\![\exists z(z \in a_0 \wedge \forall u[u \in a_0 \supset \sim (u \in z)])]\!] \approx 0$得，对所有$c\varepsilon V^{\mathcal{A}}$都有$[\![c \in a_0 \wedge \forall u[u \in a_0 \supset \sim (u \in c)]]\!] \approx 0$。

因为c是$V^{\mathcal{A}}$的任意元素，所以可以定义$V^{\mathcal{A}}$的一个子集Γ，满足$d\varepsilon\Gamma$当且仅当$[\![d \in a_0]\!] \geqslant i$。因此由$[\![c \in a_0 \wedge \forall u[u \in a_0 \supset \sim (u \in c)]]\!] \approx 0$得$[\![d \in a_0 \wedge \forall u[u \in a_0 \supset \sim (u \in d)]]\!] \approx 0$；又因为$[\![d \in a_0]\!] \geqslant i$，所以$[\![\forall u[u \in a_0 \supset \sim (u \in d)]]\!] \approx 0$；再根据命题5.15，存在$e_0\varepsilon V^{\mathcal{A}}$使得$[\![e_0 \in a_0 \supset \sim (e_0 \in d)]\!] \approx 0$；进一步得$[\![e_0 \in a_0]\!] \geqslant i$且$[\![\sim (e_0 \in d)]\!] \approx 0$。由$[\![\sim (e_0 \in d)]\!] \approx 0$得$[\![e_0 \in d]\!] \geqslant i$。因为$[\![e_0 \in a_0]\!] \approx \bigvee^{\mathcal{A}}_{r\varepsilon dom(a_0)}(a_0(r) \wedge^{\mathcal{A}} [\![r = e_0]\!]) \geqslant i$，所以存在$r_0$使得$(a_0(r_0) \wedge^{\mathcal{A}} [\![r_0 = e_0]\!]) \geqslant i$；进一步得$a_0(r_0) \geq i$且$[\![r_0 = e_0]\!] \geq i$。由$a_0(r_0) \geq i$得$(a_0(r_0) \wedge^{\mathcal{A}} [\![r_0 = r_0]\!]) \geqslant i$；再根据命题5.15得$[\![r_0 \in a_0]\!] \geq i$；再根据$\Gamma$的定义得$r_0\varepsilon\Gamma$；再根据$[\![e_0 \in d]\!] \geqslant i$得$[\![e_0 \in r_0]\!] \geqslant i$。根据命题5.8由$[\![e_0 \in r_0]\!] \geqslant i$和$[\![r_0 = e_0]\!] \geq i$得$[\![e_0 \in e_0]\!] \geqslant i$。但是根据命题5.14得$[\![e_0 \in e_0]\!] \approx 0$，与$[\![e_0 \in e_0]\!] \geq i$矛盾。因此假设不成立，因此$[\![(Ax21)]\!] \geqslant i$，进一步得$[\![(Ax21)]\!] \varepsilon D$，（Ax21）是模型$V^{\mathcal{A}}$有效的。

命题5.39

（Ax22）是模型$V^{\mathcal{A}}$有效的。

证明：假设$[\![(Ax22)]\!] \approx 0$，即

$[\![\forall x \forall y(x \neq y \equiv [\exists z(z \in x \wedge z \notin y) \vee \exists z(z \notin x \wedge z \in y)])]\!] \approx 0$。

此时根据命题5.15得，存在$a\varepsilon V^{\mathcal{A}}$、$b\varepsilon V^{\mathcal{A}}$使得

$[\![a \neq b \equiv [\exists z(z \in a \wedge z \notin b) \vee \exists z(z \notin a \wedge z \in b)]]\!] \approx 0$；

进一步得$[\![a \neq b]\!] \geqslant i$且$[\![\exists z(z \in a \wedge z \notin b) \vee \exists z(z \notin a \wedge z \in b)]\!] \approx 0$，或者$[\![a \neq b]\!] \approx 0$且$[\![\exists z(z \in a \wedge z \notin b) \vee \exists z(z \notin a \wedge z \in b)]\!] \geqslant i$。分情形讨论。

情形1，假设$[\![a \neq b]\!] \geqslant i$且$[\![\exists z(z \in a \wedge z \notin b) \vee \exists z(z \notin a \wedge z \in b)]\!] \approx 0$。由$[\![\exists z(z \in a \wedge z \notin b) \vee \exists z(z \notin a \wedge z \in b)]\!] \approx 0$得$[\![\exists z(z \in$

$a \wedge z \notin b)$]] ≈ 0 且 [[$\exists z(z \notin a \wedge z \in b)$]] ≈ 0。根据命题5.15由 [[$\exists z(z \in a \wedge z \notin b)$]] ≈ 0 得，对所有 $c\varepsilon V^{\mathcal{A}}$ 都有 [[$c \in a \wedge c \notin b$]] ≈ 0。根据命题5.15由 [[$\exists z(z \notin a \wedge z \in b)$]] ≈ 0 得，对所有 $d\varepsilon V^{\mathcal{A}}$ 都有 [[$d \notin a \wedge d \in b$]] ≈ 0。由 [[$a \neq b$]] $\geqslant i$ 得 [[$a \neq b$]] ≈ 1 或者 [[$a \neq b$]] $\approx i$。分情形讨论。

情形 1.1，[[$a \neq b$]] ≈ 1。此时 [[$a = b$]] ≈ 0。[[$a = b$]] $\approx ([\wedge^{\mathcal{A}}_{s\varepsilon dom(a)}(a(s) \Rightarrow [\![s \in b]\!])] \wedge^{\mathcal{A}} [\wedge^{\mathcal{A}}_{t\in dom(b)}(b(t) \Rightarrow [\![t \in a]\!])]) \approx 0$；进一步地，存在 $s_0\varepsilon dom(a)$ 使得 $(a(s_0) \Rightarrow [\![s_0 \in b]\!]) \approx 0$，或者存在 $t_0\varepsilon dom(b)$ 使得 $(b(t_0) \Rightarrow [\![t_0 \in a]\!]) \approx 0$。分情形讨论。

情形 1.1.1，存在 $s_0\varepsilon dom(a)$ 使得 $(a(s_0) \Rightarrow [\![s_0 \in b]\!]) \approx 0$。此时 $a(s_0) \geqslant i$ 且 $[\![s_0 \in b]\!] \approx 0$。因为 $a(s_0) \geqslant i$，所以 $[\![s_0 \in a]\!] \approx \vee^{\mathcal{A}}_{s\varepsilon dom(a)}(a(s) \wedge^{\mathcal{A}} [\![s = s_0]\!]) \geqslant (a(s_0) \wedge^{\mathcal{A}} [\![s_0 = s_0]\!]) \geqslant i$。由 $[\![s_0 \in b]\!] \approx 0$ 得 $[\![s_0 \notin b]\!] \approx 1$。因此 $[\![(s_0 \in a) \wedge (s_0 \notin b)]\!] \geqslant i$，与"对所有 $c\varepsilon V^{\mathcal{A}}$ 都有 [[$c \in a \wedge c \notin b$]] ≈ 0"矛盾。因此情形1的假设在情形1.1.1中不成立。

情形 1.1.2，存在 $t_0\varepsilon dom(b)$ 使得 $(b(t_0) \Rightarrow [\![t_0 \in a]\!]) \approx 0$。此时 $b(t_0) \geqslant i$ 且 $[\![t_0 \in a]\!] \approx 0$。因为 $b(t_0) \geqslant i$，所以 $[\![t_0 \in b]\!] \approx \vee^{\mathcal{A}}_{t\varepsilon dom(b)}(b(t) \wedge^{\mathcal{A}} [\![t = t_0]\!]) \geqslant (b(t_0) \wedge^{\mathcal{A}} [\![t_0 = t_0]\!]) \geqslant i$。由 $[\![t_0 \in a]\!] \approx 0$ 得 $[\![t_0 \notin a]\!] \approx 1$。因此 $[\![(t_0 \in b) \wedge (t_0 \notin a)]\!] \geqslant i$，与"对所有 $d\varepsilon V^{\mathcal{A}}$ 都有 [[$d \notin a \wedge d \in b$]] ≈ 0"矛盾。因此情形1的假设在情形1.1.2中不成立。

综合情形1.1.1和情形1.1.2，情形1的假设在情形1.1中不成立。

情形 1.2，[[$a \neq b$]] $\approx i$。此时 [[$a = b$]] $\approx i$，进一步得 [[$a = b$]] $\approx ([\wedge^{\mathcal{A}}_{s\varepsilon dom(a)}(a(s) \Rightarrow [\![s \in b]\!])] \wedge^{\mathcal{A}} [\wedge^{\mathcal{A}}_{t\in dom(b)}(b(t) \Rightarrow [\![t \in a]\!])]) \approx i$；进一步得，存在 $s_0\varepsilon dom(a)$ 使得 $(a(s_0) \Rightarrow [\![s_0 \in b]\!]) \approx i$，或者存在 $t_0\varepsilon dom(b)$ 使得 $(b(t_0) \Rightarrow [\![t_0 \in a]\!]) \approx i$。分情形讨论

情形 1.2.1，存在 $s_0\varepsilon dom(a)$ 使得 $(a(s_0) \Rightarrow [\![s_0 \in b]\!]) \approx i$。此时 $a(s_0) \geqslant i$ 且 $[\![s_0 \in b]\!] \approx i$。因为 $a(s_0) \geqslant i$，所以 $[\![s_0 \in a]\!] \approx \vee^{\mathcal{A}}_{s\varepsilon dom(a)}(a(s) \wedge^{\mathcal{A}} [\![s = s_0]\!]) \geqslant (a(s_0) \wedge^{\mathcal{A}} [\![s_0 = s_0]\!]) \geqslant i$。由 $[\![s_0 \in b]\!] \approx$

i 得$[\![s_0\notin b]\!]\approx i$。因此$[\![(s_0\in a)\wedge(s_0\notin b)]\!]\approx i$，与"对所有$c\varepsilon V^{\mathcal{A}}$都有$[\![c\in a\wedge c\notin b]\!]\approx 0$"矛盾。因此情形1的假设在情形1.2.1中不成立。

情形1.2.2，存在$t_0\varepsilon dom(b)$使得$(b(t_0)\Rightarrow[\![t_0\in a]\!])\approx i$。此时$b(t_0)\geqslant i$且$[\![t_0\in a]\!]\approx i$。因为$b(t_0)\geqslant i$，所以$[\![t_0\in b]\!]\approx\bigvee^{\mathcal{A}}_{t\varepsilon dom(b)}(b(t)\wedge^{\mathcal{A}}[\![t=t_0]\!])\geqslant(b(t_0)\wedge^{\mathcal{A}}[\![t_0=t_0]\!])\geqslant i$。由$[\![t_0\in a]\!]\approx i$得$[\![t_0\notin a]\!]\approx i$。因此$[\![(t_0\in b)\wedge(t_0\notin a)]\!]\approx i$，与"对所有$d\varepsilon V^{\mathcal{A}}$都有$[\![d\notin a\wedge d\in b]\!]\approx 0$"矛盾。因此情形1的假设在情形1.2.2中不成立。

综合情形1.2.1和情形1.2.2，情形1的假设在情形1.2中不成立。

综合情形1.1和情形1.2，情形1的假设不成立。

情形2，假设$[\![a\neq b]\!]\approx 0$且$[\![\exists z(z\in a\wedge z\notin b)\vee\exists z(z\notin a\wedge z\in b)]\!]\geqslant i$。此时$[\![a=b]\!]\approx 1$。因为

$$[\![a=b]\!]\approx([\bigwedge^{\mathcal{A}}_{s\varepsilon dom(a)}(a(s)\Rightarrow[\![s\in b]\!])]\wedge^{\mathcal{A}}[\bigwedge^{\mathcal{A}}_{t\in dom(b)}(b(t)\Rightarrow[\![t\in a]\!])])\approx 1,$$

所以对所有$s\varepsilon dom(a)$都有$(a(s)\Rightarrow[\![s\in b]\!])\approx 1$；并且对所有$t\varepsilon dom(b)$都有$(b(t)\Rightarrow[\![t\in a]\!])\approx 1$。由$[\![\exists z(z\in a\wedge z\notin b)\vee\exists z(z\notin a\wedge z\in b)]\!]\geqslant i$得$[\![\exists z(z\in a\wedge z\notin b)]\!]\geqslant i$，或者$[\![\exists z(z\notin a\wedge z\in b)]\!]\geqslant i$。分情形讨论。

情形2.1，$[\![\exists z(z\in a\wedge z\notin b)]\!]\geqslant i$。此时根据命题5.15得，存在$e_0\varepsilon V^{\mathcal{A}}$使得$[\![e_0\in a\wedge e_0\notin b]\!]\geqslant i$；进一步得$[\![e_0\in a]\!]\geqslant i$且$[\![e_0\notin b]\!]\geqslant i$。因为$[\![e_0\in a]\!]\approx\bigvee^{\mathcal{A}}_{s\varepsilon dom(a)}(a(s)\wedge^{\mathcal{A}}[\![s=e_0]\!])\geqslant i$，所以存在$s_1\varepsilon dom(a)$使得$(a(s_1)\wedge^{\mathcal{A}}[\![s_1=e_0]\!])\geqslant i$；进一步得$a(s_1)\geqslant i$且$[\![s_1=e_0]\!]\geq i$。由$[\![e_0\notin b]\!]\geqslant i$得$[\![e_0\in b]\!]\leq i$。根据命题5.7，由$[\![e_0\in b]\!]\leq i$和$[\![s_1=e_0]\!]\geq i$得$[\![s_1\in b]\!]\leqslant i$。根据$\Rightarrow$的真值表，由$a(s_1)\geqslant i$和$[\![s_1\in b]\!]\leqslant i$得$(a(s_1)\Rightarrow[\![s_1\in b]\!])\leqslant i$，与"对所有$s\varepsilon dom(a)$都有$(a(s)\Rightarrow[\![s\in b]\!])\approx 1$"矛盾。情形2的假设在情形2.1中不成立。

情形2.2，$[\![\exists z(z\notin a\wedge z\in b)]\!]\geqslant i$。根据命题5.15得，存在$g_0\varepsilon$

$V^{\mathcal{A}}$ 使得$[\![g_0 \notin a \wedge g_0 \in b]\!] \geqslant i$；进一步得$[\![g_0 \notin a]\!] \geqslant i$且$[\![g_0 \in b]\!] \geqslant i$。因为$[\![g_0 \in b]\!] \approx \bigvee^{\mathcal{A}}_{t\varepsilon dom(b)}(b(t) \wedge^{\mathcal{A}} [\![t = g_0]\!]) \geqslant i$，所以存在$t_1 \varepsilon dom(b)$使得$(b(t_1) \wedge^{\mathcal{A}} [\![t_1 = g_0]\!]) \geq i$；进一步得$b(t_1) \geqslant i$且$[\![t_1 = g_0]\!] \geq i$。由$[\![g_0 \notin a]\!] \geqslant i$得$[\![g_0 \in a]\!] \leqslant i$。根据命题5.7，由$[\![g_0 \in a]\!] \leqslant i$和$[\![t_1 = g_0]\!] \geq i$得$[\![t_1 \in a]\!] \leqslant i$。根据$\Rightarrow$的真值表由$b(t_1) \geqslant i$和$[\![t_1 \in a]\!] \leqslant i$得$(b(t_1) \Rightarrow [\![t_1 \in a]\!]) \leqslant i$，与“对所有$t\varepsilon dom(b)$都有$(b(t) \Rightarrow [\![t \in a]\!]) \approx 1$”矛盾。情形2的假设在情形2.2中不成立。

综合情形2.1和情形2.2，假设在情形2中不成立。

综合情形1和情形2得“$[\![(Ax22)]\!] \approx 0$”这个假设不成立。因此$[\![(Ax22)]\!] \geq i$，即$[\![(Ax22)]\!] \varepsilon D$，（Ax22）是模型 $V^{\mathcal{A}}$ 有效的。

命题5.40

令 x 是 $V^{\mathcal{A}}$ 的任意元素。求证：$[\![C(x)]\!] \approx 1$。

证明：使用广义归纳法。归纳假设：对所有 $a\varepsilon dom(x)$ 都有$[\![C(a)]\!] \approx 1$。下面证明$[\![C(x)]\!] \approx 1$。

此时$[\![C(x)]\!] \approx \bigwedge^{\mathcal{A}}_{a\varepsilon dom(x)}(x(a) \Rightarrow [\![C(a)]\!])$。根据归纳假设得，对所有 $a\varepsilon dom(x)$ 都有$[\![C(a)]\!] \approx 1$；进一步地，对所有 $a\varepsilon dom(x)$ 都有$(x(a) \Rightarrow [\![C(a)]\!]) \approx 1$；因此$[\![C(x)]\!] \approx 1$。

命题5.41

（Ax23）不是模型 $V^{\mathcal{A}}$ 有效的。

证明：（Ax23）是 $\forall x(C(x) \equiv {^\circ}(x = x))$。我们可以在 $V^{\mathcal{A}}$ 中找一个元素 x，对所有 $a\varepsilon dom(x)$ 都有 $x(a) \approx i$，此时可得$[\![x = x]\!] \approx i$；再根据$^\circ$的真值表得$[\![{^\circ}(x = x)]\!] \approx 0$。但是此时$[\![C(x)]\!] \approx 1$；根据$\equiv$的真值表得$[\![C(x) \equiv {^\circ}(x = x)]\!] \approx 0$。进一步根据命题5.15得$[\![\forall x(C(x) \equiv {^\circ}(x = x))]\!] \approx 0$。因此（Ax23）不是模型 $V^{\mathcal{A}}$ 有效的。

命题5.42

（Ax24）是模型 $V^{\mathcal{A}}$ 有效的。

证明：（Ax24）是 $\forall x(C(x) \equiv {^\circ}(x \in x))$。根据命题5.40得$[\![C(x)]\!] \approx 1$。根据命题5.14得，对 $V^{\mathcal{A}}$ 的任意元素 x 有$[\![x \in x]\!] \approx 0$，再

根据 $\circ$ 的真值表得 $[\![\circ(x \in x)]\!] \approx 1$。再根据 $\equiv$ 的真值表得 $[\![C(x) \equiv \circ(x \in x)]\!] \approx 1$。进一步根据命题5.15得 $[\![\forall x(C(x) \equiv \circ(x \in x))]\!] \approx 1$。因此 $[\![(Ax24)]\!] \varepsilon D$，（Ax24）是模型 $V^{\mathcal{A}}$ 有效的。

命题5.43

（Ax25）不是模型 $V^{\mathcal{A}}$ 有效的。

证明：（Ax25）是 $\forall x(\neg C(x) \equiv \neg \circ(x = x))$。根据命题5.40得 $[\![C(x)]\!] \approx 1$；进一步得 $[\![\neg C(x)]\!] \approx 0$。我们可以在 $V^{\mathcal{A}}$ 中找一个元素 x，对所有 $a \varepsilon dom(x)$ 都有 $x(a) \approx i$，此时可得 $[\![x = x]\!] \approx i$；再根据 $\circ$ 的真值表得 $[\![\circ(x = x)]\!] \approx 0$；进一步得 $[\![\neg \circ(x = x)]\!] \approx 1$；再根据 $\equiv$ 的真值表得 $[\![\neg C(x) \equiv \neg \circ(x = x)]\!] \approx 0$。因此根据命题5.15得 $[\![\forall x(\neg C(x) \equiv \neg \circ(x = x))]\!] \approx 0$。因此（Ax25）不是模型 $V^{\mathcal{A}}$ 有效的。

命题5.44

（Ax26）是模型 $V^{\mathcal{A}}$ 有效的。

证明：（Ax26）是 $\forall x(\neg C(x) \equiv \neg \circ(x \in x))$。根据命题5.40得 $[\![C(x)]\!] \approx 1$；进一步得 $[\![\neg C(x)]\!] \approx 0$。根据命题5.14得，对 $V^{\mathcal{A}}$ 的任意元素 x 有 $[\![x \in x]\!] \approx 0$，再根据 $\circ$ 的真值表得 $[\![\circ(x \in x)]\!] \approx 1$；进一步得 $[\![\neg \circ(x \in x)]\!] \approx 0$；再根据 $\equiv$ 的真值表得 $[\![\neg C(x) \equiv \neg \circ(x \in x)]\!] \approx 1$；再根据命题5.15得 $[\![\forall x(\neg C(x) \equiv \neg \circ(x \in x))]\!] \approx 1$。因此 $[\![(Ax26)]\!] \varepsilon D$，（Ax26）是模型 $V^{\mathcal{A}}$ 有效的。

命题5.45

（Ax27）是模型 $V^{\mathcal{A}}$ 有效的。

证明：假设 $[\![(Ax27)]\!] \approx 0$，即 $[\![\forall x(\forall y[y \in x \supset C(y)] \supset C(x))]\!] \approx 0$。此时根据命题5.15得，存在 $a_0 \varepsilon V^{\mathcal{A}}$ 使得 $[\![\forall y[y \in a_0 \supset C(y)] \supset C(a_0)]\!] \approx 0$；进一步得 $[\![\forall y[y \in a_0 \supset C(y)]]\!] \geqslant i$ 且 $[\![C(a_0)]\!] \approx 0$。根据命题5.15，由 $[\![\forall y[y \in a_0 \supset C(y)]]\!] \geqslant i$ 得，对所有 $b \varepsilon V^{\mathcal{A}}$ 都有 $[\![b \in a_0 \supset C(y)]\!] \geqslant i$。因为 $[\![C(a_0)]\!] \approx \wedge^{\mathcal{A}}_{r \varepsilon dom(a_0)}(a_0(r) \Rightarrow [\![C(r)]\!]) \approx 0$，所以存在 $r_0 \varepsilon dom(a_0)$ 使得 $(a_0(r_0) \Rightarrow [\![C(r_0)]\!]) \approx 0$；进一步得 $a_0(r_0) \geqslant i$ 且 $[\![C(r_0)]\!] \approx 0$。根据命题5.16由 $a_0(r_0) \geqslant i$ 得 $[\![r_0 \in a_0]\!] \geqslant i$；进一步

得$[\![r_0 \in a_0 \supset C(r_0)]\!] \approx 0$；这与“对所有 $b \varepsilon V^{\mathcal{A}}$ 都有$[\![b \in a_0 \supset C(y)]\!] \geqslant i$”矛盾。因此假设不成立，可得$[\![(Ax27)]\!] \geq i$，即$[\![(Ax27)]\!] \varepsilon D$，（Ax27）是模型 $V^{\mathcal{A}}$ 有效的。

说明 5.46

这里解释一下上述证明看起来比较烦琐的原因。在布尔值模型的情形中，我们可以证明：对模型中的任意对象 x 和 u 有

(1) $[\![\exists x(x \in u \wedge \varphi(x))]\!] \approx \bigvee^{\mathcal{A}}_{x \varepsilon dom(u)}(u(x) \wedge^{\mathcal{A}} [\![\varphi(x)]\!])$；

(2) $[\![\forall x(x \in u \supset \varphi(x))]\!] \approx \bigwedge^{\mathcal{A}}_{x \varepsilon dom(u)}(u(x) \Rightarrow [\![\varphi(x)]\!])$。

但是在广义代数值模型中，这两个结果是不成立的。在洛维和塔拉法德构造的广义代数值模型中，他们定义了合理性和蕴涵性，即第三节第四小节中的（P1）－（P4），这些性质可用于简化公理的模型有效性的证明，但是正如第三节第四小节中所显示的，广义代数 $\mathcal{A}$ 不具有性质（P1），这导致我们无法使用洛维和塔拉法德的简化证明方法证明公理的模型有效性。

九　遭遇的困难

通过第三节第八小节的讨论可以看出：（Ax12）、（Ax19）、（Ax20）是（部分地）模型 $V^{\mathcal{A}}$ 有效的，（Ax23）和（Ax25）不是模型 $V^{\mathcal{A}}$ 有效的。这些结果说明模型 $V^{\mathcal{A}}$ 不是 *ZQST* 的模型。因此需要对这些结果进行分析以改进模型 $V^{\mathcal{A}}$。

通过观察（Ax12）、（Ax19）、（Ax20）的模型有效性的证明过程可以发现它们之所以是（部分地）模型 $V^{\mathcal{A}}$ 有效的，是因为它们都包含了任意公式 φ。当 φ 是不包含弱否定 $\neg$ 的公式时，（Ax12）、（Ax19）、（Ax20）都是模型 $V^{\mathcal{A}}$ 有效的；当 φ 是包含弱否定 $\neg$ 的公式时，它们不是模型 $V^{\mathcal{A}}$ 有效的。原因是对于包含了弱否定的公式 φ，我们无法证明对 $V^{\mathcal{A}}$ 的任意元素 x 和 y 有 $([\![x = y]\!] \wedge^{\mathcal{A}} [\![\varphi(x)]\!]) \leqslant [\![\varphi(y)]\!]$；关于这一点请参见命题 5.11。具体地讲，对于任意包含了弱否定的公式 φ，命题 5.11 表达了：对 $V^{\mathcal{A}}$ 的任意元素 x 和 y，如果$[\![x = y]\!] \neq i$，那么可以证

明 $(\llbracket x=y\rrbracket \wedge^{\mathcal{A}} \llbracket \varphi(x)\rrbracket) \leqslant \llbracket \varphi(y)\rrbracket$。因此如果能获得"对 $V^{\mathcal{A}}$ 的任意元素 x 和 y 都有 $\llbracket x=y\rrbracket \neq i$"，那么就能证明（Ax12）、（Ax19）、（Ax20）是模型 $V^{\mathcal{A}}$ 有效的。

关于（Ax23）和（Ax25）。根据命题 5.40，对 $V^{\mathcal{A}}$ 的任意元素 x 有 $\llbracket C(x)\rrbracket \approx 1$。根据命题 5.3，对 $V^{\mathcal{A}}$ 的任意元素 x 有 $\llbracket x=x\rrbracket \geqslant i$；因此 $\llbracket x=x\rrbracket \approx 1$ 或者 i。当 $\llbracket x=x\rrbracket \approx i$ 时，$\llbracket {}^{\circ}(x=x)\rrbracket \approx 0$，使得 $\llbracket C(x) \equiv {}^{\circ}(x=x)\rrbracket \approx 0$。这种情形导致（Ax23）和（Ax25）不是模型 $V^{\mathcal{A}}$ 有效的。因此如果对 $V^{\mathcal{A}}$ 的任意元素 x 有 $\llbracket x=x\rrbracket \neq i$，那么就可以证明（Ax23）和（Ax25）是模型 $V^{\mathcal{A}}$ 有效的。

如果能获得"对 $V^{\mathcal{A}}$ 的任意元素 x 和 y 有 $\llbracket x=y\rrbracket \neq i$"，那么就获得了"对 $V^{\mathcal{A}}$ 的任意元素 x 有 $\llbracket x=x\rrbracket \neq i$"。因此所有困难的解决都化归于一点，即对 $V^{\mathcal{A}}$ 的任意元素 x 和 y 有 $\llbracket x=y\rrbracket \neq i$。因此在保持广义代数 $\mathcal{A}$ 和赋值函数 $\llbracket \bullet \rrbracket$ 的定义不变的情形下，解决困难的方法是获得"对 $V^{\mathcal{A}}$ 的任意元素 x 和 y 有 $\llbracket x=y\rrbracket \neq i$"。

观察模型 $V^{\mathcal{A}}$ 的元素。根命题 5.14，对 $V^{\mathcal{A}}$ 的任意元素 x 都有 $\llbracket x\in x\rrbracket \approx 0$，这说明在保持广义代数 $\mathcal{A}$ 和赋值函数 $\llbracket \bullet \rrbracket$ 的定义不变的情形下，$V^{\mathcal{A}}$ 中的元素都不是循环集。但是 $V^{\mathcal{A}}$ 的元素分为两类：第一类元素 x 具有性质 $[\wedge^{\mathcal{A}}{}_{u\varepsilon dom(x)}(x(u) \Rightarrow \llbracket u \in x\rrbracket)] \approx 1$；第二类元素 y 具有性质 $[\wedge^{\mathcal{A}}{}_{v\varepsilon dom(y)}(y(v) \Rightarrow \llbracket v \in y\rrbracket)] \approx i$。对于第二类元素 y 而言，存在一个元素 v_0 使得 $\llbracket v_0 \in y\rrbracket \approx i$；进一步得 $\llbracket y=y\rrbracket \approx i$。第二类元素就是前文所称的"不是一致的对象"，因为由 $\llbracket v_0 \in y\rrbracket \approx i$ 可得 $\llbracket v_0 \notin y\rrbracket \approx i$，所以 $(v_0 \in y)$ 和 $(v_0 \notin y)$ 都是模型有效的，这相当于元素 v_0 同时属于且不属于 y；因此 y 不是一致的。根据（Ax23），对于第二类元素 y 有 $\llbracket C(y)\rrbracket \approx 0$；但是根据命题 5.14 和（Ax24）有 $\llbracket C(y)\rrbracket \approx 1$，矛盾。如果对 $V^{\mathcal{A}}$ 的任意元素 x 有 $\llbracket x=x\rrbracket \neq i$，那么 $\llbracket {}^{\circ}(x=x)\rrbracket \approx 1$，在此基础上矛盾可以被消除。

综合以上观察发现解决困难的关键在于获得"对 $V^{\mathcal{A}}$ 的任意元素 x 和 y 有 $\llbracket x=y\rrbracket \neq i$"。赋值函数 $\llbracket \bullet \rrbracket$ 在符号 = 上的定义为 $\llbracket x=y\rrbracket \approx$

$([\wedge^{\mathcal{A}}{}_{u\varepsilon dom(x)}(x(u) \Rightarrow [\![u \in y]\!])] \wedge^{\mathcal{A}} [\wedge^{\mathcal{A}}{}_{v \in dom(y)}(y(v) \Rightarrow [\![v \in x]\!])])$。如何获得“对 $V^{\mathcal{A}}$ 的任意元素 x 和 y 有 $[\![x = y]\!] \not\approx i$”呢？第一种方式是改变 $\wedge^{\mathcal{A}}$ 的真值表，使得它的真值表中只有 0 和 1。第二种方式是改变 $\Rightarrow$ 的真值表，使 $\Rightarrow$ 的真值表中只有 0 和 1。第三种方式是改变赋值函数 $[\![\bullet]\!]$ 在符号 $\in$ 上的定义，使得 $[\![u \in y]\!]$ 和 $[\![v \in x]\!]$ 的值只能是 0 或 1。第四种方式是改变赋值函数 $[\![\bullet]\!]$ 在符号 = 上的定义，使得 $[\![x = y]\!]$ 的值只能是 0 或 1。

第一种方式是不可行的，因为 $\wedge^{\mathcal{A}}$ 表示的是完全分配格中的交运算，在完全分配格中，交运算被严格定义，无法改变它的真值表。

第二种方式也不可行。$\Rightarrow$ 的真值表如表 5.19。

表 5.19　　**$\Rightarrow$ 的真值表**

$\Rightarrow$	1	i	0
1	1	i	0
i	1	i	0
0	1	1	1

观察这个真值表发现只有 $(1 \Rightarrow i)$ 和 $(i \Rightarrow i)$ 的值为 i。如果把 $(i \Rightarrow i)$ 的值改变为 1，那么可以获得“对 $V^{\mathcal{A}}$ 的任意元素 x 有 $[\![x = x]\!] \approx 1$”，但是不能获得“对 $V^{\mathcal{A}}$ 的任意元素 x 和 y 有 $[\![x = y]\!] \not\approx i$”；这可以解决（Ax23）和（Ax25）遇到的困难，但不能解决（Ax12）、（Ax19）、（Ax20）遇到的困难。如果把 $(1 \Rightarrow i)$ 和 $(i \Rightarrow i)$ 的值都改为 1，那么可以获得“对 $V^{\mathcal{A}}$ 的任意元素 x 和 y 有 $[\![x = y]\!] \not\approx i$”，但是会出现新问题，无法证明命题 5.8 的结果，即对 $V^{\mathcal{A}}$ 的任意元素 u，v，w 有 $[\![u = v]\!] \wedge^{\mathcal{A}} [\![w \in v]\!] \leqslant [\![w \in u]\!]$。原因是：虽然原子公式 $(x = y)$ 的值 $[\![x = y]\!]$ 不能为 i，但是原子公式 $(x \in y)$ 的值 $[\![x \in y]\!]$ 可以为 i。还有一个更为明显的例子是（Ax22），即 $\forall x \forall y(x \neq y \equiv [\exists z(z \in x \wedge z \notin y) \vee \exists z(z \notin x \wedge z \in y)])$，用 x 代入该公式中的 y 可得：当 $[\![z \in x]\!] \approx i$ 时，$\equiv$ 左边的值为 $[\![$

$x \neq x$ ⟧ ≈ 0，≡ 右边的值为 1，因此（Ax22）不是模型有效的。因此“将（1⇒i）和（i⇒i）都改为 1”这种方式也是不可行的。因此第二种方式不可行。

第四种方式也是不可行的。在保持赋值函数的其他部分不变的情况下，不论如何改变⟦$x = y$⟧的定义，都会遭遇第二方式中遇到的困难，即原子公式（$x \in y$）的值⟦$x \in y$⟧可以为 i。具体地讲，在修改⟦$x = y$⟧的定义之前，⟦$x = y$⟧的值是 0、i、1，在修改之后，⟦$x = y$⟧的值是 0、1。因此无论如何修改，实现的效果无非是两个：一是将修改前的⟦$x = y$⟧≈ i 的部分在修改后变为⟦$x = y$⟧≈ 1；二是将修改前的⟦$x = y$⟧≈ i 的部分在修改后变为⟦$x = y$⟧≈ 0。如果实现的是第一种效果，那么无法证明命题 5.8 的结果，进一步地无法证明所有的公理都是模型有效的。如果实现的是第二种效果，那么无法证明（Ax11）的模型有效性。因此第四种方式是不可行的。

综上所述第一、二、四种方式都是不可行的。

十 困难的解决

这里将使用第三种方式解决遭遇的困难，即保持赋值函数⟦ • ⟧的其他部分的定义不变，改变赋值函数⟦ • ⟧在符号 ∈ 上的定义。

首先在广义代数 $\mathcal{A}$ 中引入一个新的二元算子 $\wedge^{+}$，$\wedge^{+}$ 的真值表如表 5.20。

表 5.20 $\wedge^{+}$ 的真值表

$\wedge^{+}$	1	i	0
1	1	1	0
i	1	1	0
0	0	0	0

记这个新获得的广义代数为 $\mathcal{A}^{+}$，新获得的模型的全域记为 $V^{\mathcal{A}^{+}}$，

即 $V^{\mathcal{A}}$ 变成了 $V^{\mathcal{A}+}$。根据 $V^{\mathcal{A}}$ 的定义，$V^{\mathcal{A}}$ 的构造与 $\mathcal{A}$ 中的运算无关，因此 $V^{\mathcal{A}} \approx V^{\mathcal{A}+}$。因此下文中继续使用 $V^{\mathcal{A}}$ 表示模型的全域。

其次，在修改前 $[\![x \in y]\!]$ 的定义是 $\vee^{\mathcal{A}}{}_{u\varepsilon dom\,(y)}(y(u) \wedge^{\mathcal{A}} [\![u = x]\!])$；将其修改为 $[\![x \in y]\!] \approx ([\vee^{\mathcal{A}}{}_{u\varepsilon dom(y)}(y(u) \wedge^{\mathcal{A}} [\![u = x]\!])] \wedge^{+} [\vee^{\mathcal{A}}{}_{u\varepsilon dom(y)}(y(u) \wedge^{\mathcal{A}} [\![u = x]\!])])$。可以看出这个修改只不过是使用 $\wedge^{+}$ 对原先的定义施加了一次自反运算；因此也可以将新获得的定义记为 $[\![x \in y]\!] \approx \wedge^{+}[\vee^{\mathcal{A}}{}_{u\varepsilon dom\,(y)}(y(u) \wedge^{\mathcal{A}} [\![u = x]\!])]$。根据 $\wedge^{+}$ 的真值表可以看出 $[\![x \in y]\!]$ 的值只能是 0 或 1。

最后证明这个修改解决了前文遭遇的困难。容易看出对 $V^{\mathcal{A}}$ 的任意元素 x 和 y 有 $[\![x = y]\!]$ 是 0 或 1，即 $[\![x = y]\!] \not\approx i$。

关于命题 5.3。命题 5.3 的内容是对 $V^{\mathcal{A}}$ 的任意元素 u 都有 $[\![u = u]\!] \geqslant i$。根据修改后的定义可得，对任意 $x\varepsilon dom\,(u)$，如果 $u(x) \geqslant i$，那么 $[\![x \in u]\!] \approx 1$。因此可得 $[\![u = u]\!] \approx 1$。因此根据修改后的 $[\![x \in y]\!]$ 的定义，对 $V^{\mathcal{A}}$ 的任意元素 u 都有 $[\![u = u]\!] \approx 1$，命题 5.3 成立。

关于命题 5.4。命题 5.4 的内容是对 $V^{\mathcal{A}}$ 的任意元素 u、v 有 $[\![u = v]\!] \approx [\![v = u]\!]$。命题 5.4 在修改 $[\![x \in y]\!]$ 的定义后也是成立的。

关于命题 5.6。命题 5.6 的内容是对 $V^{\mathcal{A}}$ 的任意元素 u，v，w 有 $([\![u = v]\!] \wedge^{\mathcal{A}} [\![v = w]\!]) \leqslant [\![u = w]\!]$。这里使用广义归纳法证明。归纳假设对任意 $r\varepsilon V^{\mathcal{A}}$、$s\varepsilon V^{\mathcal{A}}$、$x\varepsilon dom\,(u)$ 都有 $([\![r = s]\!] \wedge^{\mathcal{A}} [\![s = w]\!]) \leqslant [\![r = w]\!]$。下面证明 $([\![u = v]\!] \wedge^{\mathcal{A}} [\![v = w]\!]) \leqslant [\![u = w]\!]$。

当 $[\![u = w]\!] \approx 1$ 时，所证结论显然是成立的。

当 $[\![u = w]\!] \approx 0$ 时，存在 $x_0\varepsilon dom\,(u)$ 使得 $(u(x_0) \Rightarrow [\![x_0 \in w]\!]) \approx 0$，或者存在 $z_0\varepsilon dom\,(w)$ 使得 $(w(z_0) \Rightarrow [\![z_0 \in u]\!]) \approx 0$。分情形讨论。

情形 1，存在 $x_0\varepsilon dom\,(u)$ 使得 $(u(x_0) \Rightarrow [\![x_0 \in w]\!]) \approx 0$。此时 $u(x_0) \geqslant i$ 且 $[\![x_0 \in w]\!] \approx 0$。假设 $([\![u = v]\!] \wedge^{\mathcal{A}} [\![v = w]\!]) \leqslant [\![u = w]\!]$ 不成立，因此 $[\![u = v]\!] \geq i$ 且 $[\![v = w]\!] \geq i$；进而得 $[\![u = v]\!] \approx 1$ 且 $[\![v = w]\!] \approx 1$。由 $u(x_0) \geqslant i$ 和 $[\![u = v]\!] \approx 1$ 得 $(u(x_0) \Rightarrow [\![x_0 \in v]\!]) \approx 1$；进一步得 $[\![x_0 \in v]\!] \approx 1$；进一步得，存在 $y_0\varepsilon dom\,(v)$ 使得 $(v(y_0) \wedge^{\mathcal{A}} [\![x_0 = y_0]\!]) \geqslant i$；进一步

得 $v(y_0) \geqslant i$ 且 $[\![x_0 = y_0]\!] \approx 1$。根据 $v(y_0) \geqslant i$ 和 $[\![v = w]\!] \approx 1$ 得，存在 $z_0 \varepsilon dom(w)$ 使得 $(w(z_0) \wedge^{\mathcal{A}} [\![y_0 = z_0]\!]) \geqslant i$；进一步得 $w(z_0) \geqslant i$ 且 $[\![y_0 = z_0]\!] \approx 1$。根据归纳假设，由 $[\![x_0 = y_0]\!] \approx 1$ 和 $[\![y_0 = z_0]\!] \approx 1$ 得 $[\![x_0 = z_0]\!] \approx 1$。由 $w(z_0) \geqslant i$ 和 $[\![x_0 = z_0]\!] \approx 1$ 可得 $[\![x_0 \in w]\!] \approx 1$，与 $[\![x_0 \in w]\!] \approx 0$ 矛盾。因此情形 1 的假设不成立。因此所证结论在情形 1 中成立。

情形 2，存在 $z_0 \varepsilon dom(w)$ 使得 $(w(z_0) \Rightarrow [\![z_0 \in u]\!]) \approx 0$。此时 $w(z_0) \geqslant i$ 且 $[\![z_0 \in u]\!] \approx 0$。假设 $([\![u = v]\!] \wedge^{\mathcal{A}} [\![v = w]\!]) \leqslant [\![u = w]\!]$ 不成立，因此 $[\![u = v]\!] \geq i$ 且 $[\![v = w]\!] \geq i$；进而得 $[\![u = v]\!] \approx 1$ 且 $[\![v = w]\!] \approx 1$。由 $w(z_0) \geqslant i$ 和 $[\![v = w]\!] \approx 1$ 得，存在 $y_0 \varepsilon dom(v)$ 使得 $(v(y_0) \wedge^{\mathcal{A}} [\![y_0 = z_0]\!]) \geqslant i$；进一步得 $v(y_0) \geqslant i$ 且 $[\![y_0 = z_0]\!] \approx 1$。由 $v(y_0) \geqslant i$ 和 $[\![u = v]\!] \approx 1$ 得，存在 $x_0 \varepsilon dom(u)$ 使得 $(u(x_0) \wedge^{\mathcal{A}} [\![x_0 = y_0]\!]) \geqslant i$；进一步得 $u(x_0) \geq i$ 且 $[\![x_0 = y_0]\!] \approx 1$。根据归纳假设，由 $[\![x_0 = y_0]\!] \approx 1$ 和 $[\![y_0 = z_0]\!] \approx 1$ 得 $[\![x_0 = z_0]\!] \approx 1$。由 $u(x_0) \geq i$ 和 $[\![x_0 = z_0]\!] \approx 1$ 得 $[\![z_0 \in u]\!] \approx 1$，与 $[\![z_0 \in u]\!] \approx 0$ 矛盾。因此情形 2 中的假设不成立，因此所证结论在情形 2 中成立。

综合两种情形得所证结论成立。即 $([\![u = v]\!] \wedge^{\mathcal{A}} [\![v = w]\!]) \leqslant [\![u = w]\!]$。命题 5.6 在修改 $[\![x \in y]\!]$ 的定义后是成立的。

关于命题 5.7。命题 5.7 是对 $V^{\mathcal{A}}$ 的任意元素 u，v，w 有 $([\![u = v]\!] \wedge^{\mathcal{A}} [\![v \in w]\!]) \leqslant [\![u \in w]\!]$。从前文命题 5.7 的证明过程可以看出命题 5.7 的证明只依赖命题 5.6 和完全分配格的性质。因此命题 5.7 在修改 $[\![x \in y]\!]$ 的定义后是成立的。

关于命题 5.8。命题 5.8 是对 $V^{\mathcal{A}}$ 的任意元素 u，v，w 有 $([\![u = v]\!] \wedge^{\mathcal{A}} [\![w \in v]\!]) \leqslant [\![w \in u]\!]$。当 $[\![w \in u]\!] \approx 1$ 时，$([\![u = v]\!] \wedge^{\mathcal{A}} [\![w \in v]\!]) \leqslant [\![w \in u]\!]$ 是成立的。下面考虑 $[\![w \in u]\!] \approx 0$ 时的情形。

假设 $([\![u = v]\!] \wedge^{\mathcal{A}} [\![w \in v]\!]) \leqslant [\![w \in u]\!]$ 不成立，此时 $[\![u = v]\!] \geqslant i$ 且 $[\![w \in v]\!] \geqslant i$；进一步得 $[\![u = v]\!] \approx 1$ 且 $[\![w \in v]\!] \approx 1$。由 $[\![w \in v]\!] \approx 1$ 得，存在 $y_0 \varepsilon dom(v)$ 使得 $(v(y_0) \wedge^{\mathcal{A}} [\![y_0 = w]\!]) \geqslant i$；进一步得 $v(y_0) \geq i$ 且 $[\![y_0 = w]\!] \approx 1$。由 $v(y_0) \geq i$ 和 $[\![u = v]\!] \approx 1$ 得，存在 $x_0 \varepsilon dom(u)$ 使得 $(u(x_0)$

$\wedge^{\mathcal{A}}[\![x_0=y_0]\!])\geqslant i$；进一步得 $u(x_0)\geq i$ 且 $[\![x_0=y_0]\!]\approx 1$。根据命题5.6，由 $[\![x_0=y_0]\!]\approx 1$ 和 $[\![y_0=w]\!]\approx 1$ 得 $[\![x_0=w]\!]\approx 1$。由 $u(x_0)\geq i$ 和 $[\![x_0=w]\!]\approx 1$ 得 $[\![w\in u]\!]\approx 1$，与 $[\![w\in u]\!]\approx 0$ 矛盾。因此假设不成立。因此对 $V^{\mathcal{A}}$ 的任意元素 u，v，w 有 $([\![u=v]\!]\wedge^{\mathcal{A}}[\![w\in v]\!])\leqslant[\![w\in u]\!]$。因此命题5.8 在修改 $[\![x\in y]\!]$ 的定义后是成立的。

关于命题5.9。命题5.9 是对 $V^{\mathcal{A}}$ 的任意元素 u，v 有 $([\![u=v]\!]\wedge^{\mathcal{A}}[\![C(u)]\!])\leqslant[\![C(v)]\!]$。首先，上面修改的定义不影响命题5.40 的证明；其次，命题5.40 指出对 $V^{\mathcal{A}}$ 的任意元素 u 有 $[\![C(u)]\!]\approx 1$；最后，容易看出命题5.9 是成立的。因此命题5.9 在修改 $[\![x\in y]\!]$ 的定义后是成立的。

关于命题5.10 和命题5.11。下面将证明：令 φ 是 $L(ZQST)(\mathcal{A})$ 中的任意公式，对 $V^{\mathcal{A}}$ 的任意元素 u，v 有 $([\![u=v]\!]\wedge^{\mathcal{A}}[\![\varphi(u)]\!])\leqslant[\![\varphi(v)]\!]$。

证明：根据命题5.6、5.7、5.8、5.9 可知所证结论对原子命题成立；还发现原子公式在赋值函数下的值是0 或1；通过观察初始联结词的真值表发现复合公式在赋值函数下的值也只能是0 或1。下面施归纳于公式的结构证明所证结论对复合公式也成立。分情形讨论。

情形1，φ 形如 $\neg\psi$ 时。归纳假设对 $V^{\mathcal{A}}$ 的任意元素 r，s 有 $([\![r=s]\!]\wedge^{\mathcal{A}}[\![\psi(r)]\!])\leqslant[\![\psi(s)]\!]$。分情形讨论。

情形1.1，$[\![\varphi(v)]\!]\approx 0$。假设 $([\![u=v]\!]\wedge^{\mathcal{A}}[\![\varphi(u)]\!])\leqslant[\![\varphi(v)]\!]$ 不成立，则 $[\![u=v]\!]\geq i$ 且 $[\![\varphi(u)]\!]\geq i$；进一步得 $[\![u=v]\!]\approx 1$ 且 $[\![\varphi(u)]\!]\approx 1$。由 $[\![\varphi(v)]\!]\approx 0$ 得 $[\![\psi(v)]\!]\approx 1$。根据归纳假设，由 $[\![\psi(v)]\!]\approx 1$ 和 $[\![u=v]\!]\approx 1$ 得 $[\![\psi(u)]\!]\approx 1$；进一步得 $[\![\varphi(u)]\!]\approx 0$，与 $[\![\varphi(u)]\!]\approx 1$ 矛盾。因此情形1.1 的假设不成立。因此所证结论在情形1.1 中成立。

情形1.2，$[\![\varphi(v)]\!]\approx 1$。此时所证结论显然成立。

因此综合情形1.1 和情形1.2，所证结论在情形1 中成立。

情形2，φ 形如 $(\psi\supset\chi)$。归纳假设：对 $V^{\mathcal{A}}$ 的任意元素 r，s 有 $([\![r=s]\!]\wedge^{\mathcal{A}}[\![\psi(r)]\!])\leqslant[\![\psi(s)]\!]$，$([\![r=s]\!]\wedge^{\mathcal{A}}[\![\chi(r)]\!])\leqslant[\![\chi(s)]\!]$。分情形

讨论。

情形2.1，$[\![\varphi(v)]\!]\approx 0$。此时$[\![\psi(v)\supset\chi(v)]\!]\approx 0$；进一步得$[\![\psi(v)]\!]\geqslant i$且$[\![\chi(v)]\!]\approx 0$；进一步得$[\![\psi(v)]\!]\approx 1$且$[\![\chi(v)]\!]\approx 0$。假设（$[\![u=v]\!]\wedge^{\mathcal{A}}[\![\varphi(u)]\!]$）$\leqslant[\![\varphi(v)]\!]$不成立，则$[\![u=v]\!]\geq i$且$[\![\varphi(u)]\!]\geq i$；进一步得$[\![u=v]\!]\approx 1$且$[\![\varphi(u)]\!]\approx 1$。由$[\![\varphi(u)]\!]\approx 1$得$[\![\psi(u)\supset\chi(u)]\!]\approx 1$。根据归纳假设，由$[\![u=v]\!]\approx 1$和$[\![\psi(v)]\!]\approx 1$得$[\![\psi(u)]\!]\approx 1$。由$[\![\psi(u)\supset\chi(u)]\!]\approx 1$和$[\![\psi(u)]\!]\approx 1$得$[\![\chi(u)]\!]\approx 1$。根据归纳假设，由$[\![u=v]\!]\approx 1$和$[\![\chi(u)]\!]\approx 1$得$[\![\chi(v)]\!]\approx 1$，与$[\![\chi(v)]\!]\approx 0$矛盾。因此假设不成立。因此所证结论在情形2.1中成立。

情形2.2，$[\![\varphi(v)]\!]\approx 1$。此时所证结论显然是成立的。

因此综合情形2.1和2.2，所证结论在情形2中成立。

情形3，φ形如$\forall x\psi(x)$。归纳假设：对所有对$V^{\mathcal{A}}$的任意元素r，s有（$[\![r=s]\!]\wedge^{\mathcal{A}}[\![\psi(r)]\!]$）$\leqslant[\![\psi(s)]\!]$。分情形讨论。

情形3.1，$[\![\varphi(v)]\!]\approx 0$。假设（$[\![u=v]\!]\wedge^{\mathcal{A}}[\![\varphi(u)]\!]$）$\leqslant[\![\varphi(v)]\!]$不成立，则$[\![u=v]\!]\geqslant i$且$[\![\varphi(u)]\!]\geq i$；进一步得$[\![u=v]\!]\approx 1$且$[\![\varphi(u)]\!]\approx 1$。由$[\![\varphi(u)]\!]\approx 1$得，对任意$u\varepsilon V^{\mathcal{A}}$都有$[\![\psi(u)]\!]\approx 1$。根据归纳假设，由$[\![\psi(u)]\!]\approx 1$和$[\![u=v]\!]\approx 1$得$[\![\psi(v)]\!]\approx 1$；因此对所有$v\varepsilon V^{\mathcal{A}}$都有$[\![\psi(v)]\!]\approx 1$，即$[\![\varphi(v)]\!]\approx 1$，与$[\![\varphi(v)]\!]\approx 0$矛盾。因此假设不成立，因此所证结论在情形3.1中成立。

情形3.2，$[\![\varphi(v)]\!]\approx 1$。此时所证结论显然是成立的。

因此综合情形3.1和情形3.2，所证结论在情形3中成立。

因此综合以上三种情形，所证结论成立，即令φ是$L(ZQST)(\mathcal{A})$中的任意公式，对$V^{\mathcal{A}}$的任意元素u，v有（$[\![u=v]\!]\wedge^{\mathcal{A}}[\![\varphi(u)]\!]$）$\leqslant[\![\varphi(v)]\!]$。

说明5.47

上面证明了：令φ是$L(ZQST)(\mathcal{A})$中的任意公式，对$V^{\mathcal{A}}$的任意元素u，v有（$[\![u=v]\!]\wedge^{\mathcal{A}}[\![\varphi(u)]\!]$）$\leqslant[\![\varphi(v)]\!]$。通过观察第三节第八小节中给出的（Ax12）、（Ax19）、（Ax20）的证明过程可以发现，基于这个

结果能够证明（Ax12）、（Ax19）、（Ax20）都是模型 $V^{\mathcal{A}+}$ 有效的。

关于命题5.14。命题5.14是：令 u 是 $V^{\mathcal{A}}$ 的任意元素，求证 $[\![u \in u]\!] \approx 0$。如果 $[\![u \in u]\!] \approx 1$，那么"存在 $x_0 \varepsilon dom(u)$ 使得 $(u(x_0) \wedge^{\mathcal{A}} [\![x_0 = u]\!]) \geqslant i$"；这一点恰好能衔接上第三节第六小节中给出的命题5.14的证明。因此5.14的证明在这里也是有效的。因此命题5.14是成立的。

关于命题5.16。命题5.16是：令 u 是 $V^{\mathcal{A}}$ 的任意元素，对所有 $x \varepsilon dom(u)$ 都有：如果 $u(x) \geqslant i$，那么 $[\![x \in u]\!] \geqslant i$。在修改定义后容易证明：令 u 是 $V^{\mathcal{A}}$ 的任意元素。对所有 $x \varepsilon dom(u)$ 都有：如果 $u(x) \geqslant i$，那么 $[\![x \in u]\!] \approx 1$。因此命题5.16也是成立的。

到目前为止讨论了很多在 $V^{\mathcal{A}}$ 中成立的命题在 $V^{\mathcal{A}+}$ 中也是成立的。这试图说明的是模型 $V^{\mathcal{A}}$ 有效的公理也是模型 $V^{\mathcal{A}+}$ 有效的。根据第三节第八小节中提供的证明过程，这一点是容易验证的。

接下来证明（Ax23）和（Ax25）是模型 $V^{\mathcal{A}+}$ 有效的。

关于（Ax23）。（Ax23）是 $\forall x(C(x) \equiv {}^{\circ}(x = x))$。根据上面的结论可知：对 $V^{\mathcal{A}+}$ 的任意元素 x 有 $[\![x = x]\!] \approx 1$；进一步得 $[\![{}^{\circ}(x = x)]\!] \approx 1$。根据命题5.40可得，对 $V^{\mathcal{A}+}$ 的任意元素 x 有 $[\![C(x)]\!] \approx 1$。因此根据 $\equiv$ 的真值表得 $[\![(C(x) \equiv {}^{\circ}(x = x))]\!] \approx 1$；进一步得 $[\![\forall x(C(x) \equiv {}^{\circ}(x = x))]\!] \approx 1$，即 $[\![(Ax23)]\!] \approx 1$，$[\![(Ax23)]\!] \varepsilon D$。因此（Ax23）是模型 $V^{\mathcal{A}+}$ 有效的。

关于（Ax25）。（Ax25）是 $\forall x(\neg C(x) \equiv \neg {}^{\circ}(x = x))$。根据命题5.40可得，对 $V^{\mathcal{A}+}$ 的任意元素 x 有 $[\![C(x)]\!] \approx 1$；进一步得 $[\![\neg C(x)]\!] \approx 0$。根据上面结论得，对 $V^{\mathcal{A}+}$ 的任意元素 x 有 $[\![{}^{\circ}(x = x)]\!] \approx 1$；进一步得 $[\![\neg {}^{\circ}(x = x)]\!] \approx 0$。因此根据 $\equiv$ 的真值表得 $[\![(\neg C(x) \equiv \neg {}^{\circ}(x = x))]\!] \approx 1$；进一步得 $[\![\forall x(\neg C(x) \equiv \neg {}^{\circ}(x = x))]\!] \approx 1$，即 $[\![(Ax25)]\!] \approx 1$，$[\![(Ax25)]\!] \varepsilon D$。因此（Ax25）是模型 $V^{\mathcal{A}+}$ 有效的。

综合起来得（Ax23）和（Ax25）是模型 $V^{\mathcal{A}+}$ 有效的。因此可以得出结论：ZQST 的所有公理都是模型 $V^{\mathcal{A}+}$ 有效的。

十一 推理规则传递有效性

$ZQST$ 有两条推理规则，分别是：

（R1）从 φ 和（$\varphi \supset \psi$）可推出 ψ；

（R2）如果 x 不在 φ 中自由出现，那么从（$\varphi \supset \psi$）可推出（$\varphi \supset \forall x\psi$）。

下面证明这两条规则传递模型 $V^{\mathcal{A}+}$ 有效性。

关于（R1）。假设 φ 和（$\varphi \supset \psi$）是模型 $V^{\mathcal{A}+}$ 有效的，因此 $[\![\varphi]\!]\varepsilon D$ 且 $[\![\varphi \supset \psi]\!]\varepsilon D$；进一步得 $[\![\varphi]\!]\approx 1$ 且 $[\![\varphi \supset \psi]\!]\approx 1$；进一步得 $[\![\psi]\!]\approx 1$，即 $[\![\psi]\!]\varepsilon D$。因此 ψ 是模型 $V^{\mathcal{A}+}$ 有效的。因此（R1）传递模型 $V^{\mathcal{A}+}$ 有效性。

关于（R2）。令 φ 和 ψ 是 $L(ZQST)(\mathcal{A})$ 中的任意公式，并且 x 不在 φ 中自由出现。假设（$\varphi \supset \psi$）是模型 $V^{\mathcal{A}+}$ 有效的，此时 $[\![\varphi \supset \psi]\!]\varepsilon D$；进一步得 $[\![\varphi \supset \psi]\!]\approx 1$，即 $[\![\varphi]\!]\approx 0$ 或者 $[\![\psi]\!]\approx 1$。如果 $[\![\varphi]\!]\approx 0$，那么根据 $\Rightarrow$ 的真值表显然有 $[\![\varphi \supset \forall x\psi]\!]\approx 1$。如果 $[\![\psi]\!]\approx 1$，那么因为 x 不在 φ 中自由出现，所以对所有 $x\varepsilon V^{\mathcal{A}+}$ 都有 $[\![\psi]\!]\approx 1$，进一步得 $[\![\forall x\psi]\!]\approx 1$；进一步得 $[\![\varphi \supset \forall x\psi]\!]\approx 1$。因此 $[\![\varphi \supset \forall x\psi]\!]\varepsilon D$，（$\varphi \supset \forall x\psi$）是模型 $V^{\mathcal{A}+}$ 有效的。（R2）传递模型 $V^{\mathcal{A}+}$ 有效性。

因此综合第三节第八到第十一小节可得模型 $V^{\mathcal{A}+}$ 是 $ZQST$ 的模型。

十二 ZQST 是非平凡的

为 $ZQST$ 构造模型的目的是证明 $ZQST$ 是非平凡的。一个理论是非平凡的，当且仅当，并非它的所有句子都是模型有效的。如果能够在 $L(ZQST)(\mathcal{A})$ 中找到一个公式，满足该公式不是模型 $V^{\mathcal{A}+}$ 有效的，那么 $ZQST$ 就是非平凡的。请考虑 $\forall x(x \neq x)$。因为 $[\![(x = x)]\!]\approx 1$，进一步得 $[\![(x \neq x)]\!]\approx 0$，进一步得 $[\![\forall x(x \neq x)]\!]\approx 0$，所以 $\forall x(x \neq x)$ 不是模型有效的。因此 $ZQST$ 是非平凡的。

本章小结

本章完成了三件事：第一，讨论如何构造弗协调集合的全域，定义了 *ZQST* 的赋值函数和模型有效性，并讨论了 *ZQST* 的模型应当满足什么样的条件；第二，使用李伯特的技术去讨论如何为 *ZQST* 构造一个拓扑模型，但是只给出了详细的构造思路，没有完整地刻画出该模型；第三，实现了洛维和塔拉法德的猜想，为 *ZQST* 构造了广义代数值模型。

本章使用李伯特的技术构造弗协调集合的全域，即使用经典集合构造弗协调集合。在定义 *ZQST* 的赋值函数、模型有效性、模型中的相等关系时，本章的工作是对李伯特的技术的一种推广，因为：第一，李伯特的模型服务于基于弗协调逻辑 *Pac* 的弗协调朴素集合论，而 *ZQST* 是弗协调 *ZF* 集合论，并且 *ZQST* 使用的弗协调逻辑修改的是经典逻辑中的否定联结词；第二，不论是李伯特使用的弗协调逻辑 *Pac*，还是科斯塔的弗协调逻辑 C_n 系统，合取 ∧ 、析取 ∨ 、否定 ¬ 、蕴涵 ⊃ 、全称量词 ∀ 、存在量词 ∃ 都是初始的联结词或量词，这使得它们在模型中的解释是相互独立的，这就带来了极大的便利，而在 *ZQST* 使用的弗协调逻辑中，初始联结词或量词只有否定 ¬ 、蕴涵 ⊃ 、全称量词 ∀ ，其他联结词或量词在模型中的解释只能依赖于这三个联结词或量词在模型中的解释，这限制了本章对模型的构造，这一点可以从第三节看出来；第三，在 *ZQST* 中有两种否定，强否定 ~ 和弱否定 ¬ ，强否定 ~ 是被定义的联结词，弱否定 ¬ 是初始联结词，关于这两种否定的关系，以及如何在模型中处理它们，李伯特并没有提及，因为他的集合论中不存在这种情形，但是这一点是本章为 *ZQST* 构造模型时必须考虑的。

本章成功地为 *ZQST* 构造了广义代数值模型，实现了洛维和塔拉法德的猜想，这是对他们的工作的一个推广，这表现为：第一，洛维和塔拉法德构造的是 *ZF* 的广义代数值模型，本章构造的是 *ZQST* 的广义代数值模型，*ZF* 是经典集合论，*ZQST* 是弗协调集合论；第二，洛维和塔拉法德使用的广义代数满足合理性和演绎性，这大大地方便了 *ZF* 的公理的模型有效性证明，但是本章构造的广义代数不满足合理性，在证明 *ZQST* 的公理的模型有效性时无法借鉴洛维和塔拉法德的证明思路；第三，洛维和塔拉法德曾猜想广义代数值可以用于弗协调集合论，并且讨论了如何在广义代数值模型中处理弗协调否定，但是他们的结论不适用于本章的工作，本章的这部分工作具有创新性。

结　语

本书致力于弗协调集合论的研究，研究目标是立足于国内对弗协调逻辑的研究，跟随国际上弗协调集合论的最新研究成果，构造弗协调一阶逻辑和弗协调集合论，并为自己的弗协调集合论构造模型，充实国内关于弗协调逻辑和弗协调集合论的研究。

为了把握国际上弗协调集合论的最新研究成果，本书综述了国际上弗协调逻辑、弗协调集合论、弗协调集合论模型的研究现状，发现李伯特的拓扑模型可以推广到其他的弗协调集合论。为了寻找用于为弗协调集合论构造模型的可用技术，本书梳理了经典集合论 ZF 的经典模型和非经典模型，发现洛维和塔拉法德的广义代数值模型可以推广到弗协调集合论。

本书从张清宇先生的弗协调命题逻辑 Z_n 出发，通过分析 Z_n 系统发现：在一定的条件下，Z_n 和经典命题逻辑可以相互包含；Z_n 的公理（A7）不是必要的。本书在基于 Z_n 构造弗协调一阶逻辑时，通过引入一致性算子成功地在系统序列 Z_n 的基础上建立了单一系统的弗协调一阶逻辑 ZQ，证明了 ZQ 的可靠性和完全性。本书基于 ZQ 构造了弗协调集合论 $ZQST$，将 $ZQST$ 和已有的弗协调集合论 ZF_n、$ZFCil$ 进行比较，讨论了它们的异同，最后指出 $ZQST$ 中的序数和基数与 ZF 中的序数和基数相同。本书借鉴李伯特的拓扑模型构造技术、洛维和塔拉法德的广义代数值模型构造技术为 $ZQST$ 构造模型，说明了 $ZQST$ 的拓扑模型的构造思路，成功地为 $ZQST$ 构造了广义代数值模型，证明了 $ZQST$ 的非平凡性。

参考文献

中文著作：

李娜:《集合论含有原子的自然模型和布尔值模型》, 北京师范大学出版社 2011 年版。

李小五:《现代逻辑学讲义（数理逻辑)》, 中山大学出版社 2005 年版。

王元主编:《数学大辞典》, 科学出版社 2010 年版。

张宏裕:《公理化集合论》, 天津科学技术出版社 2000 年版。

张清宇:《弗协调逻辑》, 中国社会出版社 2003 年版。

张清宇、郭世铭、李小五：《哲学逻辑研究》, 社会科学文献出版社 2007 年版。

中文论文：

杜国平：《不协调理论的逻辑基础——读张清宇先生的〈弗协调逻辑〉》,《哲学动态》2007 年第 10 期。

李娜:《道义逻辑 D——系统的一种布尔值模型》,《河南大学学报（自然科学版)》2002 年第 2 期。

李娜:《公理系统 GB 的布尔值模型》,《河南大学学报（自然科学版)》1989 年第 4 期。

李娜：《公理系统的布尔值模型》,《河南大学学报（自然科学版)》1998 年第 2 期。

李娜：《关于模态命题系统的一种布尔值模型》，《南京大学学报（数学半年刊)》2001 年第 1 期。

李娜、何建锋：《一种处理集合论悖论的新方法》，《哲学动态》2017 年第 11 期。

李娜：《聚合公理系统 COG 的布尔值模型》，《河南大学学报（自然科学版)》1993 年第 2 期。

李娜、李季：《严格蕴涵系统 S3 的协调性》，《南京大学学报（数学半年刊)》2005 年第 1 期。

李娜：《模型 ~ RΔ ~ （β） 的一些性质》，载张家龙《1997 年逻辑研究专辑》，中国自然辩证法研究会编辑出版委员会 1997 年版，第 5—6 页。

李娜：《一个含有原子的自然模型Σ（A)》，《逻辑学研究》2008 年第 3 期。

张锦文：《集合论公理系统的一类非标准模型——正规弗晰集合结构》，《曲阜师范大学学报（自然科学版)》1988 年第 3 期。

张锦文：《一类格值集合模型》，《华中工学院学报》1980 年第 1 期。

张锦文：《正规弗晰集合结构与布尔值模型》，《华中工学院学报》1979 年第 2 期。

张清宇：《弗协调逻辑系统 Zn 和 ZnUS》，载中国社会科学院哲学所逻辑室编《理有固然：纪念金岳霖先生百年诞辰》，社会科学文献出版社 1995 年版。

张清宇：《弗协调逻辑》，《哲学动态》1987 年第 2 期。

张清宇：《极小的弗协调 U、S 时态命题逻辑》，载王路、刘奋荣主编《逻辑、语言与思维——周礼全先生八十寿辰纪念文集》，中国科学文化出版社 2002 年版。

外文著作：

Abraham A. Fraenkel, Yehoshua Bar-Hillel and Azriel levy, *Foundations of*

Set Theory, Elsevier, 1973.

Andreas Blass and Andre Ščedrov, *Freyd's Models for the Independence of the Axiom of Xhoice*, American Mathematical Society, 1989.

Graham Priest, *In Contradiction*, New York, Oxford University Press, 2006.

John L. Bell, *Set Theory, Boolean-valued Models and Independence Proofs*, Oxford: Oxford University Press, 2005.

Karel Hrbacek and Thomas Jech, *Introduction to Set Theory*, *Revised and Expanded*, New York: CRC Press, 1999.

Kurt Gödel, *The consistency of the Axiom of Choice and of the Generalized Continuum-hypothesis with the Axioms of Set Theory*, Princeton, New Jersey: Princeton University Press, 1940.

Richard Routley, *Exploring Meinong's Jungle and Beyond: an Investigation of Noneism and the Theory of Items*, Canberra: Australian National University, 1980.

Thomas Jech, *Set Theory*, Berlin Heidelberg: Springer, 2003.

Ulrich Felgner, *Models of ZF-Set Theory*, New York: Springer, 1971.

外文论文：

Alan Weir, "Naive Set Theory, Paraconsistency and Indeterminacy: Part I", *Logique Et Analyse*, Vol. 41, No. 161–163, 1998.

Alan Weir, "Naïve Set Theory, Paraconsistency and Indeterminacy: Part II", *Logique Et Analyse*, Vol. 42, No. 167–168, 1999.

Alonzo Church, " Set Theory with a Universal Set ", in American Mathematical Society eds., *Proceedings of the Tarski Symposium*. Vol. 25, Providence, RI, 1974.

Andreas Blassand Andre Scedrov, "Complete Topoi Representing Models of Set Theory", *Annals of Pure and Applied Logic*, Vol. 57, NO. 1, 1992.

Ayda I. Arruda and Diderik Batens, "Russell's Set Versus the Universal Set in Paraconsistent Set Theory", *Logique Et Analyse*, Vol. 25, No. 98, 1982.

Ayda I. Arruda, "A survey of Paraconsistent Logic", *Studies in Logic and the Foundations of Mathematics*, Vol. 99, 1980.

Ayda I. Arruda, "Remarks on da Costa's Paraconsistent Set Theories", *Revista Colombiana de Matematicas*, Vol. 19, No. 1–2, 1985.

Benedikt Löwe and Sourav Tarafder, "Generalized Algebra-valued Models of Set Theory", *The Review of Symbolic Logic*, Vol. 8, No. 1, 2015.

Elena Bunina and Valeriy K. Zakharov, "Formula-inaccessible Cardinals and a Characterization of All Natural Models of Zermelo-Fraenkel Set Theory", *Izvestiya: Mathematics*, Vol. 71, No. 2, 2007.

Frode Bjørdal, "The Inadequacy of a Proposed Paraconsistent Set Theory", *The Review of Symbolic Logic*, Vol. 4, No. 1, 2011.

Gaisi Takeuti, "Qunatum Set Theory", in Enrico G. Beltrametti and Bas C. van Fraassen, eds., *Current Issues in Quantum Logic*, Springer, 1981.

Garrett Birkhoff and John Von Neumann, "The Logic of Quantum Mechanics", *Annals of Mathematics*, Vol. 37, No. 4, 1936.

Graham Priest and Richard Routley, "Introduction: Paraconsistent Logics", *Studia Logica: An International Journal for Symbolic Logic*, Vol. 43, no. 1/2, 1984.

Graham Priest, "The Logic of Paradox", *Journal of Philosophical Logic*, Vol. 8, No. 1, 1979.

Greg Restall, "A Note on Naive Set Theory in LP", *Notre Dame Journal of Formal Logic*, Vol. 33, No. 3, 1992.

Jc Beall, "A Simple Approach Towards Recapturing Consistent Theories in Paraconsistent Settings", *The Review of Symbolic Logic*, Vol. 6, No. 4, 2013.

John Myhill, "Some Properties of Intuitionistic Zermelo-Fraenkel Set Theory", In Adrian R. D. Mathias and Hartley Rogers, eds., *Cambridge Summer School in Mathematical Logic. Lecture Notes in Mathematics*, Vol. 337, Berlin, Heidelberg: Springer, 1973.

Masanao Ozawa, "Orthomodular-valued Models for Quantum Set Theory", *Physics*, No. 8, 2009.

MasanaoOzawa, "Orthomodular-valued Models for Quantum Set Theory", *The Review of Symbolic Logic*, Vol. 10, Issue 4, 2017.

Masanao Ozawa, "Transfer Principle in Quantum Set Theory", *The Journal of Symbolic Logic*, Vol. 72, Issue 2, 2007.

Newton C. A. da Costa, "On Paraconsistent Set Theory", *Logique Et Analyse*, Vol. 29, No. 115, 1986.

Olivier Esser, "A Strong Model of Paraconsistent Logic", *Notre Dame Journal of Formal Logic*, Vol. 44, N0. 3, 2003.

Paul J. Cohen, "A Minimal Model for Set Theory", *Bulletin of the American Mathematical Society*, Vol. 69, No. 4, 1963.

Richard Montague and Robert L. Vaught, "Natural Models of Set Theories", *Fundamenta Mathematicae*, Vol. 47, 1959.

Richard Routley and Robert K. Meyer, "Dialectical Logic, Classical Logic, and the Consistency of the World", *Studies in Soviet Thought*, Vol. 16, no. 1/2, 1976.

Robin J. Grayson, "Heyting-valued Models for Intuitionistic Set Theory", in Michael Fourman, Christopher Mulvey and Dana Scott, eds., *Applications of Sheaves*, Lecture Notes in Mathematics, vol 753. Springer, 1979.

Roland Hinnion, "Naive Set Theory with Extensionality in Partial Logic and in Paradoxical Logic" *Notre Dame Journal of Formal Logic*, Vol. 35, No. 1, 1994.

Roque da C. Caiero and Edelcio G. de Souza, "A new paraconsistent set theory: ML_1", *Logique Et Analyse*, Vol. 40, No. 157, 1997.

Satoko Titani, "A Lattice-valued Set Theory", *Archive for Mathematical Logic*, Vol 38, No. 6, 1999.

Satoko Titani, Haruhiko Kozawa, "Quantum Set Theory", *International Journal of Theoretical Physics*, Vol. 42, 2003.

Thierry Libert, "Models for a Paraconsistent Set Theory", *Journal of Applied Logic*, Vol. 3, No. 1, 2005.

Thierry Libert, "ZF and the Axiom of Choice in Some Paraconsistent Set Theories", *Logic and Logical Philosophy*, No. 11–12, 2003.

Walter Carnielli and Marcelo E. Coniglio, "Paraconsistent Set Theory by Predicating on Consistency", *Journal of Logic and Computation*, Vol. 26, No. 1, 2016.

Walter Carnielli, Marcelo E. Coniglio and João Marcos, "Logics of Formal Inconsistency", In Dov M. Gabbay and Franz Guenthner, eds., *Handbook of Philosophical Logic*, Vol. 14, Dordrecht: Springer, 2007.

Zach Weber, "Extensionality and Restriction in Naive Set Theory", Studia Logica, Vol. 94, No. 1, 2010.

Zach Weber, "Transfinite Cardinals in Paraconsistent Set Theory", *The Review of Symbolic Logic*, Vol. 5, No. 2, 2012.

Zach Weber, "Transfinite Numbers in Paraconsistent Set Theory", *The Review of Symbolic Logic*, Vol. 3, No. 1, 2010.